TS 한국교통안전공단 시행

서울·경기·인천

택시운전

자격시험 기출예상문제

JH교통문화연구회 편저

정훈사에서는 교재의 잘못된 부분을 아래의 홈페이지에서 확인할 수 있도록 하였습니다.

www.정훈에듀.com > 고객센터 > 정오표

머리말

구조적인 경기불황이 지속되고 기업들의 구조조정이 일상화되면서 평생직장이라는 단어가 사라진 지 오래이다. 신규구직자가 넘쳐나는 데다 여전히 실직자, 명퇴자가 급속히 늘어나는 추세여서 취업문은 갈수록 좁아지고 있다. 이러한 시기에 택시운전자격증은 수험공부에 대한 심적·시간적 부담이나 교재구입에 대한 경제적 부담 없이도 비교적 쉽게 취득이 가능한 자격증이다. 특별한 기술이 없는 사람도 자격취득과 동시에 취업이 가능하며, 본인의 의지가 뒷받침된다면 얼마든지 열심히 일하여 경제적 어려움을 극복하는 데 큰 도움이 되리라 생각한다.

택시운전에 종사하려면 한국교통안전공단이 주관하여 시행하고 있는 택시운전자격시험에 합격하여야 한다. 주요 시험내용은 교통 및 여객자동차운수사업 법규, 안전운행, 운송서비스, 각 지역별 지리 등에 관한 것이다. 자동차운전면허증을 소지한 사람이라면 대부분 알 수 있는 내용이며, 다만 지리 부분은 좀 더 세심한 수험준비가 필요하다.

이 책은 최대한 짧은 시간 내에 효과적으로 택시운전자격을 취득하려는 이들을 위해 준비된 교재이다.

이 책의 특징

1. 이론의 입체적인 정리

   꼭 알아야 할 중요 핵심이론만 압축하여 정리하였고, 중요부분을 색연필 표시를 하여 집중적으로 암기할 수 있도록 배려하였습니다.

2. 기출문제의 철저한 분석을 통한 학습의 효율화 추구!!!

   기출문제를 철저하게 분석하여 자주 출제되는 내용은 **출제포인트**에서 다시 한 번 정리하였고, 자주 출제되는 문제에는 **중요** 표시를 하여 효율적인 공부를 할 수 있도록 내용을 구성하였습니다.

3. 출제비율에 따른 이론정리와 최근 개정 법규의 반영!!!

   최근 개정된 법규를 모두 반영하였고, 새로운 출제경향에 맞추어 이론을 정리하였습니다. 마지막 정리에 활용한다면 좋은 결과를 얻을 수 있을 것입니다.

4. 주요 지리를 한눈에!!!

   지역별 실제 출제문제 중에서 출제 가능성 높은 내용을 중심으로 정리하고 문제를 수록하였습니다.

비록 쉬운 시험이라 할지라도 막상 시험장에서는 긴장되고 부담감을 느끼게 마련이다. 하지만 본 교재를 길라잡이로 삼아 사전준비를 충실하게 한 수험생이라면, 누구나 한번에 합격할 수 있다고 자부한다. 모든 시험은 자신과의 싸움이며, 할 수 있다는 의지의 결정체이다.

택시운전자격시험을 준비하는 모든 수험생들의 미래에 합격의 영광이 함께하기를 바란다.

편저자 일동

시험안내

1 자격취득 절차

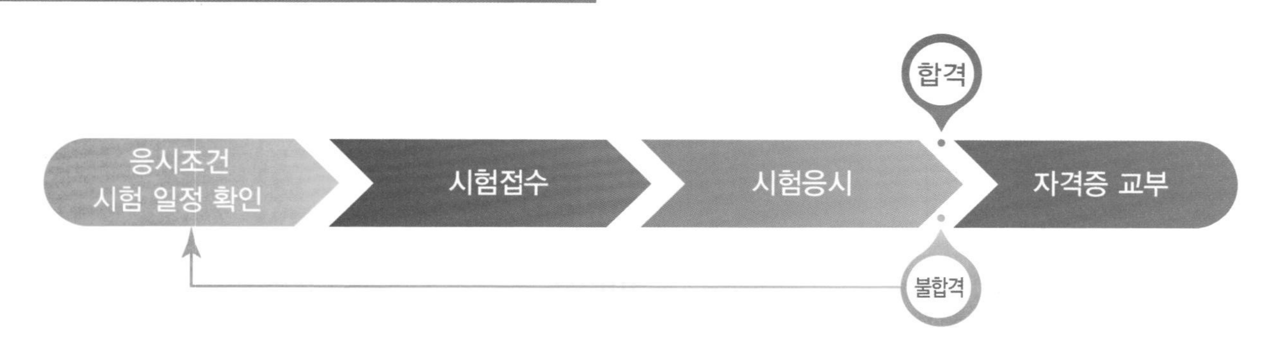

2 응시자격

- 제1종 및 제2종 보통운전면허 이상 소지자
- 시험접수일 현재 만 20세 이상인 자
- 시험접수일 현재 운전경력이 1년 이상인 자
- 택시운전 자격취소 처분을 받은 지 1년 이상 경과한 자
- 운전적성정밀검사(한국교통안전공단 시행) 적합 판정자
- 택시운전자격 취득 제한사유(여객자동차운수사업법 제24조제3항 및 제4항)에 해당되지 아니한 자

3 시험접수 및 시험응시

시험접수	인터넷 접수	한국교통안전공단 국가자격시험(https://lic.kotsa.or.kr/road/main.do)
	방문 접수	전국 18개 시험장 ※ 현장 방문접수 시 응시인원 마감 등으로 시험접수가 불가할 수도 있으니 인터넷으로 시험접수현황을 확인하고 방문
	시험응시 수수료	11,500원
	준비물	운전면허증, 6개월 이내 촬영한 3.5×4.5cm 컬러사진(미제출자에 한함)
시험응시	시험장소	각 지역본부 시험장 (시험시작 20분 전까지 입실)
	시행방법	컴퓨터 시험(CBT) 80분

4 합격 기준 및 합격자 발표

- **합격 기준** : 필기시험 총점의 60%(총 80문제 중 48문제) 이상 획득하면 합격
- **합격자 발표** : 시험 종료 후 시험 시행 장소에서 발표

5 자격증 발급

신청 방법	인터넷·방문신청 ※ 방문신청 : 한국교통안전공단 지역별 접수·교부장소
신청 기간	합격자 발표일로부터 30일 이내
신청 서류 및 준비물	• 택시운전자격증 발급신청서 1부 ※ 인터넷 접수자는 생략 • 운전면허증 • 수수료 : 10,000원

6 시험과목 및 출제범위

과목명		출제범위	문항수	총계
교통 및 여객자동차 운수사업 법규	여객자동차운수사업 법령 및 택시운송사업의 발전에 관한 법규	목적 및 정의	20	객관식 80문항
		여객자동차운수사업법 택시운송사업의 발전에 관한 법규 등		
		운수종사자의 자격요건 및 운전자격의 관리		
		보칙 및 벌칙		
	도로교통법령	총칙		
		보행자의 통행방법, 차마의 통행방법		
		운전자 및 고용주 등의 의무		
		교통안전교육, 운전면허		
		법칙행위 및 범칙금액, 안전표지		
	교통사고처리특례법령	특례의 적용		
		중대 교통사고 유형 및 대처법		
		교통사고 처리의 이해		
안전운행	안전운전의 기술	인지판단의 기술, 안전운전의 5가지 기본 기술	20	
		방어운전의 기본 기술		
		시가지 도로에서의 안전운전		
		지방도로에서의 안전운전		
		고속도로에서의 안전운전		
		야간 및 악천후 시의 운전		
		경제운전, 기본 운행 수칙, 계절별 안전운전		
	자동차의 구조 및 특성	동력전달장치, 현가장치, 조향장치, 제동장치		
	자동차 관리	자동차 점검, 주행 전후 안전수칙, 자동차 관리요령		
		LPG 자동차, 운행 시 자동차 조작 요령		
	자동차 응급조치 요령	상황별 응급조치, 장치별 응급조치		
	자동차 검사 및 보험	자동차 검사, 자동차 보험 및 공제		
운송서비스	여객운수종사자의 기본자세	서비스의 개념과 특징	20	
		승객만족		
		승객을 위한 행동 예절		
	운송사업자 및 운수종사자 준수사항	운송사업자 준수사항		
		운수종사자 준수사항		
	운수종사자가 알아야 할 응급처치방법 등	운전예절, 운전자 상식		
		응급처치방법		
지리	시(도)내 주요 지리	주요 관공서 및 공공건물 위치	20	
		주요 기차역, 고속도로 등 교통시설		
		공원 및 문화유적지		
		유원지 및 위락시설		
		주요 호텔 및 관광명소 등		

택시운전자격시험에 관한 자세한 내용은 한국교통안전공단 국가자격시험(https://lic.kotsa.or.kr/road/main.do)에서 확인하시기 바랍니다.

차례

기출복원문제

제1부 교통 및 여객자동차운수사업 법규

제2부 안전운행

제3부 운송서비스

제4부 시(도) 내 주요 지리

요점 족집게

도로교통법상 자동차와 차

✲ 자동차 : 승용차, 승합차, 화물차, 특수차, 이륜차, 건설기계
※ 제외 : 원동기장치자전거(전동퀵보드)
✲ 차 : 자동차, 건설기계, 원동기장치자전거, 자전거 등
※ 제외 : 유모차, 보행보조용의자차

교통사고처리특례법 12개 항목

✲ 신호위반
✲ 중앙선 침범
✲ 제한속도보다 20km 이상 과속
✲ 앞지르기 방법위반
✲ 철길건널목 통과방법 위반
✲ 횡단보도 사고
✲ 무면허운전
✲ 음주운전
✲ 보도침범
✲ 승객 추락방지 의무위반
✲ 어린이보호구역 안전운전 의무위반
✲ 화물고정조치 위반

정차 및 주차의 금지

구분	내용
정차 주차 금지	• 교차로 · 횡단보도 · 건널목이나 보도와 차도가 구분된 도로의 보도 • 교차로의 가장자리나 도로 모퉁이로부터 5m 이내 • 안전지대가 설치된 도로에서는 그 안전지대 사방으로부터 각각 10m 이내 • 버스여객자동차 정류지임을 표시하는 기둥이나 표지판 또는 선이 설치된 곳으로부터 10m 이내 • 건널목의 가장자리 또는 횡단보도로부터 10m 이내 • 소방용수시설 또는 비상소화장치가 설치된 곳, 소방시설로부터 5m 이내
주차 금지	• 터널 안 및 다리 위 • 도로공사 시 공사구역 양쪽 가장자리로부터 5m 이내 • 다중이용업소 영업장이 속한 건축물로 소방본부장의 요청으로 시 · 도경찰청장이 지정한 곳으로부터 5m 이내

서행장소

✲ 교차로에서 좌우회전하는 경우
✲ 교통정리 없는 교차로 진입 시 교차하는 도로 폭 넓은 경우
✲ 교통정리가 없는 교차로
✲ 도로가 구부러진 부근
✲ 비탈길의 고갯마루 부근
✲ 가파른 비탈길의 내리막

앞지르기할 수 있는 곳 : 중앙선이 황색점선인 구간

앞지르기 금지시기

✲ 앞차가 앞선 차를 앞지르기 하고 있을 때
✲ 앞차의 좌측 옆에 다른 차가 나란히 진행하고 있을 때
✲ 앞차가 위험방지를 위하여 서행하고 있을 때

일시정지 장소

✲ 교통정리를 하고 있지 아니하고 좌우를 확인할 수 없거나 교통이 빈번한 교차로
✲ 시 · 도경찰청장이 도로에서의 위험을 방지하고 교통의 안전과 원활한 소통을 확보하기 위하여 필요하다고 인정하여 안전표지로 지정한 곳

신호가 없는 교차로 통행방법

✲ 좌회전하려고 하는 차는 그 교차로에서 직진하거나 우회전하려는 다른 차가 있을 때에는 그 차에 진로양보
✲ 동시에 들어가려고 하는 차는 우측도로 차에 진로양보
✲ 우회전하려는 차는 이미 좌회전 중인 차의 통행 방해 못함
✲ 직진하려는 차는 이미 좌회전 중인 차의 통행 방해 못함

철길건널목 통과방법

✲ 건널목 앞에서 일시정지하여 안전한지 확인한 후 통과
✲ 신호기 등이 표시하는 신호에 따르는 경우에는 정지하지 않고 통과가능
✲ 철길건널목 고장 시 조치방법 : 승객 대피 – 철도공무원에게 연락 – 건널목 밖으로 차량을 이동

차량 신호등

구분	내용
신호등 배열	적색, 황색, 화살표, 녹색
3색등화 신호	녹색 – 황색 – 적색
녹색등화	• 직진 또는 우회전 가능 • 비보호좌회전표지 또는 비보호좌회전표시가 있는 곳에서는 좌회전 가능
적색등화	• 정지선, 횡단보도 및 교차로 직전에 정지 • 신호에 따라 진행하는 다른 차마의 교통을 방해하지 않고 우회전 가능
적색등화점멸	정지선이나 횡단보도 직전이나 교차로 직전에 일시정지한 후 다른 교통에 주의하면서 진행
황색등화	• 정지선이나 횡단보도, 교차로 직전에 정지 • 이미 교차로 진입한 경우 신속히 밖으로 진행 • 우회전 가능

차의 등화

✲ 야간에 실내등 켜고 운행하는 차량 : 사업용 승용자동차
✲ 야간운전 시 켜야 하는 등화 : 전조등, 미등, 차폭등, 번호판등, 실내등
✲ 야간에 잠시 주차하였을 때 켜야 할 등화 : 미등, 차폭등

방향지시등/진로변경신호

✲ 일반도로 : 30m
✲ 고속도로 : 100m

신호 또는 지시에 따를 의무

경찰관의 수신호와 신호기의 신호가 서로 다른 때에는 경찰관의 수신호에 따라야 한다.

차량의 운행속도

도로 구분		최고속도(km/h)	최저속도(km/h)
일반도로	주거 · 상업 · 공업지역	50 이내 (그 외 지역 : 60 이내)	제한 없음
	편도 2차로 이상	80 이내	
자동차전용도로		90	30
고속도로	편도 1차로	80	50
	편도 2차로 이상	100	50
		80 (1.5톤 초과 화물차 등)	

인적피해 교통사고 결과에 따른 벌점기준

✲ 사망1명마다 : 90점
✲ 중상1명마다 : 15점
✲ 경상1명마다 : 5점
✲ 부상신고1명마다 : 2점

면허취소

✲ 교통사고를 일으키고 구호조치를 하지 않은 경우
✲ 타인의 자동차를 빼앗아 운전할 때
✲ 다른 사람에게 면허증을 대여하여 운전하게 한 경우
✲ 경찰공무원의 음주측정 요구에 불응한 때
✲ 면허취소 기준 벌점 : 1년간 121점, 2년간 201점, 3년간 271점 이상

면허정지

✲ 술에 취한 상태(혈중알코올농도 0.03% 이상 0.08% 미만)에서 운전한 경우
✲ 면허정지에 해당되는 벌점 : 40점 이상

도로교통법상 벌점 및 범칙금(승용차 등)

구분	범칙금	벌점
속도위반(60km/h 초과)	12만 원	60점
속도위반(40km 이상)	9만 원	30점
어린이통학버스 특별보호 위반		
중앙선 침범	6만 원	
갓길 통행 또는 전용차로		
철길건널목 통과방법위반		
신호 · 지시위반	6만 원	15점
속도위반(20km/h 초과 40km/h 이하)		
앞지르기 금지시기 · 장소위반		
운전 중 휴대전화 사용		
운행기록계 미설치 자동차 운전금지 위반		
앞지르기 방법위반	6만 원	10점
승객추락 방지 조치위반		
보행자 보호 불이행	4만 원	
안전운전 의무위반		
안전거리 미확보	2만 원	
안전벨트 미착용	3만 원	–

택시운송사업의 구분

구분	내용
경형	배기량 1,000cc 미만(승차정원 5인승 이하)
소형	배기량 1,600cc 미만(승차정원 5인승 이하)
중형	배기량 1,600cc 이상(승차정원 5인승 이하)
대형	배기량 2,000cc 이상(승차정원 6인승 이상 10인승 이하)
모범형	배기량 1,900cc 이상(승차정원 5인승 이하)
고급형	배기량 2,800cc 이상

여객자동차운송사업의 종류

✲ 노선 : 시내버스운송사업, 농어촌버스운송사업, 마을버스운송사업, 시외버스운송사업
✲ 구역 : 전세버스운송사업, 특수여객자동차운송사업, 일반택시운송사업, 개인택시운송사업

경영 및 서비스 평가사항

구분	내용
경영 부문	• 운전자 관리실태 • 보유 자동차의 차령 • 교통사고 예방 노력 • 재무건전성 및 경영 관련 법규 준수실태 등
서비스 부문	• 운전자의 친절도 • 교통사고율 • 에어백 장착률 • 요금 등의 음성안내 • 자동차의 안전성 · 청결도 및 여객 서비스 관련 법규 준수실태 등

신규 택시운송사업면허를 받을 수 없는 사업구역

✲ 사업구역별 택시 총량을 산정하지 않은 사업구역
✲ 국토교통부장관이 사업구역별 택시 총량의 재산정을 요구한 사업구역
✲ 고시된 사업구역별 택시 총량보다 해당 사업구역 내의 택시 대수가 많은 사업구역

택시운송 사업구역 위반행위의 예외

✲ 해당 사업구역에서 승객을 태우고 사업구역 밖으로 운행하는 영업
✲ 해당 사업구역에서 승객을 태우고 사업구역 밖으로 운행한 후 해당 사업구역으로 돌아오는 도중에 사업구역 밖에서 승객을 태우고 해당 사업구역에서 내리는 일시적인 영업
✲ 승차대를 이용하여 해당 사업구역으로 가는 여객을 운송하는 영업

여객자동차운수사업법상 적용대상 ※ 콜벤, 전세버스 X

일반택시, 마을버스, 회사통근버스, 농어촌버스

여객자동차운수사업법 과징금

구분	과징금
등록한 차고지가 아닌 곳에서 밤샘주차	10만 원
자동차 안에 게시할 사항 게시하지 않은 경우	20만 원
• 운수종사자 교육을 이수하지 않은 운전자가 운전 중 적발 • 16시간 이상 운수종사자 교육을 시키지 않고 신규 운수종사자를 운전업무에 투입한 경우 운송사업자 • 운수종사자 교육에 필요한 조치를 하지 않은 경우	30만 원
사업구역 외 행정구역에서 사업(타도영업)	40만 원
차령 초과하여 운행한 경우	180만 원
한정면허를 받은 여객자동차운송사업자가 면허받은 업무범위 또는 면허기간을 위반하여 사업	180만 원
운수종사자 자격요건을 갖추지 않은 사람을 운전업무에 종사하게 한 경우	360만 원

택시운전 자격취소 · 정지 등의 행정처분기관

국토교통부장관 또는 시 · 도지사

여객자동차운수사업법 과태료

구분	과태료
승차거부, 도중하차, 부당요금, 장기정차, 호객행위	20만 원
택시운전자가 경찰의 자격증 제시 요구 불응 시	10만 원
택시 안에서 흡연	10만 원

운수종사자의 신규교육

교육대상자	교육 시간
새로 채용한 운수종사자(사업용자동차를 운전하다가 퇴직한 후 2년 이내 다시 채용된 사람 제외)	16

운전적성정밀검사

구분	내용
신규 검사	• 신규로 여객자동차운송사업용자동차를 운전하려는 자 • 여객 또는 화물 운전업무에 종사하다가 퇴직한 자로서 신규검사를 받은 날부터 3년 지난 후 재취업하려는 자(재취업일까지 무사고 운전한 자 제외) • 신규검사 적합판정 받은 자로서 운전적성정밀검사를 받은 날부터 3년 이내 취업하지 않은 자
특별 검사	• 중상 이상의 사상사고를 일으킨 자 • 과거 1년간 운전면허 행정처분기준에 따라 계산한 누산점수가 81점 이상인 자 • 질병 · 과로 그 밖의 사유로 안전운전을 할 수 없다고 인정되는 자인지 알기 위하여 운송사업자가 신청한 자

택시운전자격시험

구분	내용
응시서류	운전면허증, 운전경력증명서, 운전적성정밀검사 수검실증명서
응시요건	만 20세 이상, 운전경력 1년 이상, 택시운전자격증 보유, 운전적성정밀검사 적합판정자, 1 · 2종 보통면허 이상 보유
응시제한	성추행, 마약, 절도

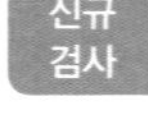

요점 족집게

택시운전자격 취소 · 정지 처분기준

자격취소	• 택시운전자격증을 타인에게 대여 • 도로교통법 위반으로 사업용자동차를 운전할 수 있는 운전면허가 취소
자격정지 40일	중대한 교통사고로 중상자 6명 이상 발생
자격정지 30일	개인택시운송사업자가 불법으로 타인으로 하여금 대리운전하게 한 경우
자격정지 10일	미터기에 의하지 않은 부당한 요금을 받는 행위
자격정지 5일	운전자가 규정된 교육을 받지 않았을 때

택시운전자격증

- ✲ 반납 사유 : 자동차 운전면허가 취소된 경우, 퇴직 시
- ✲ 퇴직 시 운전자격증명을 운송업자에게 반납 → 발급기관에 제출
- ✲ 택시자격증은 타 시 · 도에서 갱신할 수 없다.
- ✲ 택시자격증 취소권한 : 경찰청(서)
- ✲ 택시운전자격증 취소기관 : 국토교통부장관
- ✲ 운전자격증명은 승객이 쉽게 볼 수 있는 위치에 게시

여객자동차운송사업용 승용자동차 차령

사업의 구분		차령
개인택시	경형 · 소형	5년
	배기량 2,400cc 미만	7년
	• 배기량 2,400cc 이상 • 전기자동차	9년
일반택시	경형 · 소형	3년 6개월
	배기량 2,400cc 미만	4년
	• 배기량 2,400cc 이상 • 전기자동차	6년

운임 · 요금의 신고

신고자	신고기관
여객자동차운송사업 면허받은 자	국토교통부장관 또는 시 · 도지사
여객자동차운송사업 면허나 등록받은 자	시 · 도지사 (운임 · 요금 변경 시에도 동일)

운송비용 전가금지 항목 : 택시구입비, 유류비, 세차비, 차량 내부 부착 장비의 설치비 및 운영비 등

내륜차/외륜차

- ✲ 핸들을 우측으로 돌렸을 경우 뒷바퀴 연장선상의 한 점을 중심으로 바퀴가 동심원을 그리게 된다. 앞바퀴 안쪽과 뒷바퀴 안쪽과의 차이를 내륜차라 하고, 바깥 바퀴의 차이를 외륜차라고 한다.
- ✲ 대형차일수록 이 차이는 크다. 자동차가 전진할 경우에는 내륜차에 의해, 후진할 경우에는 외륜차에 의한 교통사고의 위험이 있다.

자동차의 원심력

- ✲ 원심력은 속도의 제곱에 비례하여 변한다. 매시 50km로 커브를 도는 차량은 매시 25km로 도는 차량보다 4배의 원심력을 지닌다.
- ✲ 원심력은 속도가 빠를수록, 커브가 작을수록, 중량이 무거울수록 커진다.

동체시력

- ✲ 움직이는 물체 또는 움직이면서 다른 자동차나 사람 등의 물체를 보는 시력
- ✲ 동체시력은 물체의 이동속도가 빠를수록 상대적으로 저하
- ✲ 동체시력은 연령이 높을수록 더욱 저하
- ✲ 동체시력은 장시간 운전에 의한 피로상태에서도 저하

야간 안전운전 방법

- ✲ 해가 저물면 곧바로 전조등 점등
- ✲ 보행자 확인에 더욱 세심한 주의
- ✲ 전조등이 비치는 곳보다 앞쪽까지 살펴야 함
- ✲ 주간보다 속도를 낮추어 주행
- ✲ 대향차의 전조등을 바로 보지 말 것
- ✲ 자동차가 교행할 때에는 조명장치 하향 조정
- ✲ 노상에 주 · 정차하지 말 것

자동차의 안전거리

앞차가 갑자기 정지하게 되는 경우 그 앞차와의 충돌을 피할 수 있는 필요한 거리

정지거리와 정지시간

공주시간	운전자가 자동차를 정지시켜야 할 상황임을 지각하고 브레이크로 발을 옮겨 브레이크가 작동을 시작하는 순간까지 시간
공주거리	이때까지 자동차가 진행한 거리
제동시간	운전자가 브레이크에 발을 올려 브레이크가 막 작동을 시작하는 순간부터 자동차가 완전히 정지할 때까지 시간
제동거리	이때까지 자동차가 진행한 거리
정지시간	공주시간 + 제동시간
정지거리	공주거리 + 제동거리

음주운전 교통사고의 특징

- ✲ 주차 중인 자동차와 같은 정지물체 등에 충돌 가능성 높음
- ✲ 전신주, 가로시설물, 가로수 등과 같은 고정물체와 충돌 가능성 높음
- ✲ 대향차의 전조등에 의한 현혹현상 발생 시 정상운전보다 교통사고 위험 증가
- ✲ 높은 치사율, 차량단독사고의 가능성 높음

스탠딩 웨이브 현상

타이어 회전속도가 빨라지면 접지부에서 받은 타이어 변형이 다음 접지 시점까지도 복원되지 않고 접지의 뒤쪽에 진동 물결이 일어나는 현상

수막 현상

자동차가 물이 고인 노면을 고속으로 주행할 때 타이어는 그루부(타이어 홈) 사이에 있는 물을 배수하는 기능이 감소되어 물의 저항에 의해 노면으로부터 떠올라 물위를 미끄러지듯이 되는 현상

페이드 현상

브레이크를 반복적으로 사용하면 마찰열이 라이닝에 축적되어 브레이크 제동력이 저하되는 현상

도로교통의 3대 요소 : 자동차, 도로, 사람(운전자 · 보행자)

교통사고 발생요인 : 인적요인, 차량요인, 도로 · 환경요인

운전과 관련되는 시각의 특성

- ✲ 속도가 빨라질수록 시력이 떨어짐
- ✲ 속도가 빨라질수록 시야의 범위가 좁아짐
- ✲ 속도가 빨라질수록 전방주시점이 멀어짐

운전자는 어린이통학버스에 이르기 전에 일시정지하여 안전을 확인한 후 서행한다.

LPG 용기밸브 색상

충전밸브(녹색), 액체출구밸브(적색), 기체출구밸브(황색)

LPG 연료

- ✲ 옥탄가 높음
- ✲ 연료비가 싸서 경제적
- ✲ 추운 겨울에 시동성 나쁨
- ✲ 기화된 LPG는 인화되기 쉽고 인화될 경우 폭발

LPG 충전방법

- ✲ 출구밸브 핸들(적색)을 잠근 후 충전밸브 핸들(녹색)을 연다.
- ✲ LPG 충전 시 탱크 최대용량의 80% 충전이 적당하다.

LPG 차량의 사고 발생으로 화재 발생 시 행동

즉시 LPG 스위치를 끈다.

LPG 자동차 운전 시 가스가 누출되고 있다. 조치요령

엔진정지 → LPG 스위치 끔 → 연료 출구밸브 잠금 → 필요한 정비 조치

LPG 자동차 운전교육

- ✲ 교육 대상 : LPG 자동차 운전자
- ✲ 교육 신청기관 : 한국가스안전공사
- ✲ LPG 교육 받지 않고 운행 시 행정처분 : 과태료 20만 원

교통사고 발생 시 우선조치 : 즉시 정차 후 부상자 구조

고급형택시는 승객의 요구에 따라 택시의 윗부분에 택시임을 표시하는 설비를 부착하지 않고 운행할 수 있다.

올바른 승객 응대 순서

인사 → 목적지 묻기 → 운행코스 설명 → 도착지 안내 → 요금 받기 → 인사

택시 내부 게시사항

- ✲ 회사명과 운전자 이름
- ✲ 불편사항 접수번호
- ✲ 운전자의 택시운전자격증명
- ✲ 회사명 및 차고지 등을 적은 표지판
- ✲ 교통이용 불편사항 연락처

※ 택시 내 비치하지 않아도 되는 것 : 차량계통도, 운행계통도, 신문 · 잡지

택시 외부에 표시하여야 할 사항

- ✲ 자동차의 종류(경형 · 소형 · 중형 · 대형 · 모범)
- ✲ 관할관청
- ✲ 여객자동차운송가맹사업자 상호(여객자동차운송가맹점으로 가입한 개인택시운송사업자만 해당)
- ✲ 운송사업자의 명칭, 기호
- ✲ 호출번호(콜번호)

택시운임

관할관청이 정한 택시운임은 일정거리까지 운행 시 일정액의 기본운임을, 기본운행거리 이상 운행 시 운행거리를 기준으로 하여 매 기준거리까지 일정액의 거리운임을, 기준 속도를 정하여 일정액의 시간운임을 적용할 수 있다.

버스전용차로에 택시가 들어갈 수 있는 때 : 승 · 하차 시

애완동물 승차거부를 할 수 없는 경우 : 장애인 보조견 및 전용 운반상자에 넣은 경우

심폐소생술

- ✲ 심폐소생술을 할 때 손 위치 : 상복부
- ✲ 성인에게 심폐소생술 시 가슴압박 깊이 : 약 5cm 이상의 깊이
- ✲ 가슴압박과 인공호흡 비율 : 30 : 2

한국어 · 영어 · 중국어 · 일본어

한국어	영어	일본어	중국어
아침인사	Good morning. 굿 모닝	おはようございます. 오하요－고자이마스	早上好 자오샹하오
점심인사	Good afternoon. 굿 애프터눈	こんにちは. 곤니찌와	中午好 쭝우하오
저녁인사	Good evening. 굿 이브닝	こんばんは. 곤방와	晚上好. 완샹하오
고맙습니다.	Thank you very much. 쌩큐 베리 머치	ありがとうございます. 아리가또–고자이마스	谢谢. 씨에씨에
미안합니다.	I am sorry. 아이 엠 쏘리	すみません. 스미마셍	对不起. 뚜이 부 치
괜찮습니다.	That's all right. 댓츠 올 라잇	いいですよ 이–데스요	没关系. 메이 꽌 시
도착했습니다.	Here we are, sir. 히어 위 아 써	着きました. 츠키마시타	到达了 따오 다 러
어디까지 가십니까?	Where are you going? 웨어 아 유 고잉	どちらまで おいでですか. 도치라마데 오이데데스카	您去哪儿? 닌 취 나얼
여기 세워주세요.	Stop here, please. 스탑 히어 플리즈	ここで止めてください. 코코데 토메테 쿠다사이	请在这儿停车 칭 짜이 저얼 팅 처
요금은 얼마예요?	How much is the fare? 하우 머치 이즈 더 페어	料金はいくらですか. 료오킹와 이쿠라데스카	要多少钱? 쨔오뚜오샤오지엔

택시운전자격시험

2022

기출복원문제

서울특별시 기출복원문제
경 기 도 기출복원문제
인천광역시 기출복원문제

서울특별시 기출복원문제

80문항 80분

01 택시가 면허를 받은 사업구역 외의 행정구역에서 사업을 한 경우에 부과되는 과징금은?

① 20만 원 ② 40만 원
③ 100만 원 ④ 180만 원

➡ 일반・개인택시가 면허를 받은 사업구역 외의 행정구역에서 사업을 한 경우에 부과되는 과징금은 40만 원이다.

02 제1종 보통면허로 운전할 수 있는 차량이 아닌 것은?

① 15명 이하의 승합자동차 ② 콘크리트믹서트럭
③ 15톤 미만의 화물자동차 ④ 승용자동차

➡ 제1종 보통면허로 적재중량 12톤 미만의 화물자동차를 운전할 수 있다.

03 철길건널목 통과방법 위반 시 범칙금액은?

① 승합자동차 5만 원, 승용자동차 4만 원
② 승합자동차 7만 원, 승용자동차 6만 원
③ 승합자동차 9만 원, 승용자동차 8만 원
④ 승합자동차 10만 원, 승용자동차 9만 원

➡ 철길건널목 통과방법 위반 시 범칙금액은 승합자동차 7만 원, 승용자동차 6만 원이다.

04 도로교통법에 따른 어린이통학버스에서의 어린이는 몇 살 미만을 의미하는가?

① 7세 ② 9세
③ 11세 ④ 13세

➡ 어린이통학버스는 유치원, 초등학교 및 특수학교, 어린이집, 학원, 체육시설 가운데 어린이(13세 미만인 사람)를 교육 대상으로 하는 시설에서 어린이의 통학 등에 이용되는 자동차와 여객자동차운송사업의 한정면허를 받아 어린이를 여객대상으로 하여 운행되는 운송사업용 자동차를 말한다.

05 승객 응대 시 지녀야 할 마음가짐으로 틀린 것은?

① 사명감을 가진다.
② 투철한 서비스 정신을 가진다.
③ 부단히 반성하고 개선해 나간다.
④ 공사를 구분하지 않고 친밀하게 대한다.

➡ ④ 공사를 구분하고 승객을 공평하게 대한다.

06 택시 운전 중 사람이 1명 사망하고 3명이 중상을 입는 사고를 낸 경우 택시운전자격의 처분기준은?

① 자격취소 ② 자격정지 40일
③ 자격정지 50일 ④ 자격정지 60일

➡ 사망자 2명 이상은 자격정지 60일, 사망자 1명 및 중상자 3명 이상은 자격정지 50일, 중상자 6명 이상은 자격정지 40일이다.

07 여객자동차운수사업 중 구역 여객자동차운송사업이 아닌 것은?

① 전세버스운송사업 ② 특수여객자동차운송사업
③ 일반택시운송사업 ④ 시내버스운송사업

➡ 시내버스운송사업은 노선 여객자동차운송사업에 해당한다.

08 다음 중 일시정지를 해야 하는 곳은?

① 적색 점멸 중인 교차로 진입 후
② 비탈길의 고갯마루 부근
③ 가파른 비탈길의 내리막
④ 교통정리가 없고 교통이 빈번한 교차로

➡ 교통정리를 하고 있지 않고 좌우를 확인할 수 없거나 교통이 빈번한 교차로, 시・도경찰청장이 도로에서의 위험을 방지하고 교통의 안전과 원활한 소통을 확보하기 위하여 필요하다고 인정하여 안전표지로 지정한 곳에서는 일시정지해야 한다.

09 자동차전용도로에서의 최고속도는?

① 매시 100km ② 매시 90km
③ 매시 80km ④ 매시 60km

➡ 자동차전용도로에서의 최고속도는 매시 90km, 최저속도는 매시 30km이다.

10 현행 법령상 경영 및 서비스 평가항목 중 서비스 부문이 아닌 것은?

① 여객서비스 관련 법규 준수실태
② 업체의 재무건전성
③ 운전자의 친절도
④ 자동차의 안전성 및 청결도

➡ ②는 경영 부문 평가항목이다.

11 운수종사자의 준수사항에 해당되지 않는 것은?

① 운송사업 중 자동차 안에서 흡연금지
② 장애인 보조견을 동반한 시각장애인의 탑승제지
③ 다른 승객에게 위해를 끼칠 폭발성 물질 반입금지
④ 출입구 또는 통로를 막는 물품을 반입하는 승객의 탑승제지

➡ 여객이 다른 여객에게 위해를 끼치거나 불쾌감을 줄 우려가 있는 동물을 자동차 안으로 데리고 들어오는 행위를 할 때에는 안전운행과 다른 여객의 편의를 위하여 이를 제지하고 필요한 사항을 안내해야 한다. 다만, 장애인 보조견 및 전용 운반상자에 넣은 애완동물은 제외한다.

정답 01. ② 02. ③ 03. ② 04. ④ 05. ④ 06. ③ 07. ④ 08. ④ 09. ② 10. ② 11. ②

12 택시정책심의위원회에 대한 설명으로 옳지 않은 것은?

① 심의사항에는 택시운송사업의 면허제도에 관한 중요 사항, 사업구역별 택시 총량에 관한 사항 등이 포함된다.
② 택시정책심의위원회는 택시운송사업에 관한 중요 정책 등에 관한 사항을 심의하기 위한 것이다.
③ 택시정책심의위원회는 위원장 1명을 포함한 20명 이내의 위원으로 구성한다.
④ 국토교통부장관 소속으로 택시정책심의위원회를 둔다.

③ 위원장 1명을 포함한 10명 이내의 위원으로 구성한다.

13 다음 중 회전교차로 지시표시로 옳은 것은?

①

②
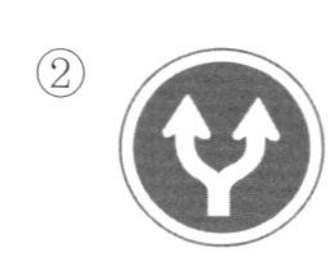
③

④

② 양측방향통행표지, ③ 우회로표지, ④ 좌측면통행표지이다.

14 택시운수종사자의 채용과 퇴직을 관리하는 곳으로 옳은 것은?

① 시・도지사 ② 도로교통공단
③ 시・도경찰청장 ④ 교통안전공단

운송사업자는 신규 채용하거나 퇴직한 운수종사자의 명단을 시・도지사에게 알려야 한다.

15 여객자동차운송사업의 면허를 받거나 등록을 할 수 없는 사람이 아닌 것은?

① 파산선고를 받고 복권된 자
② 면허가 취소된 후 그 취소일부터 2년이 지나지 않은 자
③ 징역 이상의 형의 집행유예를 선고받고 그 집행유예 기간 중에 있는 자
④ 징역 이상의 실형을 선고받고 그 집행이 끝난 날부터 2년이 지나지 않은 자

파산선고를 받고 복권되지 아니한 자는 여객자동차운송사업의 면허를 받거나 등록할 수 없다.

16 운전면허를 신규로 받으려는 사람이 받아야 하는 교통안전교육이 아닌 것은?

① 친환경 경제운전의 이해
② 위험예측과 방어운전
③ 분노 및 공격성 관리
④ 교통환경의 이해와 운전자의 기본예절

분노 및 공격성 관리는 보복운전이 원인이 되어 운전면허효력 정지 또는 운전면허 취소처분을 받은 사람이 받아야 하는 특별교통안전 의무교육에 해당한다.

17 고속도로상에서 진로를 바꾸고자 할 때에는 몇 m의 거리에서부터 진로변경신호를 해야 하는가?

① 30m ② 50m
③ 80m ④ 100m

일반도로에서는 30m 이상의 지점에서 진로변경신호를 해야 하며, 고속도로의 경우에는 100m 이상의 지점에서 진로변경신호를 해야 한다.

18 다음 중 중앙선 침범이 허용되는 경우는?

① 빗길 과속으로 중앙선을 침범한 경우
② 커브길 과속으로 중앙선을 침범한 경우
③ 위험을 피하기 위해 부득이하게 중앙선을 침범하는 경우
④ 천천히 달리는 앞차를 앞지르기 위해 중앙선을 침범하는 경우

사고를 피하기 위해 급제동하다 중앙선을 침범한 경우, 위험을 회피하기 위해 중앙선을 침범한 경우, 빙판길 또는 빗길에서 미끄러져 중앙선을 침범한 경우(제한속도 준수)에는 중앙선 침범이 허용된다.

19 저혈당 당뇨환자가 쓰러졌다. 말은 할 수 있는 상태이다. 이때 응급처치로 가장 옳은 것은?

① 종이봉투를 갖다 댄다.
② 환자를 일으켜 세운다.
③ 억지로 말을 걸어 본다.
④ 당이 있는 음료를 마시게 한다.

빨리 흡수되어 혈당을 높일 수 있는 음료를 마시게 해야 한다. 단, 의식이 없을 경우 기도로 넘어갈 수 있기 때문에 주의하여야 한다.

20 자동차의 앞면 창유리와 운전석 좌우 옆면 창유리를 선팅했을 경우, 가시광선 투과율로 옳은 것은?

① 앞면 창유리 50% 미만, 옆면 창유리 30% 미만
② 앞면 창유리 70% 미만, 옆면 창유리 30% 미만
③ 앞면 창유리 70% 미만, 옆면 창유리 40% 미만
④ 앞면 창유리 80% 미만, 옆면 창유리 40% 미만

자동차의 앞면 창유리와 운전석 좌우 옆면 창유리의 가시광선의 투과율이 앞면 창유리는 70% 미만, 운전석 좌우 옆면 창유리는 40% 미만보다 낮아 교통안전 등에 지장을 줄 수 있는 차를 운전하지 않아야 한다.

21 LPG 자동차의 장점으로 틀린 것은?

① 엔진 관련 부품의 수명이 상대적으로 길다.
② 겨울철에도 시동이 잘 걸린다.
③ 유해 배출 가스량이 줄어든다.
④ 가솔린 자동차에 비해 엔진 소음이 적다.

② 겨울철에 시동이 잘 걸리지 않는다.

22 연고지, 학연 등에 의지하여 직장 생활을 하는 사람의 직업관은 무엇인가?

① 귀속적 직업관 ② 차별적 직업관
③ 폐쇄적 직업관 ④ 지위 지향적 직업관

② 차별적 직업관 : 육체노동을 천시한다.
③ 폐쇄적 직업관 : 신분, 성별 등에 따라 개인의 능력을 발휘할 기회를 차단한다.
④ 지위 지향적 직업관 : 높은 지위에 올라가는 것이 직업생활의 최고목표이다.

23 차량의 연료가 불완전하게 연소되는 경우 배출가스의 색깔은?

① 무색 ② 적색
③ 흰색 ④ 검은색

불완전하게 연소되는 경우에는 검은색 가스가 배출된다.

정답
12. ③ 13. ① 14. ① 15. ① 16. ③ 17. ④ 18. ③ 19. ④ 20. ③ 21. ② 22. ① 23. ④

24 정지거리에 영향을 주는 자동차 요인으로 옳은 것은?

① 주취 상태 ② 도로의 정비 상태
③ 날씨 ④ 자동차의 중량

➡ 정지거리에 영향을 주는 자동차(차량) 요인은 자동차의 중량이다.

25 택시운전자격시험에 대한 설명으로 옳지 않은 것은?

① 합격자는 합격자 발표일로부터 30일 이내에 발급신청서에 사진 2장을 첨부하여 발급을 신청해야 한다.
② 응시하려는 차량 운전경력이 6개월 이상이어야 한다.
③ 필기시험 총점의 6할 이상을 얻으면 합격이다.
④ 운전자격시험일부터 과거 4년간 사업용 자동차를 3년 이상 무사고로 운전하였다면 특례로 안전운행 요령 및 운송서비스 과목에 대한 시험을 면제 받는다.

➡ ② 해당 사업용 자동차 운전경력이 1년 이상이어야 한다.

26 엔진 과열 시 점검사항이 아닌 것은?

① 엔진오일의 양과 누출 여부 확인
② 수온조절기 열림 확인
③ 냉각팬 및 워터펌프 작동 확인
④ 배기가스 배출 육안 확인

➡ ④는 엔진오일 과다 소모 시 점검사항이다.

27 다음 중 정차에 해당되는 것은?

① 운전자가 그 차의 바퀴를 일시적으로 완전히 정지시키는 것
② 운전자가 5분을 초과하지 않고 차를 정지시킨 것
③ 운전자가 차에서 떠나서 즉시 그 차를 운전할 수 없는 상태
④ 운전자가 승객을 기다리기 위해 차를 계속 정지 상태로 두는 것

➡ 정차란 운전자가 5분을 초과하지 않고 차를 정지시키는 것으로서 주차 외의 정지 상태를 말한다.

28 긴급자동차가 지나갈 때 승용차 운전자가 고의로 통행을 방해하거나 도로를 비워주지 않았을 때의 범칙금액은?

① 5만 원 ② 6만 원
③ 7만 원 ④ 9만 원

➡ 긴급자동차에 대한 양보·일시정지 위반 시 승용자동차의 범칙금액은 6만 원이다.

29 다음 중 편경사에 대한 설명으로 옳은 것은?

① 차량이 오르막길을 주행할 때 미끄러지는 것을 방지하기 위해 설치하는 경사
② 차량이 도로의 곡선부를 주행할 때 곡선부 외측으로 원심력이 생겨 미끄러짐을 방지하기 위해 설치하는 경사
③ 차량이 터널을 진입할 때 미끄러지는 것을 방지하 위해 설치하는 경사
④ 차량이 도로의 직선부를 주행할 때 직선부 외측으로 원심력이 생겨 미끄러짐을 방지하기 위해 설치하는 경사

➡ 편경사는 차량이 도로의 곡선부를 주행할 때 곡선부 외측으로 원심력이 생겨 차량의 미끄러짐을 방지하기 위해 설치하는 횡단경사를 말한다.

30 비보호좌회전에 대한 설명으로 가장 적절한 것은?

① 적색신호에 좌회전할 수 있다.
② 녹색신호 시에는 언제든지 좌회전할 수 있다.
③ 비보호좌회전 위반은 교차로 통행방법 위반으로 처벌된다.
④ 녹색신호 시에 대향 교통에 방해되지 않게 좌회전할 수 있다.

➡ 녹색등화에서 비보호좌회전표지 또는 비보호좌회전표시가 있는 곳에서는 좌회전할 수 있다.

31 커브길 안전주행 방법으로 가장 옳지 않은 것은?

① 급커브길을 돌 때에는 서행하여야 한다.
② 핸들을 항상 여유 있게 조작한다.
③ 커브길에서는 앞지르기를 하지 않는다.
④ 도로의 중앙 부분으로 통행한다.

➡ 커브길에서는 중앙선을 침범하거나 도로의 중앙으로 치우쳐 운전하지 않는다.

32 비, 안개, 눈 등으로 인한 악천후 시 최고속도의 100분의 50을 감속 운행해야 하는 경우가 아닌 것은?

① 노면이 얼어붙은 경우
② 눈이 20mm 이상 쌓인 경우
③ 비가 내려 노면이 젖어 있는 경우
④ 폭우·폭설·안개 등으로 가시거리가 100m 이내인 경우

➡ ③의 경우에는 최고속도의 100분의 20을 줄인 속도로 운행해야 한다.

33 심폐소생술을 시행할 때 가슴압박을 1분당 빠르게 몇 회 정도 실시해야 하는가?

① 50회 ② 100회
③ 90회 ④ 130회

➡ 심폐소생술은 1분당 100~120회의 속도로 압박한다.

34 음주운전 교통사고의 특징으로 옳지 않은 것은?

① 치사율이 낮다.
② 차량 단독사고의 가능성이 높다.
③ 주차 중인 자동차와 같은 정지물체에 충돌한다.
④ 전신주, 가로시설물 등과 같은 고정물체와 충돌한다.

➡ 음주운전에 의한 교통사고가 발생하면 치사율이 높다.

35 여객자동차운수사업법에 따른 중대한 교통사고에 해당하는 것은?

① 중상자 5명 이상 발생한 사고
② 중상자 3명 이상 발생한 사고
③ 사망자 1명과 중상자 1명 발생한 사고
④ 사망자 1명과 중상자 3명 발생한 사고

➡ 중대한 교통사고는 전복사고, 화재가 발생한 사고, 사망자 2명 이상·사망자 1명과 중상자 3명 이상·중상자 6명 이상의 사람이 죽거나 다친 사고를 말한다.

정답 24. ④ 25. ② 26. ④ 27. ② 28. ② 29. ② 30. ④ 31. ④ 32. ③ 33. ② 34. ① 35. ④

36 다음 중 운행 중 주의사항으로 틀린 것은?

① 뒤따라오는 차량이 추월하려 하는 경우에는 속도를 높인다.
② 후방카메라를 통해 후방의 이상 유무를 확인한 뒤 후진한다.
③ 눈길, 빙판길 등은 체인이나 스노타이어를 장착한 후 운행한다.
④ 보행자, 이륜차 등과 나란히 진행할 때에는 서행하며 안전거리를 유지한다.

① 뒤따라오는 차량이 추월하는 경우에는 감속 등을 통해 양보운전을 한다.

37 교통안전표지에 대한 설명으로 옳지 않은 것은?

① 노면표시 – 각종 주의・규제・지시 등의 내용을 노면에 기호, 문자로 표시
② 보조표지 – 주의・규제・지시표지의 주기능을 보충하는 표지
③ 주의표지 – 도로 통행방법, 통행구분 등 필요한 지시를 하는 표지
④ 규제표지 – 도로교통의 안전을 위하여 통행을 금지하거나 제한하는 표지

③은 지시표지에 대한 설명이다.

38 다음 중 앞지르기 운전이 허용되는 경우는?

① 앞차의 좌측에 다른 차가 앞차와 나란히 가고 있는 경우
② 다리 위에서 주행 중 차량이 적고 한산할 경우
③ 일반도로에서 초보운전 스티커를 붙인 앞차가 서행 중인 경우
④ 앞차가 다른 차를 앞지르고 있거나 앞지르려고 하는 경우

①, ②, ④는 앞지르기가 금지되는 경우이다.

39 도로에 설치된 안전지대에 보행자가 있는 경우와 차로가 설치되지 않은 좁은 도로에서 보행자의 옆을 지나는 경우 운전방법은?

① 경음기를 울리고 정상 운행한다.
② 일시정지한다.
③ 신속히 통과한다.
④ 서행한다.

모든 차의 운전자는 도로에 설치된 안전지대에 보행자가 있는 경우와 차로가 설치되지 않은 좁은 도로에서 보행자의 옆을 지나는 경우에는 안전한 거리를 두고 서행해야 한다.

40 빙판도로에서 운전 중 차량이 미끄러졌을 때 운전방법으로 올바른 것은?

① 핸들을 미끄러지는 방향으로 조작한다.
② 핸들을 진행 반대 방향으로 조작한다.
③ 브레이크 페달을 밟아 속도를 높인다.
④ 즉시 시동을 끄고 엔진 브레이크를 사용한다.

빙판도로에서 차량이 미끄러졌을 때에는 핸들을 미끄러지는 방향으로 조작한다.

41 언덕길에서의 안전운행 방법으로 틀린 것은?

① 오르막길의 정상 부근에서는 시야가 제한되므로 서행하며 위험에 대비한다.
② 내리막이 시작되는 시점에서 브레이크를 힘껏 밟아 브레이크를 점검한다.
③ 오르막길에서 부득이하게 앞지르기를 할 때에는 저단 기어를 사용한다.
④ 내리막길을 내려갈 때에는 풋 브레이크만 사용한다.

내리막길을 내려갈 때에는 엔진 브레이크로 속도를 조절한다.

42 자동차가 물이 고인 노면을 주행할 때 물의 저항에 의해 노면으로부터 떠올라 물 위를 미끄러지듯이 되는 현상을 예방하기 위한 방법은?

① 평소보다 공기압을 조금 높게 하고, 속도를 줄인다.
② 평소보다 공기압을 조금 낮게 하고, 속도를 높인다.
③ 평소보다 공기압을 조금 낮게 하고, 속도를 줄인다.
④ 평소보다 공기압을 조금 높게 하고, 속도를 높인다.

수막현상을 예방하기 위한 방법으로 공기압 조금 높이기, 고속 주행하지 않기, 과마모된 타이어 사용하지 않기, 배수 효과가 좋은 리브형 타이어 사용하기 등이 있다.

43 신규 등록하는 택시에 에어백을 설치해야 하는 곳은?

① 운전석, 운전석 옆 좌석
② 운전석, 운전석 뒤 좌석
③ 운전석 뒤 좌석, 운전석 옆 좌석
④ 앞뒤 모든 좌석

신규 등록하는 택시에는 운전석과 조수석(운전석 옆 좌석)에 에어백을 설치해야 한다.

44 운전 중 가장 많이 나타나는 피로현상은?

① 집중력 저하 ② 졸음
③ 근육의 경직 ④ 주의력 감소

피로가 야기되는 가장 큰 원인은 수면 부족과 음주이다. 졸음운전은 수면 부족으로 인해 발생할 가능성이 높다.

45 다음 중 운수종사자 규정 준수사항으로 옳은 것은?

① 목적지가 거리상 비슷한 경우 승객에게 다른 승객과의 합승을 권유한다.
② 배차지시 없이 임의 운행을 금지한다.
③ 승차 지시된 운전자 이외의 타인에게 대리운전을 부탁한다.
④ 자동차전용도로, 급한 경사길 등에서 주・정차한다.

② 운행 전 배차사항과 지시 및 전달사항 등을 확인한 후 운행한다.

46 주행 중 신호등을 앞에 두고 가속페달에서 발을 떼면 특정속도로 떨어질 때까지 주행하는 것은?

① 자율주행 ② 관성주행
③ 등판주행 ④ 저속주행

관성운전은 주행 중 내리막길이나 신호등을 앞에 두고 가속페달에서 발을 떼면 특정속도로 떨어질 때까지 연료공급이 차단되고 관성력에 의해 주행하는 운전이다.

정답 36. ① 37. ③ 38. ③ 39. ④ 40. ① 41. ④ 42. ① 43. ① 44. ② 45. ② 46. ②

47 심폐소생술을 할 때 가슴압박의 위치로 올바른 것은?

① 오른쪽 흉부 위쪽 ② 왼쪽 흉부 아래쪽
③ 흉골 아래쪽 절반 부위 ④ 흉골 위쪽 절반 부위

➡ 가슴압박은 가슴뼈(흉골) 아래쪽 절반 부위에서 실시되어야 한다.

48 교통사고 발생 시 출혈이 적을 경우의 응급처치로 가장 옳은 것은?

① 신고하고 119가 올 때까지 기다린다.
② 심장에 가까운 쪽을 압박하여 지혈한다.
③ 깨끗한 천으로 상처를 꽉 눌러준다.
④ 상처에 묻은 이물질은 그대로 둔다.

➡ 출혈이 적을 경우에는 깨끗한 손수건이나 거즈 등으로 상처를 꽉 누른다.

49 일반적인 고객의 욕구로 적절하지 않은 것은?

① 기억되고 싶어 한다.
② 환영 받고 싶어 한다.
③ 관심을 가져주기를 바란다.
④ 평범한 사람으로 인식되기를 바란다.

➡ 중요한 사람으로 인식되기를 바란다.

50 운송사업자가 자동차 안에 의무적으로 게시해야 하는 표지판의 내용이 아닌 것은?

① 회사명 ② 요금표
③ 자동차 번호 ④ 운전자 성명

➡ 운송사업자는 회사명, 자동차 번호, 운전자 성명, 불편사항 연락처 및 차고지 등을 적은 표지판을 승객이 자동차 안에서 쉽게 볼 수 있는 위치에 게시하여야 한다.

51 다음 중 골절, 탈골, 염좌에 대한 설명으로 옳은 것은?

① 염좌는 뼈, 연골, 인대 등이 원래의 위치에서 벗어난 것을 말한다.
② 염좌는 인대의 손상 없이 근육만 손상되는 경우를 말한다.
③ 골절은 뼈가 부러진 상태를 말한다.
④ 탈골은 인대가 사고나 외상 등에 의해 손상된 것을 말한다.

➡ 염좌는 인대가 사고나 외상 등에 손상된 것으로, 근육과 인대가 손상된다. 탈골은 관절을 구성하는 뼈마디, 연골, 인대 등이 원래의 위치에서 벗어나 위치가 바뀌는 것을 말한다.

52 다음 중 서비스의 특징이 아닌 것은?

① 동시성 ② 무형성
③ 소유성 ④ 변동성

➡ **서비스의 특징** : 무형성, 동시성, 소멸성, 무소유권, 변동성, 인적 의존성 등

53 사업용 운전자의 기본자세가 아닌 것은?

① 배출가스로 인한 대기오염을 최소화하기 위해 노력한다.
② 추측운전을 지향한다.
③ 운전기술에 대해 과신하지 않는다.
④ 사업용 운전자는 공인이라는 사명감을 가진다.

➡ ② 추측운전을 금지한다.

54 부상자의 의식 상태를 확인하는 행동으로 가장 옳은 것은?

① 손목의 맥박을 확인한다.
② 기도를 확보한다.
③ 말을 걸거나 꼬집어본다.
④ 부상자의 몸을 흔들어 본다.

➡ 부상자에게 말을 걸거나 팔을 꼬집어 눈동자를 확인한다.

55 교통사고가 발생했을 경우에 사진촬영을 해야 하는 사항으로 옳지 않은 것은?

① 가해차량의 스키드 마크
② 사고현장
③ 피해자와 가해자의 얼굴
④ 차량의 충돌부위와 파손부위

➡ 교통사고가 발생했을 때 사고현장, 사고차량, 물리적 흔적 등에 대한 사진촬영을 한다.

56 다음 중 올바른 인사법이 아닌 것은?

① 적당한 크기와 속도로 자연스럽게 말하는 인사
② 밝고 부드러운 미소를 지으며 하는 인사
③ 할까 말까 망설이다 하는 인사
④ 진심으로 존중하는 마음을 눈빛에 담아서 하는 인사

57 응급처치의 성격으로 옳지 않은 것은?

① 영구적인 처치이다.
② 즉시 취하는 조치이다.
③ 간단하게 이루어지는 치료이다.
④ 주로 사고가 발생한 장소에서 이루어진다.

➡ 응급처치는 예기하지 못한 사고로 발생한 부상이나 질환에 대해 사고현장에서 긴급하게 이루어지는 치료를 말한다.

58 내리막길 안전운전방법으로 옳지 않은 것은?

① 커브 주행 시와 마찬가지로 중간에 불필요하게 속도를 줄인다든지 급제동하는 것은 금물이다.
② 배기 브레이크가 장착된 차량은 배기 브레이크를 사용하면 운행의 안전도를 더욱 높일 수 있다.
③ 풋 브레이크를 사용하면 페이드 현상을 예방하여 운행 안전도를 더욱 높일 수 있다.
④ 내리막길을 내려가기 전에는 미리 감속하여 천천히 내려가며 엔진 브레이크로 속도를 조절하는 것이 바람직하다.

➡ 엔진 브레이크를 사용하면 페이드 현상을 예방하여 운행 안전도를 더욱 높일 수 있다.

59 응급환자 발생 시 가장 먼저 연락해야 할 번호는?

① 119 ② 118
③ 113 ④ 112

➡ 긴급신고 전화번호 : 112(범죄 신고), 113(간첩 신고), 118(사이버 테러 신고), 119(화재, 응급환자 발생)

정답 47. ③ 48. ③ 49. ④ 50. ② 51. ③ 52. ③ 53. ② 54. ③ 55. ③ 56. ③ 57. ① 58. ③ 59. ①

60 긴급자동차로 볼 수 없는 것은?

① 소방차, 구급차
② 국내외 요인에 대한 경호업무 수행에 공무로 사용되는 자동차
③ 수사기관의 자동차 중 범죄수사를 위하여 사용되는 자동차
④ 교통경찰관이 탑승한 자동차

경찰용 자동차 중 범죄수사·교통단속·그 밖의 긴급한 경찰업무 수행에 사용되는 자동차, 수사기관의 자동차 중 범죄수사를 위하여 사용되는 자동차는 긴급자동차에 해당한다.

61 미국대사관, 세종문화회관이 위치한 곳은?

① 마포구 ② 동대문구
③ 중랑구 ④ 종로구

62 롯데월드에서 가장 가까운 지하철역은?

① 잠실나루역 ② 잠실역
③ 잠실새내역 ④ 구의역

63 혜화동 서울대학교 병원 앞을 지나는 도로명은?

① 고산자로 ② 돈화문로
③ 대학로 ④ 도산대로

64 신사역에서 영동대교 남단으로 연결되는 도로는?

① 학동로 ② 봉은사로
③ 압구정로 ④ 도산대로

65 3개 이상의 전철 노선이 지나는 역은?

① 사당역 ② 충무로역
③ 동작역 ④ 왕십리역

66 일본대사관과 미국대사관이 위치한 곳은?

① 종로구 ② 강남구
③ 중구 ④ 용산구

67 동대문구와 중랑구를 연결하는 다리는?

① 군자교 ② 중랑교
③ 월릉교 ④ 장안교

68 다음 중 서울풍물시장이 위치하는 곳은?

① 동대문구 장안동 ② 동대문구 신설동
③ 종로구 명륜동 ④ 종로구 인사동

69 지하철 4호선과 7호선이 만나는 역은?

① 충무로역 ② 사당역
③ 창동역 ④ 노원역

70 서울 어린이대공원이 위치한 곳은?

① 광진구 성수동 ② 광진구 구의동
③ 광진구 자양동 ④ 광진구 능동

71 한양대학교(서울캠퍼스) 앞을 지나는 도로명은?

① 왕십리로 ② 성수로
③ 도산로 ④ 동일로

72 남부시외버스터미널이 위치한 곳은?

① 서초구 서초동 ② 서초구 우면동
③ 서초구 개포동 ④ 서초구 도곡동

73 국립경찰병원이 위치하는 곳은?

① 중구 필동 ② 강남구 역삼동
③ 용산구 남영동 ④ 송파구 가락동

74 강남 교보타워에서 봉은사로 이어지는 봉은사길 주변에 있지 않은 건물은?

① 노보텔앰배서더 호텔 ② 아셈타워
③ 서울고용노동청 ④ 리츠칼튼호텔

75 몽촌토성은 어느 다리 남쪽에 위치하는가?

① 양화대교 ② 올림픽대교
③ 팔당대교 ④ 광진교

76 사대문(四大門)을 동서로 가로지르는 도로는?

① 퇴계로 ② 충무로
③ 을지로 ④ 종로

77 다음 중 중구에 위치하지 않는 곳은?

① 창경궁 ② 한국의집
③ 덕수궁 ④ 대한극장

78 국립중앙도서관이 위치한 곳은?

① 서초구 ② 종로구
③ 중구 ④ 동대문구

79 남부순환도로에 있지 않은 전철역은?

① 사당역 ② 낙성대역
③ 이수역 ④ 양재역

80 경복궁에서 신촌 세브란스 병원을 갈 때 지나는 터널은?

① 무악터널 ② 금화터널
③ 구기터널 ④ 금악터널

정답
60. ④ 61. ④ 62. ② 63. ③ 64. ④ 65. ④ 66. ① 67. ② 68. ②
69. ④ 70. ④ 71. ① 72. ① 73. ④ 74. ③ 75. ② 76. ④ 77. ①
78. ① 79. ③ 80. ②

경기도 기출복원문제

80문항 80분

01 택시운전 자격취소 · 정지 등의 행정처분을 할 수 있는 기관은?

① 국토교통부장관 또는 시 · 도지사
② 시 · 도경찰청장
③ 국무총리
④ 교통안전공단

국토교통부장관 또는 시 · 도지사는 자격을 취득한 자가 운수종사자의 자격 취소 등의 사유에 해당하면 그 자격을 취소하거나 6개월 이내의 기간을 정하여 그 자격의 효력을 정지시킬 수 있다.

02 택시운전자가 중대한 교통사고를 일으켜 중상자 6명 이상 발생했을 경우 자격정지 처분기간은?

① 자격정지 40일　② 자격정지 50일
③ 자격정지 60일　④ 자격정지 30일

중대한 교통사고로 중상자 6명 이상 발생하게 한 경우 자격정지 40일이다.

03 횡단보도를 보행하는 사람이 아닌 것은?

① 횡단보도에서 교통정리를 하고 있는 교통경찰
② 손수레를 끌고 가는 사람
③ 유모차를 밀고 가는 사람
④ 자전거에서 내려 자전거를 끌고 가는 사람

횡단보도에서 교통정리를 하고 있는 사람은 횡단보도 보행자가 아니다.

04 교통사고처리특례법에 따라 보호를 받을 수 없는 상황이 아닌 것은?

① 도로가 아닌 곳에서 음주운전으로 적발된 경우
② 강설로 인해 차량이 미끄러져 중앙선을 침범한 경우
③ 인명사고 발생 후 사상자를 두고 도주한 경우
④ 트럭에 짐을 제대로 고정하지 않아 짐이 떨어져 사고가 난 경우

제한속도를 준수하여 운행 시 빗길이나 빙판길에서 미끄러져 중앙선을 침범한 경우에는 중앙선 침범을 적용할 수 없다.

05 교통사고처리특례법상의 과속이란 도로교통법에 규정된 법정속도와 지정속도를 몇 km/h 초과된 경우를 말하는가?

① 5km/h　② 10km/h
③ 15km/h　④ 20km/h

교통사고처리특례법상 과속은 20km/h 초과한 경우이다.

06 여객자동차운송사업자는 운임과 요금을 정하여 누구에게 신고하는가?

① 국토교통부장관　② 교통안전공단
③ 여객자동차운수조합　④ 대통령

여객자동차운송사업의 면허를 받은 자는 운임이나 요금을 정하여 국토교통부장관 또는 시 · 도지사에게 신고하여야 한다.

07 외상환자의 기도유지법으로 잘못된 것은?

① 환자의 옆머리를 부드럽게 잡아당겨 목이 중립이 된 상태로 고정한다.
② 환자의 목을 뒤로 젖혀 기도를 확보한다.
③ 의식이 없다면 기도유지장치를 삽입한다.
④ 척추를 움직이지 않도록 한다.

외상환자는 경추손상의 가능성이 있으므로 이를 보호해야 한다. 목을 뒤로 젖히는 것은 위험하며 턱만 들어 올려 기도를 확보한다.

08 개인택시운송사업의 면허신청에 필요한 서류가 아닌 것은?

① 관할관청이 필요하다고 인정하여 공고하는 서류
② 재산세 납세증명서
③ 택시운전자격증 사본
④ 건강진단서

개인택시운송사업의 면허를 받으려는 자는 관할관청이 공고하는 기간 내에 개인택시운송사업 면허신청서에 건강진단서, 택시운전자격증 사본, 반명함판 사진 1장 또는 전자적 파일 형태의 사진, 그 밖에 관할관청이 필요하다고 인정하여 공고하는 서류를 첨부하여 관할관청에 제출하여야 한다.

09 다음 중 택시영업의 사업구역 제한범위는?

① 특별시 · 광역시 · 특별자치시 · 특별자치도 또는 시 · 군
② 시 · 도
③ 읍 · 면
④ 생활권역

일반택시운송사업 및 개인택시운송사업의 사업구역은 특별시 · 광역시 · 특별자치시 · 특별자치도 또는 시 · 군 단위로 한다.

10 운행 중 DMB 시청이 위험한 이유로 거리가 먼 것은?

① 안전거리를 유지할 수 없다.
② 반응속도가 빨라진다.
③ 전방주시율이 떨어진다.
④ 시야가 좁아진다.

운행 중 DMB를 시청하면 반응속도가 느려져 사고 위험이 높아진다.

11 도로교통법에서 교통사고 사망자는 사고가 주원인이 되어 얼마 만에 사망한 것을 말하는가?

① 30일　② 24시간
③ 48시간　④ 72시간

교통사고 발생 시부터 72시간 이내에 사망한 것을 말하며, 사망 1명마다 벌 90점이다.

정답 01. ① 02. ① 03. ① 04. ② 05. ④ 06. ① 07. ② 08. ② 09. ① 10. ② 11. ④

12 택시운전자격에 대한 설명 중 틀린 것은?

① 퇴직하는 경우에는 운전자격증명을 반납하여야 한다.
② 택시운전자격증을 타 시·도에서도 갱신할 수 있다.
③ 자격증을 타인에게 대여한 때에는 자격이 취소된다.
④ 사업용자동차 안에 운전자격증명을 항상 게시하여야 한다.

➡ 자격증을 취득한 해당 시·도에서만 갱신할 수 있다.

13 택시운송사업자가 자동차의 바깥쪽에 표시해야 하는 것으로 옳지 않은 것은?

① 운송사업자의 명칭, 기호
② 특별시·광역시의 경우 관할관청
③ 시·도지사가 정하는 사항
④ 자동차의 종류

➡ 운송사업자는 여객자동차운송사업에 사용되는 자동차의 바깥쪽에 운송사업자의 명칭, 기호, 자동차의 종류, 관할관청(특별시·광역시·특별자치시 및 특별자치도는 제외), 그 밖에 시·도지사가 정하는 사항을 표시하여야 한다.

14 택시 운전사가 택시 안에서 흡연하였을 경우 과태료는?

① 10만 원 ② 20만 원
③ 30만 원 ④ 40만 원

➡ 여객자동차운송사업용 자동차 안에서 흡연하는 행위를 했을 경우 과태료 10만 원이다.

15 다음 중 자동차 말소등록 사유가 아닌 것은?

① 자동차폐차업의 등록을 한 자에게 폐차요청을 한 경우
② 자동차제작·판매자 등에게 반품한 경우
③ 여객자동차운수사업법에 의한 차령이 초과된 경우
④ 법원에 압류등록이 된 경우

➡ ①, ②, ③은 자동차 말소등록 사유에 해당한다.

16 운행계통을 정하지 않고 국토교통부령으로 정하는 사업구역에서 1개의 운송계약에 따라 국토교통부령으로 정하는 자동차를 사용하여 여객을 운송하는 사업은?

① 일반택시운송사업 ② 개인택시운송사업
③ 시외버스운송사업 ④ 마을버스운송사업

17 신규로 사업용자동차 운전 또는 취업 중 중상 이상의 사상사고를 일으킨 자에게 실시하는 것은?

① 택시자격증 재발급 ② 교통안전연수
③ 운전적성정밀검사 ④ 특별건강검진

➡ 중상 이상의 사상(死傷)사고를 일으킨 자는 운전적성정밀검사 중 특별검사의 대상이다.

18 교통사고가 발생하는 요인이 아닌 것은?

① 인적요인 ② 차량요인
③ 물적요인 ④ 도로·환경요인

➡ 교통사고가 발생하는 요인에는 인적요인, 차량요인, 도로·환경요인이 있다.

19 지역주민의 편의를 위하여 지역여건에 따라 택시운송사업구역을 별도로 정할 수 있는 자는?

① 택시연합회장 ② 시·도지사
③ 국토교통부장관 ④ 시·도경찰청장

➡ 시·도지사는 지역주민의 편의를 위하여 필요하다고 인정하면 지역여건에 따라 택시운송사업의 사업구역을 별도로 정할 수 있다.

20 등록한 차고를 이용하지 않고 차고지가 아닌 곳에서 밤샘주차를 한 행위에 대한 과징금은?

① 10만 원 ② 20만 원
③ 30만 원 ④ 40만 원

➡ 면허를 받거나 등록한 차고를 이용하지 않고 차고지가 아닌 곳에서 밤샘주차를 한 경우의 과징금은 10만 원이다.

21 앞지르기를 할 때 주의사항으로 옳지 않은 것은?

① 대향차의 속도와 거리를 정확히 판단한 후 앞지르기한다.
② 앞차의 오른쪽으로 앞지르기를 한다.
③ 앞지르기 전에 앞차에게 신호로 알린다.
④ 앞차가 앞지르기를 하고 있을 때에는 앞지르기를 시도하지 않는다.

➡ 앞차의 오른쪽으로 앞지르기를 하지 않는다.

22 군(광역시의 군은 제외) 지역을 제외한 사업구역의 일반택시운송사업자는 택시의 구입 및 운행에 드는 비용 중 택시운수종사자에게 부담시켜서는 안 되는 것은?

① 병원진료비 ② 유류비
③ 식사비 ④ 교통·통신비

➡ 군(광역시의 군은 제외) 지역을 제외한 사업구역의 일반택시운송사업자는 택시의 구입 및 운행에 드는 비용 중 택시 구입비, 유류비, 세차비, 택시운송사업자가 차량 내부에 붙이는 장비의 설치비 및 운영비 등을 택시운수종사자에게 부담시켜서는 아니 된다.

23 방어운전 요령으로 옳지 않은 것은?

① 뒤차가 가까이 접근하면 급정지한다.
② 안전거리를 확보한다.
③ 진로변경 시 방향지시등을 켠다.
④ 넓은 시야를 갖는다.

➡ 뒤차가 지나갈 수 있도록 차로를 변경한다.

24 고객과 대화할 때 바람직하지 않은 자세는?

① 고객에게 회사에 대한 험담을 한다.
② 민감한 정치 얘기는 하지 않는다.
③ 도전적 대화는 가급적 하지 않는다.
④ 존댓말을 사용한다.

➡ ① 욕설이나 험담은 하지 않는다.

정답 12. ② 13. ② 14. ① 15. ④ 16. ① 17. ③ 18. ③ 19. ② 20. ① 21. ② 22. ② 23. ① 24. ①

25 교통사고 발생 시 운전자의 조치사항으로 틀린 것은?

① 우선 응급처치 등 부상자 구호조치를 한 뒤 후속차량에 긴급 후송을 요청한다.
② 신속히 엔진을 멈추고 연료가 인화되지 않도록 한다.
③ 통과차량에 사고를 알리기 위해 차도로 나와 손을 흔든다.
④ 보험회사 및 경찰 등에 연락하여 사고발생지점과 상태에 대해 알린다.

➡ ③ 차도로 뛰어나와 손을 흔드는 등의 위험한 행동을 삼가야 한다.

26 시가지 도로에서의 안전운전 방법으로 옳은 것은?

① 교통체증으로 서로 근접하는 상황이더라도 앞차와 최소 2초 정도의 거리를 둔다.
② 약간 어두울 때는 하향 전조등을 켜서는 안 된다.
③ 교차로 안으로 진입 중 황색신호로 변경된 경우에는 그 자리에서 정지한다.
④ 다른 차 뒤에 멈출 때 앞차의 1~2m 뒤에 멈추도록 한다.

➡ ② 조금이라도 어두울 때는 하향 전조등을 켠다.
③ 교차로 안으로 진입 중 황색신호로 변경된 경우에는 신속히 교차로 밖으로 빠져나간다.
④ 다른 차 뒤에 멈출 때 앞차의 6~9m 뒤에 멈추도록 한다.

27 야간에 하향 전조등만으로 사람이라는 것을 확인하기 쉬운 옷 색깔은?

① 백색 ② 적색
③ 흑색 ④ 청색

➡ 야간에 하향 전조등만으로 사람이라는 것을 확인하기 쉬운 옷 색깔은 적색, 백색의 순이다. 흑색이 가장 확인하기 어렵다.

28 여객자동차운송사업의 면허를 받은 자가 운임이나 요금을 변경하려는 때에는 누구에게 신고해야 하는가?

① 시・도지사 ② 교통안전공단
③ 여객자동차운수사업조합 ④ 관할지역의 구청장

➡ 여객자동차운송사업의 면허나 등록을 받은 자는 운임이나 요금을 변경하려는 때에는 시・도지사에게 신고하여야 한다.

29 고속도로가 아닌 일반도로에서 진로를 바꾸자 할 때에는 몇m의 거리에서부터 진로변경신호를 해야 하는가?

① 100m 이상의 지점 ② 50m 이상의 지점
③ 30m 이상의 지점 ④ 10m 이상의 지점

➡ 좌회전・횡단・유턴 또는 같은 방향으로 진행하면서 진로를 왼쪽으로 바꾸려는 때 그 행위를 하려는 지점에 이르기 전 30미터(고속도로에서는 100미터) 이상의 지점에 이르렀을 때 손이나 방향지시기 또는 등화로써 그 행위가 끝날 때까지 신호를 하여야 한다.

30 야간 운행 중 차량 상호 간에 라이트가 갑자기 비춰지는 경우 물체를 제대로 식별하지 못하는 현상은?

① 현혹현상 ② 광막현상
③ 착시현상 ④ 증발현상

➡ 증발현상은 야간에 마주 오는 대향차의 전조등 눈부심으로 인해 순간적으로 보행자를 잘 볼 수 없게 되는 현상을 말한다.

31 LPG 자동차 운전자의 기본수칙으로 옳지 않은 것은?

① LPG 가스가 누출되면 누출 부위를 손으로 막는다.
② 난로나 모닥불 옆에서 LPG 용기 및 배관을 점검하지 않는다.
③ LPG 자동차의 구조변경 시에는 허가업소에서 새 부품을 사용해야 한다.
④ 비눗물로 각 연결부에서 LPG 누출이 있는지 확인한다.

➡ LPG 가스 누출 부위를 손으로 막으면 동상에 걸릴 위험이 있기 때문에 절대 손으로 막으면 안 된다.

32 정면충돌사고를 회피하기 위한 방어운전 방법으로 틀린 것은?

① 속도를 줄여 주행거리와 충격력을 줄이도록 한다.
② 필요시 차도를 벗어나 길 가장자리 쪽으로 주행한다.
③ 정면으로 마주칠 때 핸들조작의 기본적 동작은 왼쪽으로 한다.
④ 차로로 진입하거나 앞지르려고 하는 차나 보행자에 대해 주의한다.

➡ ③ 정면으로 마주칠 때 핸들조작의 기본적 동작은 오른쪽으로 한다.

33 다음 중 신호등 배열 순서로 옳은 것은?

① 황색 → 녹색 → 화살표 → 적색
② 화살표 → 황색 → 적색 → 녹색
③ 녹색 → 화살표 → 적색 → 황색
④ 적색 → 황색 → 화살표 → 녹색

➡ 4색 신호등의 순서는 왼쪽부터 적색, 황색, 화살표, 녹색 순이다.

34 자동차 연료를 절약하는 주행 습관으로 가장 올바른 것은?

① 가능한 저속으로 주행한다.
② 타이어 공기압을 약간 낮은 상태로 유지한다.
③ 연료는 되도록 최대한 채워서 주행한다.
④ 브레이크를 가급적 사용하지 않는다.

➡ 연료를 절약하기 위해서는 연료를 포함해서 차량의 중량을 줄이는 것이 좋고, 경제속도로 주행하며 적정한 타이어 공기압을 유지해야 한다.

35 자동차가 물이 고인 노면을 주행할 때 물의 저항에 의해 노면으로부터 떠올라 물 위를 미끄러지듯이 되는 현상을 예방하기 위한 방법은?

① 페이드 현상 ② 수막현상
③ 베이퍼록 현상 ④ 스탠딩웨이브 현상

36 내륜차와 외륜차에 대한 설명으로 옳지 않은 것은?

① 핸들을 조작했을 때 앞바퀴의 안쪽과 뒷바퀴의 안쪽과의 차이를 내륜차라고 한다.
② 자동차가 후진 중 회전할 경우 외륜차에 의한 교통사고의 위험이 있다.
③ 자동차가 전진 중 회전할 경우 내륜차에 의한 교통사고의 위험이 있다.
④ 소형 승용차일수록 내륜차와 외륜차의 차이가 크다.

➡ 앞바퀴 안쪽과 뒷바퀴 안쪽과의 차이를 내륜차, 바깥 바퀴의 차이를 외륜차라고 한다. 대형차일수록 내륜차와 외륜차의 차이가 크다.

정답
25. ③ 26. ① 27. ② 28. ① 29. ③ 30. ④ 31. ① 32. ③ 33. ④ 34. ④ 35. ② 36. ④

37 과속방지시설의 설치가 필요하다고 볼 수 없는 장소는?

① 접촉사고가 잦은 보조간선도로
② 보도와 차도의 구분이 없으며 보행자가 많은 곳
③ 학교 앞, 유치원 앞, 근린공원, 마을 통과 지점
④ 공동 주택, 근린 상업시설, 학교, 병원 등 차량 출입이 많은 곳

➡ 간선도로 또는 보조간선도로 등 이동성의 기능을 갖는 도로에는 과속방지시설을 설치할 수 없다.

38 자동차 휠에 대한 설명으로 옳지 않은 것은?

① 휠이 작아지면 승차감이 좋아진다.
② 휠은 같은 크기라면 가능한 무거울수록 좋다.
③ 차량의 중량을 지지한다.
④ 휠이 커지면 주행안정성 향상에 도움이 된다.

➡ 무거운 휠은 연비와 가속을 떨어뜨린다.

39 회전교차로에 대한 설명으로 옳지 않은 것은?

① 지체시간이 감소되어 연료 소모와 배기가스를 줄일 수 있다.
② 고속으로 교차로 진입이 가능하다.
③ 교차로 진입과 대기에 대한 운전자의 의사결정이 간단하다.
④ 사고빈도가 낮아 교통안전 수준을 향상시킨다.

➡ 교차로 내는 물론 교차로 부근에 걸쳐 위험요인이 산재하기 때문에 교차로에 무리하게 진입하면 안 된다.

40 차량 내 화재 예방 요령으로 옳지 않은 것은?

① 화재가 발생하면 갓길 등 안전한 곳으로 이동하고 엔진은 정지시킨다.
② 소화기의 정상여부는 가급적 월 1회 점검할 수 있도록 한다.
③ 소화기는 차량 트렁크에 상비해 둔다.
④ 라이터 등 인화성 물질을 차량에 남겨두지 않는다.

➡ 소화기는 운전자가 손을 뻗으면 닿을 수 있는 위치에 상비한다.

41 인공호흡을 해야 하는 경우로 올바른 것은?

① 골절이 있는 경우　② 구토를 하는 경우
③ 호흡이 없는 경우　④ 출혈이 있는 경우

42 충격으로 인한 부상자에 대한 응급처치의 3가지 중요사항은?

① 자세, 보온, 지혈　② 자세, 보온, 음료
③ 지혈, 보온, 음료　④ 자세, 지혈, 음료

➡ 충격으로 인한 부상자에게 해주어야 할 중요한 응급처치는 자세, 보온, 음료에 대한 처치를 하는 것이다.

43 급정거 시 운전자가 브레이크를 조작하여 제동이 걸리기까지의 시간을 무엇이라고 하는가?

① 제동시간　② 인지반응시간
③ 공주시간　④ 정지시간

44 운전 중일 때 운전자의 착각에 대한 설명으로 틀린 것은?

① 작은 것은 멀리 있는 것처럼 느껴진다.
② 주행 중 급정거 시 반대방향으로 움직이는 것처럼 보인다.
③ 내림경사는 실제보다 크게 보인다.
④ 주시점이 가까운 좁은 시야에서는 빠르게 느껴진다.

➡ 오름경사는 실제보다 크게 보이고, 내림경사는 실제보다 작게 보인다.

45 장거리 운행 전에 해야 할 점검사항으로 옳지 않은 것은?

① 예비타이어는 이상이 없는지, 타이어의 공기압은 적절하고, 상처 난 곳은 없는지 등을 점검한다.
② 방향지시등, 헤드라이트와 같은 각종 램프의 작동 여부를 점검한다.
③ 연료는 최대한 적게 채운다.
④ 운행 중의 고장이나 점검에 필요한 휴대용 작업등, 손전등을 준비한다.

➡ 장거리 운행 전 타이어 공기압은 적절하고 상처 난 곳은 없는지, 스페어타이어는 이상 없는지를 점검하고 출발 전 연료를 가득 채운다.

46 교통사고가 발생했을 시 국가경찰관서에 신고해야 할 내용이 아닌 것은?

① 사고가 일어난 곳　② 부상자 이름
③ 사상자 수 및 부상 정도　④ 손괴한 물건 및 손괴 정도

➡ 교통사고 발생 시 차의 운전자나 그 밖의 승무원은 경찰공무원이 현장에 있을 때에는 그 경찰공무원에게, 경찰공무원이 현장에 없을 때에는 가장 가까운 국가경찰관서에 사고가 일어난 곳, 사상자 수 및 부상 정도, 손괴한 물건 및 손괴 정도, 그 밖의 조치사항 등을 지체 없이 신고해야 한다.

47 다음 중 바람직한 직업관은?

① 생계유지 수단적 직업관
② 지위 지향적 직업관
③ 귀속적 직업관
④ 미래 지향적 전문능력 중심의 직업관

➡ 바람직한 직업관은 소명의식을 지닌 직업관, 사회구성원으로서의 역할 지향적 직업관, 미래 지향적 전문능력 중심의 직업관이다.

48 운수종사자의 준수사항으로 옳지 않은 것은?

① 승객이 없을 때 여객자동차운송사업용 자동차 안에서의 금연 의무는 없다.
② 문을 완전히 닫지 않은 상태에서 자동차를 출발시키거나 운행하는 행위를 해서는 안 된다.
③ 일정한 장소에 오랜 시간 정차하여 여객을 유치하는 행위를 해서는 안 된다.
④ 차량의 출발 전에 여객이 좌석안전띠를 착용하도록 안내하여야 한다.

➡ 여객자동차운송사업에 사용되는 자동차 안에서 담배를 피워서는 안 된다.

정답 37. ① 38. ② 39. ② 40. ③ 41. ③ 42. ② 43. ③ 44. ③ 45. ③ 46. ② 47. ④ 48. ①

49 겨울철 안전운전을 위한 자동차의 관리사항으로 가장 옳지 않은 것은?

① 부동액 점검 ② 정온기 상태 점검
③ 월동장구의 점검 ④ 와이퍼 상태 점검

50 사고 원인이 인적 요인이라고 할 수 없는 경우는?

① 방향지시등이 없는 자전거가 진로를 변경하던 중 발생한 사고
② 정비 불량으로 제동에 실패하여 발생한 사고
③ 위협운전으로 인해 발생한 사고
④ 졸음쉼터를 찾지 못해 계속 주행하던 중 발생한 사고

정비 불량은 차량 요인에 해당한다.

51 교통사고처리특례법상 중대과실 12개 항목에 해당되지 않는 것은?

① 중앙선 침범 사고
② 제한속도 시속 20km 미만 운전
③ 무면허운전
④ 앞지르기 및 끼어들기 금지 위반

52 면허정지처분 개별기준 중 어린이보호구역 안에서 두 배에 해당하는 벌점을 부과 받는 위반행위에 해당하지 않는 것은?

① 속도위반 ② 신호・지시 위반
③ 지정차로 통행위반 ④ 보행자 보호 불이행

어린이보호구역 안에서 오전 8시부터 오후 8시까지 ①・②・④의 위반행위를 하는 경우에는 그 벌점의 두 배에 해당하는 벌점을 부과 받는다.

53 교통사고 후 행동으로 가장 옳지 않은 것은?

① 사고 장소에서 빨리 벗어난다.
② 응급환자가 있는지 확인한다.
③ 응급환자가 있을 때에는 응급처치를 한다.
④ 사고 장소를 찾아다닌다.

교통사고가 발생했을 때 사고차량에서 신속하게 탈출하고, 부상자가 있을 때에는 응급조치를 하며, 정차된 장소가 위험할 경우에는 신속히 안전한 장소로 이동한다.

54 승객을 응대하는 마음가짐이 아닌 것은?

① 자신의 입장을 먼저 생각한다.
② 투철한 서비스 정신을 갖는다.
③ 예의를 지켜 겸손하게 대한다.
④ 사명감을 갖는다.

승객의 입장에서 먼저 생각한다.

55 택시 운행 중 승차를 거부하였을 때 1차 적발 시 과태료는?

① 10만 원 ② 20만 원
③ 35만 원 ④ 40만 원

정당한 사유 없이 승객의 승차거부 시 과태료는 1회 20만 원이다.

56 교통사고 발생 시 운전자의 조치 과정의 순서가 올바른 것은?

① 탈출 → 대기 → 인명구조 → 연락 → 후방 방호
② 탈출 → 후방 방호 → 인명구조 → 연락 → 대기
③ 탈출 → 인명구조 → 후방 방호 → 연락 → 대기
④ 탈출 → 연락 → 후방 방호 → 인명구조 → 대기

탈출 즉시 인명구조를 하고, 2차 사고가 발생하지 않도록 후방 방호 조치를 한다.

57 운전자가 삼가야 할 행동으로 옳지 않은 것은?

① 정체가 되었다고 해서 갓길로 운행하지 않는다.
② 꼬리 물기가 예상될 경우 무리하게 따라붙지 않는다.
③ 졸음이 오면 본인이 좋아하는 노래를 크게 틀어놓는다.
④ 차선 변경 시 전조등을 깜빡이거나 경음기로 재촉하지 않는다.

③ 주행 중 졸음이 오면 졸음쉼터에서 충분히 휴식을 취한다.

58 다음 중 나머지 셋과 성격이 다른 것은?

① 여객자동차대여사업 ② 화물자동차운수사업
③ 여객자동차운수사업 ④ 여객자동차운송사업

①, ③, ④는 여객자동차운수사업법에 따른 운수사업이고, ②는 화물자동차운수사업법에 따른 운수사업이다.

59 의식이 없거나 구토를 하고 있는 승객에게 가장 바람직한 응급처치방법은?

① 등을 두드려준다. ② 음료를 마시게 한다.
③ 수평자세로 눕힌다. ④ 옆으로 눕혀준다.

의식이 없거나 구토를 하고 있는 승객이 있을 경우에는 토사물로 인해 목이 막혀 질식하지 않도록 옆으로 눕혀준다.

60 다음 중 통행우선 지시표지로 올바른 것은?

①

②

③

④

②는 일방통행, ③은 우회로, ④는 진행방향별 통행구분 지시표지이다.

61 덕양구청과 가장 가까운 지하철 3호선 역은?

① 지축역 ② 삼송역
③ 원흥역 ④ 화정역

62 동두천에 위치한 원효대사가 창건한 암자는?

① 용화사 ② 보광사
③ 자재암 ④ 무량사

정답 49. ④ 50. ② 51. ② 52. ③ 53. ④ 54. ① 55. ② 56. ③ 57. ③ 58. ② 59. ④ 60. ① 61. ④ 62. ③

63 역사문화공간인 제암리 3·1 운동 순국기념관이 있는 곳은?
① 화성시 ② 파주시
③ 연천군 ④ 광주시

64 수동국민관광지가 위치하는 지역은?
① 남양주시 ② 하남시
③ 이천시 ④ 여주군

65 6·25 장병 추모와 통일 기원을 위해 1973년 파주시에 세운 것은?
① 임진각평화누리공원 ② 열쇠전망대
③ 통일공원 ④ DMZ 박물관

66 다산 정약용의 생가가 있는 곳은?
① 남양주시 ② 고양시
③ 안산시 ④ 광주시

67 남한강과 북한강이 만나는 지역에 있는 세미원이 위치하는 곳은?
① 양평군 ② 가평군
③ 오산시 ④ 동두천시

68 용인시에 있는 테마파크가 아닌 것은?
① 캐리비안베이 ② 에버랜드
③ 화랑유원지 ④ 한국민속촌

69 경기도에 위치하지 않는 것은?
① 유명산 자연휴양림 ② 축령산 자연휴양림
③ 남이섬 유원지 ④ 동막골 유원지

70 운악산이 위치한 곳은?
① 가평군 ② 안산시
③ 양평군 ④ 연천군

71 고려대학교 안산병원에서 가장 가까운 지하철 4호선 역은?
① 고잔역 ② 한대앞역
③ 상록수역 ④ 원곡역

72 한국만화박물관이 소재한 곳으로 옳은 것은?
① 군포시 ② 부천시
③ 고양시 ④ 시흥시

73 서울시와 구리시에 걸쳐 있는 이 산은?
① 수락산 ② 소요산
③ 소래산 ④ 아차산

74 수원지방법원의 소재지는?
① 장안구 ② 영통구
③ 팔달구 ④ 권선구

75 남한강과 북한강이 만나는 곳에 있는 댐은?
① 소양강댐 ② 청평댐
③ 의암댐 ④ 팔당댐

76 국립현대미술관이 있는 곳은?
① 고양시 ② 과천시
③ 의왕시 ④ 하남시

77 국보 제4호인 고달사지 승탑의 소재지는?
① 용인시 수지구 ② 파주시 광탄면
③ 양평군 용문면 ④ 여주시 북내면

78 1997년에 유네스코 세계문화유산으로 등록된 문화재는?
① 고양 행주산성 ② 광주 남한산성
③ 수원 화성 ④ 김포 문수산성

79 경기도교통연수원이 있는 곳은?
① 평택시 ② 수원시
③ 성남시 ④ 용인시

80 다음 중 성남시의 구가 아닌 것은?
① 수정구 ② 중원구
③ 분당구 ④ 덕양구

정답
63. ① 64. ① 65. ③ 66. ① 67. ① 68. ③ 69. ③ 70. ① 71. ①
72. ② 73. ④ 74. ② 75. ④ 76. ② 77. ④ 78. ③ 79. ② 80. ④

인천광역시 기출복원문제

80문항 80분

01 도로교통법에서 정의하는 도로의 요건이 아닌 것은?

① 유료도로법에 따른 유료도로
② 특정인만 다니는 사유지의 농로
③ 농어촌도로 정비법에 따른 농어촌도로
④ 불특정 다수의 사람 또는 차마가 통행할 수 있도록 공개된 장소로서 안전하고 원활한 교통을 확보할 필요가 있는 장소

➡ ①, ③, ④ 외 도로법에 따른 도로도 포함된다.

02 택시 운전자가 택시요금 미터기에 따르지 않고 부당한 운임을 받는 경우 과태료는?

① 10만 원　② 20만 원
③ 30만 원　④ 40만 원

➡ 부당한 운임 또는 요금을 받거나 요구하는 경우에는 20만 원의 과태료를 부과한다.

03 다음 중 보수교육의 대상자가 아닌 것은?

① 법령위반 운수종사자
② 새로 채용한 운수종사자
③ 무사고·무벌점 기간이 5년 미만인 운수종사자
④ 무사고·무벌점 기간이 5년 이상 10년 미만인 운수종사자

➡ 사업용 자동차를 운전하다 퇴직한 후 2년 이내에 다시 채용된 사람을 제외한 새로 채용한 운수종사자는 신규교육 대상자이다.

04 비탈진 좁은 도로에서 자동차가 서로 마주보고 진행할 때 진로를 양보해야 하는 자동차는?

① 물건을 실은 자동차　② 긴급자동차
③ 동승자가 탑승한 자동차　④ 올라가는 자동차

➡ 비탈진 좁은 도로에서 자동차가 서로 마주보고 진행하는 경우에는 올라가는 자동차가 도로의 우측 가장자리로 피하여 진로를 양보하여야 한다.

05 다음 중 좌석안전띠를 매지 않아도 되는 경우가 아닌 것은?

① 부상 또는 질병을 앓고 있는 승객
② 개인적인 용도로 운행 중인 긴급자동차의 운전자
③ 공직선거관계법령에 의한 선거운동차량의 운전자
④ 우편물의 집배, 폐기물의 수집 업무에 종사하는 차량의 운전자

➡ 긴급자동차가 그 본래의 용도로 운행되고 있는 때에는 좌석안전띠를 매지 않아도 된다.

06 운수종사자의 교육에 해당하지 않는 것은?

① 보수교육　② 특별교육
③ 신규교육　④ 수시교육

➡ 운수종사자의 교육은 신규교육, 보수교육, 수시교육으로 구분된다.

07 개인택시운송사업의 면허신청 시 필요한 서류로 올바른 것은?

① 가족관계증명서　② 재산세 납세증명서
③ 건강진단서　④ 보험가입증명서

➡ 개인택시운송사업의 면허를 받으려는 자는 관할관청이 공고하는 기간 내에 개인택시운송사업 면허신청서에 건강진단서, 택시운전자격증 사본, 반명함판 사진 1장 또는 전자적 파일 형태의 사진(인터넷으로 신청하는 경우로 한정), 그 밖에 관할관청이 필요하다고 인정하여 공고하는 서류를 첨부하여 관할관청에 제출하여야 한다.

08 다음 중 차마의 통행방법으로 틀린 것은?

① 도로 외의 곳으로 출입할 때에도 보도를 횡단하여 통행해서는 안 된다.
② 안전표지에 의해 진입이 금지된 장소에는 들어가서는 안 된다.
③ 차마의 운전자는 도로의 중앙 우측 부분을 통행하여야 한다.
④ 도로가 일방통행인 경우에는 도로의 중앙이나 좌측 부분을 통행할 수 있다.

➡ 차마의 운전자는 보도와 차도가 구분된 도로에서는 차도로 통행하여야 한다. 다만, 도로 외의 곳으로 출입할 때에는 보도를 횡단하여 통행할 수 있다.

09 노인 보행자 사고가 일어나는 원인으로 옳지 않은 것은?

① 나이가 들어감에 시력이 좋아진다.
② 나이가 들어감에 반사신경이 둔해진다.
③ 나이가 들어감에 보행속도가 느려진다.
④ 나이가 들어감에 반응속도가 떨어진다.

10 다음 중 서행하여야 하는 경우에 해당하는 것은?

① 교통정리를 하지 않는 교차로를 진입할 때
② 차로가 설치되어 있는 도로를 주행할 때
③ 신호기가 설치되어 있는 교차로를 진입할 때
④ 안전지대에 보행자가 없을 때

➡ 교통정리를 하고 있지 아니하는 교차로, 도로가 구부러진 부근, 비탈길의 고갯마루 부근, 가파른 비탈길의 내리막, 시·도경찰청장이 안전표지로 지정한 곳에서는 서행하여야 한다.

11 움직이는 물체 또는 움직이면서 다른 자동차나 사람 등의 물체를 보는 시력은 무엇인가?

① 시야　② 동체시력
③ 정지시력　④ 대비능력

➡ 동체시력에 대한 설명이다.

정답 01. ② 02. ② 03. ② 04. ④ 05. ② 06. ② 07. ③ 08. ① 09. ① 10. ① 11. ②

12 음주운전을 하다가 교통사고를 일으켜 면허가 취소된 경우 얼마 동안 운전면허를 취득할 수 없는가?

① 2년 ② 3년
③ 4년 ④ 5년

음주운전을 하다가 교통사고를 일으켜 면허가 취소된 경우 운전면허가 취소된 날부터 2년이 지나지 아니하면 운전면허를 받을 수 없다.

13 편도 2차로 이상 일반도로에서의 자동차의 최고속도는?

① 60km/h ② 100km/h
③ 90km/h ④ 80km/h

편도 2차로 이상 일반도로에서의 최고속도는 80km/h 이내이다.

14 다음 차량신호등 중 황색화살표등화의 점멸이 의미하는 것은?

① 차마는 다른 교통 또는 안전표지의 표시에 주의하면서 화살표시 방향으로 진행할 수 있다.
② 화살표시 방향으로 진행하려는 차마는 정지선, 횡단보도 및 교차로의 직전에서 정지하여야 한다.
③ 차마는 화살표시 방향으로 진행할 수 있다.
④ 차마는 정지선이나 횡단보도가 있을 때에는 그 직전이나 교차로의 직전에 일시정지한 후 다른 교통에 주의하면서 화살표시 방향으로 진행할 수 있다.

② 적색화살표의 등화, ③ 녹색화살표의 등화, ④ 적색화살표등화의 점멸에 해당한다.

15 다음 중 택시운전자격제도를 규정하고 있는 법은?

① 도로교통법 ② 교통사고처리특례법
③ 화물자동차운수사업법 ④ 여객자동차운수사업법

택시운전자격시험에 대한 내용은 여객자동차운수사업법에서 규정하고 있다.

16 택시운송사업의 발전에 관한 법률의 목적으로 옳지 않은 것은?

① 택시운수종사자의 복지 증진
② 국민의 교통편의 제고에 이바지
③ 택시운송사업의 건전한 발전을 도모함
④ 여객자동차운수사업의 종합적인 발달을 도모함

택시운송사업의 발전에 관한 법률은 택시운송사업의 발전에 관한 사항을 규정함으로써 택시운송사업의 건전한 발전을 도모하여 택시운수종사자의 복지 증진과 국민의 교통편의 제고에 이바지함을 목적으로 한다.

17 올바른 대화의 원칙에 포함되지 않는 것은?

① 명료하게 말한다.
② 단호하게 말한다.
③ 품위 있게 말한다.
④ 밝고 적극적으로 말한다.

올바른 대화의 원칙으로 ①, ③, ④ 외에 공손하게 말하기가 있다.

18 다음 중 운수종사자의 준수사항으로 틀린 것은?

① 질병·피로·음주 등의 사유로 안전한 운전을 할 수 없을 시 운송사업자에게 알려야 한다.
② 주행 중 밀폐된 상태에서는 흡연해서는 안 되며 창문을 열고 담배를 피워야 한다.
③ 신용카드결제기를 설치해야 하는 택시의 경우 승객의 카드결제 요구를 거절할 수 없다.
④ 차량의 출발 전에 승객이 좌석안전띠를 착용하도록 안내하여야 한다.

② 여객자동차운송사업에 사용되는 자동차 안에서 담배를 피워서는 안 된다.

19 운전자가 가져야 할 기본자세가 아닌 것은?

① 심신 상태 안정 ② 자기중심적인 사고
③ 추측 운전 금지 ④ 교통법규의 이해와 준수

항상 여유를 가지고 양보하는 자세로 운전한다.

20 택시운전자가 다음과 같은 상황에서 교통사고를 일으켰다. 교통사고처리특례법에서 인정하는 보험에 가입하였다 하더라도 형사처벌을 받을 수 있는 경우는?

① 운전 중 휴대전화를 사용한 경우
② 피해자가 치명적인 중상해를 입은 경우
③ 자동차 간 안전거리를 지키지 않은 경우
④ 최고속도보다 15km/h 높은 속도로 운전한 경우

21 페이드 현상에 대한 설명으로 옳은 것은?

① 비가 자주 오거나 습도가 높은 날 브레이크 드럼에 미세한 녹이 발생하는 현상이다.
② 브레이크 마찰재가 물에 젖어 마찰계수가 작아져 브레이크의 제동력이 저하되는 현상이다.
③ 브레이크액이 기화하여 페달을 밟아도 유압이 전달되지 않아 브레이크가 작동하지 않는 현상이다.
④ 브레이크를 반복적으로 사용하면 마찰열이 라이닝에 축적되어 브레이크 제동력이 저하되는 현상이다.

①은 모닝 록 현상, ②는 워터 페이드 현상, ③은 베이퍼 록 현상에 대한 설명이다.

22 벌점·누산점수 초과로 인한 면허 취소에서 1회의 위반·사고로 인한 벌점 또는 연간 누산점수가 3년간 몇 점 이상일 때 그 운전면허를 취소하는가?

① 121점 ② 201점
③ 271점 ④ 300점

1회의 위반·사고로 인한 벌점 또는 연간 누산점수가 3년간 271점 이상일 때에는 그 운전면허를 취소한다.

정답
12. ① 13. ④ 14. ① 15. ④ 16. ④ 17. ② 18. ② 19. ② 20. ② 21. ④ 22. ③

23 여객자동차운수사업법령상 여객자동차운송사업용 자동차의 차령기준으로 잘못된 것은?

① 개인택시(배기량 2,400cc 미만) – 7년
② 일반택시(배기량 2,400cc 미만) – 5년
③ 개인택시(소형) – 5년
④ 일반택시(소형) – 3년 6개월

배기량 2,400cc 미만 일반택시의 차령은 4년이다.

24 다음 중 어린이통학버스의 색은?

① 녹색 ② 황색
③ 적색 ④ 청색

어린이통학버스(어린이운송용 승합자동차)의 색상은 황색이어야 하며, 어린이통학버스 앞면 창유리 우측상단과 뒷면 창유리 중앙하단의 보기 쉬운 곳에 어린이 보호표지를 부착하여야 한다.

25 밤에 반대편 차의 전조등 눈부심으로 인해 순간적으로 보행자를 잘 볼 수 없게 되는 현상을 무엇이라 하는가?

① 현혹현상 ② 암순응현상
③ 눈부심현상 ④ 증발현상

증발현상은 야간에 마주 오는 대향차의 전조등 눈부심으로 인해 순간적으로 보행자를 잘 볼 수 없게 되는 것을 말한다.

26 공회전이 불안정할 시 추정 원인으로 틀린 것은?

① 베이퍼라이저 온수 통로 막힘
② 인젝터 작동 불량
③ 스파크 플러그 이상
④ 연료 차단 솔레노이드 고장

공회전 불안정 시 추정 원인에는 연료 차단 솔레노이드 고장, 인젝터 작동 불량, 진공 상태 불량, 스파크 플러그 이상, 공급 전원 배선의 단선 및 단자 접촉 상태 불량, 베이퍼라이저 PTC 퓨즈 및 릴레이 단락 등이 있다.

27 앞지르기 금지장소가 아닌 곳은?

① 황색 점선 중앙선 ② 터널 안
③ 다리 위 ④ 교차로

운전자는 교차로, 터널 안, 다리 위, 그리고 도로의 구부러진 곳, 비탈길의 고갯마루 부근 또는 가파른 비탈길의 내리막 등 시 · 도경찰청장이 도로에서의 위험을 방지하고 교통의 안전과 원활한 소통을 확보하기 위하여 필요하다고 인정하는 곳으로서 안전표지로 지정한 곳에서는 다른 차를 앞지르지 못한다.

28 차선변경 시 방향지시등은 의사표시로서 다음의 절차가 필요하다. 옳은 것은?

① 행동–확인–예고 ② 예고–확인–행동
③ 예고–행동–확인 ④ 확인–예고–행동

29 타이어의 기능에 대한 설명으로 옳지 않은 것은?

① 자동차의 하중을 지탱하는 기능
② 자동차의 방향을 전환해 주는 기능
③ 브레이크 디스크의 마찰력을 높여주는 기능
④ 주행으로 생기는 노면의 충격을 완화시키는 기능

타이어는 브레이크의 제동력과 엔진의 구동력을 노면에 전달하는 기능을 한다.

30 "도로의 차선과 차선 사이의 최단거리"를 차로폭이라고 한다. 차로폭의 기준으로 옳지 않은 것은?

① 교량 위는 부득이한 경우 2.75m로 할 수 있다.
② 터널 내는 어떠한 경우에도 3m 이상으로 한다.
③ 차로폭은 일반적으로 3m~3.5m를 기준으로 한다.
④ 유턴(회전)차로는 부득이한 경우 2.75m로 할 수 있다.

차로폭은 대개 3.0m~3.5m를 기준으로 한다. 교량 위, 터널 내, 유턴차로(회전차로) 등에서 부득이한 경우 2.75m로 할 수 있다.

31 음주운전으로 인해 면허가 취소되는 혈중알코올농도로 옳은 것은?

① 0.01% 이상 ② 0.03% 이상
③ 0.05% 이상 ④ 0.08% 이상

혈중알코올농도 0.08% 이상의 상태에서 운전한 때에는 면허가 취소된다.

32 자동차에서 창유리의 가시광선 투과율이 기준보다 낮아 교통안전 등에 지장을 주지 말아야 하는 부분이 아닌 것은?

① 앞면 창유리
② 운전석 좌측 옆면 창유리
③ 운전석 우측 옆면 창유리
④ 뒷면 창유리

모든 차의 운전자는 자동차의 앞면 창유리(70% 미만)와 운전석 좌우 옆면 창유리(40% 미만)의 가시광선의 투과율이 대통령령으로 정하는 기준보다 낮아 교통안전 등에 지장을 줄 수 있는 차를 운전하지 아니하여야 한다.

33 다음 안전표지가 의미하는 것은?

① 자전거우선도로
② 자전거전용도로
③ 자전거횡단도
④ 자전거통행금지

34 다음 중 교통약자가 아닌 사람은?

① 임신부 ② 청소년
③ 노약자 ④ 영유아 동반 보호자

교통약자란 장애인, 고령자, 임산부, 영유아를 동반한 사람, 어린이 등 일상생활에서 이동에 불편을 느끼는 사람을 말한다.

35 도로교통법령상 제2종 운전면허에 필요한 정지시력의 기준으로 올바른 것은?

① 두 눈을 동시에 뜨고 잰 시력이 0.3 이상
② 두 눈을 동시에 뜨고 잰 시력이 0.6 이상
③ 두 눈을 동시에 뜨고 잰 시력이 0.5 이상
④ 두 눈을 동시에 뜨고 잰 시력이 0.8 이상

도로교통법상 제2종 운전면허는 두 눈을 동시에 뜨고 잰 시력이 0.5 이상이어야 한다(다만 한쪽 눈을 보지 못하는 사람은 다른 쪽 눈의 시력이 0.6 이상).

정답
23. ② 24. ② 25. ④ 26. ① 27. ① 28. ② 29. ③ 30. ② 31. ④ 32. ④ 33. ③ 34. ② 35. ③

36 철길건널목에서 차가 고장 났을 시 대처방법이 아닌 것은?

① 하차 후 차를 밀어 건널목 밖으로 이동시킨다.
② 철도공무원에게 신속히 연락을 취해 도움을 구한다.
③ 즉시 승객을 하차시켜 안전한 곳으로 대피시킨다.
④ 정차한 상태에서 내리지 않고 견인차가 올 때까지 대기한다.

승차 상태에서 대기하는 것은 열차와의 추돌사고를 일으킬 가능성이 있으므로 옳은 대처방법이라 볼 수 없다.

37 여객자동차운수사업법령에서 정하고 있는 신규 운수종사자의 교육시간은?

① 32시간 ② 24시간
③ 8시간 ④ 16시간

새로 채용한 운수종사자의 신규 교육시간은 16시간이다.

38 응급상황에서 취해야 할 자세와 거리가 먼 것은?

① 모든 일을 스스로 처리한다.
② 신속하게 움직인다.
③ 최대한 침착하게 대응한다.
④ 위험요소를 파악한다.

긴급한 상황에서는 주변의 도움을 구하는 것이 필요하다.

39 승객이 택시 내 반입할 수 있는 것은?

① 인화물질 ② 반려동물 상자에 담긴 고양이
③ 악취가 심한 음식 ④ 혐오동물

택시운송사업 운송약관에서 시체 및 동물의 운송은 거절할 수 있도록 하고 있으나 운반상자에 넣은 반려동물과 장애인보조견은 예외로 취급하고 있다.

40 택시 요금 체계에 관한 설명이다. 일정한 거리까지는 ( )요금, 그 이후는 ( )에 따라 요금이 부과되고, ( )에 따라 추가요금이 부과된다. 빈칸에 들어갈 내용으로 올바른 것은?

① 거리, 기본, 시간 ② 시간, 기본, 거리
③ 기본, 시간, 거리 ④ 기본, 거리, 시간

41 교차로 황색신호 시 사고유형으로 옳지 않은 것은?

① 교차로상에서 전신호 차량과 후신호 차량의 충돌
② 유턴하는 차량과 사고
③ 횡단보도 전 앞차 정지 시 앞차 추돌
④ 중앙선을 넘어 정면충돌

교차로 황색신호 시 사고유형
- 유턴 차량과의 충돌
- 횡단보도 전 앞차 정지 시 앞차 추돌
- 교차로 상에서 전신호 차량과 후신호 차량의 충돌
- 횡단보도 통과 시 보행자, 자전거 또는 이륜차 충돌

42 봄철 자동차 관리사항으로 가장 거리가 먼 것은?

① 냉각장치 점검 ② 배터리 및 오일류 점검
③ 월동장비 정리 ④ 에어컨 작동여부 확인

냉각장치는 여름과 겨울에 필수적으로 점검해야 하는 사항이다.

43 사물이 실제와 다르게 보이는 현상을 무엇이라 하는가?

① 증발현상 ② 현혹현상
③ 착시현상 ④ 굴절현상

44 차의 주행 안전성, 조종성에 영향을 주고 타이어 마멸을 최소화하는 장치는?

① 스프링 ② 클러치
③ 쇽업소버 ④ 휠 얼라인먼트

휠 얼라인먼트의 역할 : 조향핸들에 복원성 부여, 조향핸들의 조작을 가볍고 확실하게 하고 안전성 부여, 타이어의 마멸 최소화

45 다음 중 택시 할증요금이 적용되는 시간은?

① 00 : 00~06 : 00 ② 00 : 00~05 : 00
③ 00 : 00~04 : 00 ④ 00 : 00~03 : 00

46 택시 친절 서비스와 거리가 먼 것은?

① 승객의 대화에 끼어들어 친목을 도모한다.
② 단정한 용모, 차량 청결을 유지한다.
③ 승객에게 밝은 미소로 인사한다.
④ 택시 내에서는 금연한다.

올바른 서비스 제공을 위해 용모 및 복장을 단정하게 하고, 밝은 표정과 공손한 인사로 손님을 맞이한다.

47 자동차 운행 중 교통사고가 발생하였을 때의 조치사항으로 적절하지 않은 것은?

① 경찰서 신고, 인명구호조치 등의 의무를 다한다.
② 임의로 처리하고 않고 사고경위를 회사에 정확하게 보고한다.
③ 가벼운 접촉사고는 현장에서 상대방과 적당히 합의하여 처리한다.
④ 운전자 개인의 자격으로 합의보상 이외 회사 손실과 직결되는 보상업무의 수행은 불가한 것이 일반적이다.

어떠한 사고라도 임의처리는 불가하며 사고 발생 경위를 육하원칙에 따라 거짓 없이 정확하게 회사에 즉시 보고한다.

48 장거리 운전에서 졸음을 쫓는 가장 좋은 방법은?

① 운전하면서 눈을 계속 움직인다.
② 각성제 또는 피로회복제를 복용한다.
③ 라디오를 크게 켜고 주행한다.
④ 일정 시간마다 정차하여 휴식을 취한다.

운전 중에 졸음이 오면 일정 시간마다 정차하여 휴식을 취한다.

정답 36. ④ 37. ④ 38. ① 39. ② 40. ④ 41. ④ 42. ① 43. ③ 44. ④ 45. ③ 46. ① 47. ③ 48. ④

49 전용차로로 옳지 않은 것은?

① 버스전용차로 ② 자전거전용차로
③ 다인승전용차로 ④ 이륜자동차전용차로

전용차로에는 버스전용차로, 다인승전용차로, 자전거전용차로가 있다.

50 골절환자 발생 시 응급처치 요령은?

① 부목을 대고 골절 부위를 움직이지 못하게 한다.
② 인공호흡을 한다.
③ 구조차가 올 때까지 기다린다.
④ 골절 부위를 꽉 압박한다.

골절 부상자는 잘못 다루면 위험해질 수 있기 때문에 움직이지 않게 하고, 가급적 구급차가 올 때까지 기다리는 것이 바람직하다.

51 올바른 서비스 제공을 위한 요소에 포함되지 않는 것은?

① 단정한 복장 ② 공손한 인사
③ 친근한 말 ④ 무표정

올바른 서비스 제공을 위한 요소는 단정한 용모 및 복장, 밝은 표정, 공손한 인사, 친근한 말, 따뜻한 응대이다.

52 신체장애인 승객이 택시운전자에게 바라는 점으로 가장 적절한 것은?

① 정상인과 같은 고객응대를 해주기를 바란다.
② 동정해 주기를 바란다.
③ 특별한 대접을 해주기를 바란다.
④ 택시요금을 깎아주기를 바란다.

53 응급상황 발생 시 구급 순서로 옳은 것은?

① 호흡확인 – 의식확인 – 인공호흡 – 가슴압박
② 의식확인 – 호흡확인 – 가슴압박 – 인공호흡
③ 인공호흡 – 호흡확인 – 가슴압박 – 의식확인
④ 가슴압박 – 호흡확인 – 인공호흡 – 의식확인

교통사고가 발생했을 때는 먼저 환자가 의식이 있는지 확인한 후 의식이 없을 경우 가슴압박을 30회로 한다. 그 다음 기도를 개방한 후 인공호흡을 한다.

54 응급환자를 태웠을 시 응급차량으로 인정받는 방법으로 옳은 것은?

① 인정받지 못한다.
② 차에 보관하고 있던 응급표지판을 단다.
③ 후미등을 점등하고 경적을 울린다.
④ 전조등 또는 비상표시등을 켜고 운전한다.

55 가슴압박과 인공호흡은 각각 몇 회씩 반복하여 시행하는가?

① 가슴압박 30회, 인공호흡 1회
② 가슴압박 30회, 인공호흡 2회
③ 가슴압박 20회, 인공호흡 2회
④ 가슴압박 20회, 인공호흡 1회

56 자동차의 사각지대에 대한 설명으로 옳지 않은 것은?

① 자동차의 사각지대는 전·후방에만 존재한다.
② 운전자가 차내에 앉아 차체에 의해 보지 못하는 부분이다.
③ 어린이가 자동차의 앞뒤 부분에 쪼그리고 앉아 있으면 보이지 않는다.
④ 어른들이 어린이보다 눈에 더 잘 띈다.

57 다음 중 택시 운임 산정과 관련이 없는 것은?

① 승차시간 ② 승차인원
③ 운행시간 ④ 운행거리

58 고속도로 편도 3차선에서 차로 구분으로 옳지 않은 차선은?

① 오른쪽 차로 ② 1차로
③ 왼쪽 차로 ④ 2차로

고속도로 편도 3차로 이상 차로 구분 : 1차로, 왼쪽 차로, 오른쪽 차로

59 다음 중 택시운전 자격취소 사유에 해당하지 않는 것은?

① 운전면허가 취소된 경우
② 택시운전자격증을 타인에게 대여한 경우
③ 부정한 방법으로 택시운전자격을 취득한 경우
④ 중대한 교통사고로 사망자를 2명 이상 낸 경우

④는 자격정지 60일에 해당한다.

60 1종 대형 운전면허로 운전할 수 있는 차량이 아닌 것은?

① 트레일러 ② 특수자동차
③ 화물자동차 ④ 3톤 미만 지게차

트레일러는 제1종 특수면허가 필요하다.

정답 49. ④ 50. ③ 51. ④ 52. ① 53. ② 54. ④ 55. ② 56. ① 57. ② 58. ④ 59. ④ 60. ①

61 88올림픽 개최를 기념하여 설치한 올림픽기념국민생활관이 위치한 곳은?

① 남동구 ② 연수구
③ 중구 ④ 서구

62 약사사에서 가장 가까운 지하철역은?

① 부평역 ② 간석역
③ 백운역 ④ 동암역

63 인천 지역의 기상관측 및 일기예보를 담당하고 있는 인천기상대가 위치하고 있는 곳은?

① 동구 ② 중구
③ 연수구 ④ 서구

64 운수종사자의 각종 교육을 실시하고 있는 교통연수원이 위치한 곳은?

① 계양구 ② 남동구
③ 연수구 ④ 부평구

65 다음 중 수도권 전철 노선으로 옳은 것은?

① 역곡역 – 부천역 – 소사역 – 부평역
② 부평역 – 동암역 – 도원역 – 주안역
③ 갈산역 – 계산역 – 귤현역 – 임학역
④ 동수역 – 인천시청역 – 선학역 – 동춘역

66 인하대학교에서 가장 가까이 위치한 전철역의 이름은?

① 부평역 ② 제물포역
③ 부평구청역 ④ 동수역

67 옹진군은 여러 차례 지명이 바뀌다가 고종 32년에 지금의 이름으로 불려 왔다. 옹진군청은 어디에 있는가?

① 중구 ② 강화군
③ 미추홀구 ④ 옹진군

68 인천지방경찰청이 위치하는 곳은?

① 동구 ② 남동구
③ 미추홀구 ④ 계양구

69 인천광역시 행정구역은 몇 개 구, 몇 개 군으로 구성되어 있는가?

① 7개구 1개군 ② 7개구 2개군
③ 8개구 1개군 ④ 8개구 2개군

70 송내 IC에서 가장 가까운 전철역은?

① 동암역 ② 부개역
③ 주안역 ④ 중동역

71 연수구 청학동에서 미추홀구 학익동을 잇는 터널은?

① 문학터널 ② 월적산터널
③ 만월산터널 ④ 백양터널

72 인천대학교 제물포캠퍼스가 위치한 곳은?

① 연수구 ② 서구
③ 미추홀구 ④ 부평구

73 각종 자동차 운전면허증 취득업무를 담당하고 있는 운전면허시험장이 위치한 곳은?

① 중구 ② 남동구
③ 서구 ④ 연수구

74 현충탑과 인천지구 전적기념비 및 재일학도의용군 참전기념비 등 호국의 정신을 기리는 기념비가 있는 공원의 이름은?

① 자유공원 ② 수봉공원
③ 인천대공원 ④ 올림픽공원

75 인천 중구에 위치한 종합병원은?

① 인천적십자병원 ② 가톨릭대학교 인천성모병원
③ 인천기독병원 ④ 인천사랑병원

76 삼산경찰서에서 가장 가까운 IC는?

① 송내IC ② 장수IC
③ 부평IC ④ 계양IC

정답 61. ① 62. ④ 63. ② 64. ① 65. ④ 66. ② 67. ③ 68. ② 69. ④ 70. ② 71. ① 72. ③ 73. ② 74. ② 75. ③ 76. ③

77 **강화군 화도면에 위치한 해수욕장은?**

① 을왕리해수욕장 ② 십리포해수욕장
③ 왕산해수욕장 ④ 동막해수욕장

78 **고구려 소수림왕 11년(381년)에 아도(阿道)가 창건하였고 강화도 길상면에 위치한 절의 이름은?**

① 보문사 ② 황룡사
③ 전등사 ④ 용주사

79 **인천지방노동위원회는 어디에 위치하고 있는가?**

① 중구 ② 남동구
③ 미추홀구 ④ 계양구

80 **청운공원과 인천 벽화마을이 있는 행정구역은?**

① 부평구 ② 동구
③ 미추홀구 ④ 남동구

정답 77. ④ 78. ③ 79. ③ 80. ①

제1부

교통 및 여객자동차 운수사업법 법규

제1부 교통 및 여객자동차운수사업 법규

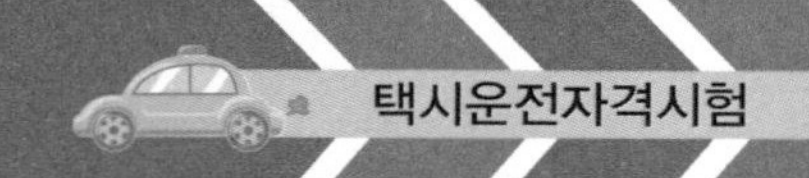

제1장 여객자동차운수사업법령

1 여객자동차운수사업법의 목적 등

(1) 목적(법 제1조)

이 법은 여객자동차운수사업에 관한 질서를 확립하고 여객의 원활한 운송과 여객자동차운수사업의 종합적인 발달을 도모하여 공공복리를 증진하는 것을 목적으로 한다.

(2) 용어의 정의(법 제2조)

자동차	승용자동차, 승합자동차 및 특수자동차(자동차관리법에 따른 캠핑용자동차를 말하며, 자동차대여사업에 한정)
여객자동차운수사업	여객자동차운송사업, 자동차대여사업, 여객자동차터미널사업 및 여객자동차운송플랫폼사업
여객자동차운송사업	다른 사람의 수요에 응하여 자동차를 사용하여 유상으로 여객을 운송하는 사업
여객자동차운송플랫폼사업	여객의 운송과 관련한 다른 사람의 수요에 응하여 이동통신단말장치, 인터넷 홈페이지 등에서 사용되는 응용프로그램(운송플랫폼)을 제공하는 사업
관할관청	관할이 정해지는 국토교통부장관, 대도시권광역교통위원회나 특별시장·광역시장·특별자치시장·도지사 또는 특별자치도지사
정류소	여객이 승차 또는 하차할 수 있도록 노선 사이에 설치한 장소
택시 승차대	택시운송사업용 자동차에 승객을 승차·하차시키거나 승객을 태우기 위하여 대기하는 장소 또는 구역

2 여객자동차운송사업

(1) 여객자동차운송사업의 종류(법 제3조)

① 노선 및 구역 여객자동차운송사업

구분	의미	종류
노선 여객자동차 운송사업	자동차를 정기적으로 운행하려는 구간을 정하여 여객을 운송하는 사업	시내버스운송사업 농어촌버스운송사업 마을버스운송사업 시외버스운송사업
구역 여객자동차 운송사업	사업구역을 정하여 그 사업 구역 안에서 여객을 운송하는 사업	전세버스운송사업 특수여객자동차운송사업 일반택시운송사업 개인택시운송사업

② 택시운송사업의 구분(규칙 제9조)

경형	• 배기량 1,000cc 미만의 승용자동차(승차정원 5인승 이하의 것만 해당)를 사용하는 택시운송사업 • 길이 3.6m 이하이면서 너비 1.6m 이하인 승용자동차(승차정원 5인승 이하의 것만 해당)를 사용하는 택시운송사업
소형	• 배기량 1,600cc 미만의 승용자동차(승차정원 5인승 이하의 것만 해당)를 사용하는 택시운송사업 • 길이 4.7m 이하이거나 너비 1.7m 이하인 승용자동차(승차정원 5인승 이하의 것만 해당)를 사용하는 택시운송사업 ※ 경형 기준에 해당하는 자동차는 제외
중형	• 배기량 1,600cc 이상의 승용자동차(승차정원 5인승 이하의 것만 해당)를 사용하는 택시운송사업 • 길이 4.7m 초과이면서 너비 1.7m를 초과하는 승용자동차(승차정원 5인승 이하의 것만 해당)를 사용하는 택시운송사업
대형	• 배기량이 2,000cc 이상인 승용자동차(승차정원 6인승 이상 10인승 이하의 것만 해당)를 사용하는 택시운송사업 • 배기량이 2,000cc 이상이고 승차정원이 13인승 이하인 승합자동차를 사용하는 택시운송사업(광역시의 군이 아닌 군 지역의 택시운송사업에는 해당하지 않음)
모범형	배기량 1,900cc 이상의 승용자동차(승차정원 5인승 이하의 것만 해당)를 사용하는 택시운송사업
고급형	배기량 2,800cc 이상의 승용자동차를 사용하는 택시운송사업

(2) 택시운송사업의 사업구역(규칙 제10조)

① 택시운송사업의 사업구역

일반택시 및 개인택시	특별시·광역시·특별자치시·특별자치도 또는 시·군 단위
대형 및 고급형 택시	특별시·광역시·도 단위

② 택시운송사업자가 해당 사업구역에서 하는 영업으로 보는 영업

㉠ 해당 사업구역에서 승객을 태우고 사업구역 밖으로 운행하는 영업

㉡ 해당 사업구역에서 승객을 태우고 사업구역 밖으로 운행한 후 해당 사업구역으로 돌아오는 도중에 사업구역 밖에서 승객을 태우고 해당 사업구역에서 내리는 일시적인 영업

㉢ 주요 교통시설이 소속 사업구역과 인접하여 소속 사업구역에서 승차한 여객을 그 주요 교통시설에 하차시킨 경우에는 주요 교통시설 사업시행자가 여객자동차운송사업의 사업구역을 표시한 승차대를 이용하여 해당 사업구역으로 가는 여객을 운송하는 영업

(3) 택시운송사업의 사업구역 지정·변경 등(법 제3조의4)

① 국토교통부장관은 사업구역심의위원회의 심의를 거쳐 일반택시운송사업 및 개인택시운송사업의 사업구역을 지정·변경할 수 있다.

② 사업구역심의위원회

기능	일반택시운송사업 및 개인택시운송사업의 사업구역 지정·변경에 관한 사항을 심의
구성	• 위원장 1명을 포함하여 10명 이내의 위원 • 위원장은 위원 중에서 호선
위원의 임명 및 위촉	• 국토교통부에서 택시운송사업 관련 업무를 담당하는 4급 이상 공무원 • 시·도에서 택시운송사업 관련 업무를 담당하는 4급 이상 공무원 • 택시운송사업에 5년 이상 종사한 사람 • 그 밖에 택시운송사업 분야에 관한 학식과 경험이 풍부한 사람

③ 일반택시운송사업 및 개인택시운송사업의 사업구역 지정·변경에 관한 사항을 심의하는 경우 고려하여야 하는 사항

㉠ 지역 주민의 교통편의 증진에 관한 사항

㉡ 지역 간 교통량(출근·퇴근 시간대의 교통수요 포함)에 관한 사항

㉢ 사업구역 간 운송사업자(여객자동차운송사업의 면허를 받거나 등록을 한 자)의 균형적인 발전에 관한 사항

㉣ 운송사업자 간 과도한 경쟁 유발 여부에 관한 사항

㉤ 사업구역별 요금·요율에 관한 사항

ⓗ 운송사업자 및 운수종사자(운전업무 종사자격을 갖추고 여객자동차운송사업의 운전업무에 종사하고 있는 자)의 매출 및 소득수준에 관한 사항
ⓢ 사업구역별 총량에 관한 사항

(4) 여객자동차운송사업의 결격사유(법 제6조)

① 피성년후견인
② 파산선고를 받고 복권되지 아니한 자
③ 이 법을 위반하여 징역 이상의 실형을 선고받고 그 집행이 끝나거나(집행이 끝난 것으로 보는 경우 포함) 면제된 날부터 2년이 지나지 아니한 자
④ 이 법을 위반하여 징역 이상의 형의 집행유예를 선고받고 그 집행유예 기간 중에 있는 자
⑤ 여객자동차운송사업의 면허나 등록이 취소된 후 그 취소일부터 2년이 지나지 아니한 자(① 또는 ②에 해당하여 여객자동차운송사업의 면허나 등록이 취소된 경우 제외)

(5) 개인택시운송사업의 면허신청(규칙 제18조)

제출기관	관할관청
첨부서류	• 개인택시운송사업 면허신청서 • 건강진단서 • 택시운전자격증 사본 • 반명함판 사진 1장 또는 전자적 파일 형태의 사진(인터넷으로 신청하는 경우로 한정) • 그 밖에 관할관청이 필요하다고 인정하여 공고하는 서류

(6) 자동차 표시(법 제17조, 규칙 제39조)

표시 대상	• 택시운송사업용 자동차 • 대형(승합자동차를 사용하는 경우 한정) 및 고급형 택시운송사업용 자동차 제외
표시 위치	자동차의 바깥쪽
표시 방법	외부에서 알아보기 쉽도록 차체 면에 인쇄하는 등 항구적인 방법(구체적인 표시 방법 및 위치 등은 관할관청이 정함)
표시하여야 하는 사항	• 자동차의 종류("경형", "소형", "중형", "대형", "모범") • 관할관청(특별시 · 광역시 · 특별자치시 및 특별자치도 제외) • 여객자동차플랫폼운송가맹사업의 면허를 받은 자의 상호(여객자동차플랫폼운송가맹점으로 가입한 개인택시운송사업자만 해당) • 그 밖에 시 · 도지사가 정하는 사항

(7) 교통사고 시 조치 등(법 제19조, 영 제11조, 규칙 제41조)

① 사업용 자동차의 고장, 교통사고 또는 천재지변으로 사고 시 운송사업자의 조치사항
㉠ 신속한 응급수송수단의 마련
㉡ 가족이나 그 밖의 연고자에 대한 신속한 통지
㉢ 유류품의 보관
㉣ 목적지까지 여객을 운송하기 위한 대체운송수단의 확보와 여객에 대한 편의의 제공
㉤ 그 밖에 사상자의 보호 등 필요한 조치

② 중대한 교통사고
㉠ 전복 사고
㉡ 화재가 발생한 사고
㉢ 사망자 2명 이상, 사망자 1명과 중상자 3명 이상, 중상자 6명 이상의 사람이 죽거나 다친 사고

③ 중대한 교통사고 발생 시 운송사업자의 보고 : 24시간 이내에 사고의 일시 · 장소 및 피해사항 등 사고의 개략적인 상황을 관할 시 · 도지사에게 보고한 후 72시간 이내에 사고보고서를 작성하여 관할 시 · 도지사에게 제출함

(8) 운수종사자의 준수사항(법 제26조)

① 운수종사자의 금지행위
㉠ 정당한 사유 없이 여객의 승차를 거부하거나 여객을 중도에서 내리게 하는 행위(구역 여객자동차운송사업 중 일반택시운송사업 및 개인택시운송사업은 제외)
㉡ 부당한 운임 또는 요금을 받는 행위(구역 여객자동차운송사업 중 일반택시운송사업 및 개인택시운송사업은 제외)
㉢ 일정한 장소에 오랜 시간 정차하여 여객을 유치하는 행위
㉣ 문을 완전히 닫지 않은 상태에서 자동차를 출발시키거나 운행하는 행위
㉤ 여객이 승하차하기 전에 자동차를 출발시키거나 승하차할 여객이 있는데도 정차하지 않고 정류소를 지나치는 행위
ⓗ 안내방송을 하지 않는 행위(국토교통부령으로 정하는 자동차 안내방송 시설이 설치되어 있는 경우만 해당)
ⓢ 여객자동차운송사업용 자동차 안에서 흡연하는 행위
ⓞ 택시요금미터를 임의로 조작 또는 훼손하는 행위

② 일반택시운송사업자의 운수종사자가 운송수입금의 전액에 대하여 준수하여야 하는 사항[군(광역시의 군은 제외) 지역의 일반택시운송사업자는 제외]
㉠ 1일 근무시간 동안 택시요금미터에 기록된 운송수입금의 전액을 운수종사자의 근무종료 당일 운송사업자에게 납부할 것
㉡ 일정금액의 운송수입금 기준액을 정하여 납부하지 않을 것

③ 운수종사자는 차량의 출발 전에 여객이 좌석안전띠를 착용하도록 안내하여야 한다.

(9) 여객자동차운송사업의 운전업무 종사자격(법 제24조)

① 사업용 자동차 운전자의 자격요건
㉠ 사업용 자동차를 운전하기에 적합한 운전면허를 보유하고 있을 것
㉡ 20세 이상으로서 해당 사업용 자동차 운전경력이 1년 이상일 것
㉢ 국토교통부령이 정하는 운전적성에 대한 정밀검사기준에 적합할 것
㉣ 운전자격시험에 합격하거나 교통안전체험교육을 수료하고 운전자격을 취득할 것

② 운전적성정밀검사의 대상

신규 검사	• **신규**로 여객자동차운송사업용 자동차를 운전하려는 자 • 여객자동차운송사업용 자동차 또는 화물자동차운송사업용 자동차의 운전업무에 종사하다가 **퇴직한 자로서 신규검사를 받은 날부터 3년이 지난 후 재취업**하려는 자(다만 재취업일까지 무사고로 운전한 자 제외) • 신규검사의 적합판정을 받은 자로서 **운전적성정밀검사를 받은 날부터 3년 이내에 취업하지 않은 자**(다만 신규검사를 받은 날부터 취업일까지 무사고로 운전한 사람은 제외)
특별 검사	• **중상 이상의 사상사고**를 일으킨 자 • 과거 1년간 도로교통법 시행규칙에 따른 운전면허 행정처분기준에 따라 계산한 **누산점수가 81점 이상**인 자 • 질병 · 과로 그 밖의 사유로 안전운전을 할 수 없다고 인정되는 자인지 알기 위하여 **운송사업자가 신청한 자**
자격 유지 검사	• **65세 이상 70세 미만**인 사람(자격유지검사의 적합판정을 받고 3년이 지나지 아니한 사람은 제외) • **70세 이상**인 사람(자격유지검사의 적합판정을 받고 1년이 지나지 아니한 사람은 제외) ※ 자격유지검사는 검사대상이 된 날부터 3개월 이내에 받아야 함

출제포인트

신규로 택시운전자격시험에 합격하고 택시회사에 취업하여 사업용 자동차를 운전하려면 운전적성정밀검사를 받아야 한다. (○)

③ 여객자동차운송사업의 운전자격을 취득할 수 없는 사람
㉠ 특정강력범죄의 처벌에 관한 특례법에 따른 죄(살인, 강간과 추행죄, 성폭력범죄 등), 마약류관리에 관한 법률에 따른 죄 등을 범하여 금고 이상의 실형을 선고받고 그 집행이 끝나거나(집행이 끝난 것으로 보는 경우 포함) 면제된 날부터 2년이 지나지 않은 사람
㉡ ㉠에 해당하는 죄를 범하여 금고 이상의 형의 집행유예를 선고받고 그 집행유예기간 중에 있는 사람
㉢ 자격시험일 전 5년간 음주운전 금지, 운전 중 고의 또는 과실로 3명 이상이 사망하거나 20명 이상 사상자가 발생한 교통사고를 일으킨 경우 등에 해당하여 운전면허가 취소된 사람
㉣ 자격시험일 전 3년간 음주운전으로 운전면허효력 정지처분을 받은 사람
㉤ 자격시험일 전 3년간 공동 위험행위 및 난폭운전을 하여 운전면허 취소처분을 받은 사람

④ 일반택시운송사업 또는 개인택시운송사업 운전자격을 취득할 수 없는 경우
㉠ 성폭력범죄의 처벌 등에 관한 특례법에 따른 성폭력범죄, 아동·청소년의 성보호에 관한 법률에 따른 아동·청소년 대상 성범죄 등의 죄를 범하여 금고 이상의 실형을 선고받고 그 집행이 끝나거나(집행이 끝난 것으로 보는 경우 포함) 면제된 날부터 최대 20년의 범위에서 대통령령으로 정하는 기간이 지나지 않은 사람
㉡ ㉠의 죄를 범하여 금고 이상의 형의 집행유예를 선고받고 그 집행유예기간 중에 있는 사람

⑽ 택시운전자격의 취득(규칙 제55조의2~제57조)

① 택시운전자격시험 실시기관 : 한국교통안전공단
② 운전자격증명의 발급 및 관리

발급기관	한국교통안전공단, 일반택시운송사업조합 또는 개인택시운송사업조합
게시	운수종사자는 승객이 쉽게 볼 수 있는 위치에 항상 게시
퇴직 시 반납	• 운수종사자가 퇴직하는 경우에는 본인의 운전자격증명을 운송사업자에게 반납 • 운송사업자는 지체 없이 해당 운전자격증명 발급기관에 그 운전자격증명을 제출
회수	관할관청은 운송사업자에게 다음의 사유가 생긴 경우에는 규정된 사람으로부터 운전자격증명을 회수하여 폐기한 후 운전자격증명 발급기관에 그 사실을 지체 없이 통보 • 대리운전을 시킨 사람의 대리운전이 끝난 경우에는 그 대리운전자(개인택시운송사업자만 해당) • 사업의 양도·양수인가를 받은 경우에는 그 양도자 • 사업을 폐업한 경우에는 그 폐업허가를 받은 사람 • 운전자격이 취소된 경우에는 그 취소처분을 받은 사람

출제포인트

새로 채용한 운수종사자(사업용자동차를 운전하다가 퇴직한 후 2년 이내에 다시 채용된 사람은 제외)는 16시간의 신규교육을 받아야 한다.

⑾ 운수종사자의 교육(법 제25조, 규칙 제58조 및 별표4의3)

구분	교육 대상자	교육 시간	주기
신규교육	• 새로 채용한 운수종사자 • 사업용 자동차를 운전하다가 퇴직한 후 2년 이내에 다시 채용된 사람은 제외	16	
보수교육	무사고·무벌점 기간이 5년 이상 10년 미만인 운수종사자	4	격년
	무사고·무벌점 기간이 5년 미만인 운수종사자		매년
	법령 위반 운수종사자	8	수시
수시교육	국제행사 등에 대비한 서비스 및 교통안전 증진 등을 위하여 국토교통부장관 또는 시·도지사가 교육을 받을 필요가 있다고 인정하는 운수종사자	4	필요시

※ 무사고·무벌점이란 도로교통법에 따른 교통사고와 같은 법에 따른 교통법규 위반 사실이 모두 없는 것을 말한다.
※ 해당 연도의 신규교육 또는 수시교육을 이수한 운수종사자(법령위반 운수종사자 제외)는 해당 연도의 보수교육을 면제한다.

⑿ 택시운전자격의 취소 등의 처분기준(규칙 별표5)

위반행위	처분기준 1차 위반	처분기준 2차 이상 위반
택시운전자격의 결격사유에 해당하게 된 경우	자격취소	
부정한 방법으로 택시운전자격을 취득한 경우	자격취소	
일반택시운송사업 또는 개인택시운송사업의 운전자격을 취득할 수 없는 경우에 해당하게 된 경우	자격취소	
다음의 행위로 과태료 처분을 받은 사람이 1년 이내에 같은 위반행위를 한 경우		
• 정당한 이유 없이 여객의 승차를 거부하거나 여객을 중도에서 내리게 하는 행위	자격정지 10일	자격정지 20일
• 신고하지 않거나 미터기에 의하지 않은 부당한 요금을 요구하거나 받는 행위	자격정지 10일	자격정지 20일
• 일정한 장소에서 장시간 정차하여 여객을 유치하는 행위	자격정지 10일	자격정지 20일
운송수입금 납입의무를 위반하여 운송수입금 전액을 내지 않아 과태료 처분을 받은 사람이 그 과태료 처분을 받은 날부터 1년 이내에 같은 위반행위를 3번 한 경우	자격정지 20일	자격정지 20일
운송수입금 전액을 내지 않아 과태료 처분을 받은 사람이 그 과태료 처분을 받은 날부터 1년 이내에 같은 위반행위를 4번 이상 한 경우	자격정지 50일	자격정지 50일
중대한 교통사고로 사상자를 발생하게 한 경우		
• 사망자 2명 이상	자격정지 60일	자격정지 60일
• 사망자 1명 및 중상자 3명 이상	자격정지 50일	자격정지 50일
• 중상자 6명 이상	자격정지 40일	자격정지 40일
교통사고와 관련하여 거짓이나 그밖의 부정한 방법으로 보험금을 청구하여 금고 이상의 형을 선고받고 그 형이 확정된 경우	자격취소	
택시운전자격증을 타인에게 대여한 경우	자격취소	
개인택시운송사업자가 불법으로 타인으로 하여금 대리운전하게 한 경우	자격정지 30일	자격정지 30일
택시운전자격정지의 처분기간 중 택시운전업무에 종사한 경우	자격취소	
도로교통법 위반으로 사업용 자동차를 운전할 수 있는 운전면허가 취소된 경우	자격취소	
정당한 사유 없이 운수종사자 교육과정을 마치지 않은 경우	자격정지 5일	자격정지 5일

출제포인트

택시운전 자격취소·정지 등의 행정처분을 할 수 있는 기관 : 국토교통부장관 또는 시·도지사

3 사업용 자동차의 차령(영 별표2)

차종	사업의 구분			차령
승용자동차	여객자동차 운송사업용	개인택시	경형·소형	5년
			배기량 2,400cc 미만	7년
			• 배기량 2,400cc 이상 • 환경친화적자동차	9년
		일반택시	경형·소형	3년 6개월
			배기량 2,400cc 미만	4년
			• 배기량 2,400cc 이상 • 환경친화적자동차	6년
	자동차 대여사업용	경형·소형·중형		5년
		대형		8년
	특수여객자동차 운송사업용	경형·소형·중형		6년
		대형		10년
승합자동차	전세버스운송사업용 또는 특수여객자동차운송사업용			11년
	그 밖의 사업용			9년

4 위반행위별 행정처분

(1) 과태료(영 별표6)

위반행위	과태료 금액(만 원)		
	1회	2회	3회 이상
• 사고 시의 조치를 하지 않은 경우 • 운수종사자 취업현황을 알리지 않거나 거짓으로 알린 경우 • 정당한 사유 없이 검사 또는 질문에 불응하거나 이를 방해 또는 기피한 경우	50	75	100
운수종사자의 요건을 갖추지 않고 여객자동차운송사업의 운전업무에 종사한 경우	50	50	50
• 중대한 교통사고 발생에 따른 보고를 하지 않거나 거짓 보고를 한 경우 • 좌석안전띠가 정상적으로 작동될 수 있는 상태를 유지하지 않은 경우 • 운수종사자에게 여객의 좌석안전띠 착용에 관한 교육을 실시하지 않은 경우 • 정당한 사유 없이 교통안전정보의 제공을 거부하거나 거짓의 정보를 제공한 경우	20	30	50
• 일정한 장소에 오랜 시간 정차하거나 배회하면서 여객을 유치하는 행위 • 문을 완전히 닫지 않은 상태에서 자동차를 출발시키거나 운행하는 행위	20	20	20
사업용 자동차의 표시를 하지 않은 경우 ※ 여객자동차운수사업자 면허취소 등에 따라 처분받은 경우에는 과태료를 부과하지 않음	10	15	20
• 여객이 승하차하기 전에 자동차를 출발시키거나 승하차할 여객이 있는데도 정차하지 않고 정류소를 지나치는 행위 • 여객자동차운송사업용 자동차 안에서 흡연하는 행위 • 택시요금미터를 임의로 조작 또는 훼손하는 행위	10	10	10
차량의 출발 전에 여객이 좌석안전띠를 착용하도록 안내하지 않은 경우	3	5	10

(2) 과징금(법 제88조, 영 별표5)

구분	위반내용	과징금 액수(만 원)	
		일반택시	개인택시
면허 또는 등록 등	면허를 받거나 등록한 업종의 범위를 벗어나 사업을 한 경우	180(1차) 360(2차) 540(3차 이상)	180(1차) 360(2차) 540(3차 이상)
	여객자동차운송사업자가 면허를 받은 사업구역 외의 행정구역에서 사업을 한 경우	40(1차) 80(2차) 160(3차 이상)	40(1차) 80(2차) 160(3차 이상)
	면허를 받거나 등록한 차고를 이용하지 않고 차고지가 아닌 곳에서 밤샘주차를 한 경우	10(1차) 15(2차)	10(1차) 15(2차)
	신고를 하지 않거나 거짓으로 신고를 하고 개인택시를 대리 운전하게 한 경우	–	120(1차) 240(2차)
운임 및 요금	운임 및 요금에 대한 신고 또는 변경신고를 하지 않고 운송을 개시한 경우	40(1차) 80(2차) 160(3차 이상)	20(1차) 40(2차) 80(3차 이상)
	택시운송사업자가 미터기를 부착하지 않거나 사용하지 않고 여객을 운송한 경우(구간운임제 시행지역은 제외)	40(1차) 80(2차) 160(3차 이상)	40(1차) 80(2차) 160(3차 이상)
차령초과	차령을 또는 운행거리를 초과하여 운행한 경우	180(1차) 360(2차)	180(1차) 360(2차)
운전자의 자격요건 등	택시운송사업자가 차내에 택시운전자격증명을 항상 게시하지 않은 경우	10	10
	자동차 안에 게시해야 할 사항을 게시하지 않은 경우	20(1차) 40(2차)	20(1차) 40(2차)
	운수종사자의 자격요건을 갖추지 않은 사람을 운전업무에 종사하게 한 경우	360(1차) 720(2차)	360(1차) 720(2차)
	운수종사자의 교육에 필요한 조치를 하지 않은 경우	30(1차) 60(2차) 90(3차 이상)	–
운송시설 및 여객의 안전 확보	정류소에서 주차 또는 정차 질서를 문란하게 한 경우	20(1차) 40(2차)	20(1차) 40(2차)
	속도제한장치 또는 운행기록계가 정상적으로 작동되지 않은 상태에서 자동차를 운행한 경우	60(1차) 120(2차) 180(3차 이상)	60(1차) 120(2차) 180(3차 이상)
	차실에 냉방·난방장치를 설치하여야 할 자동차에 이를 설치하지 않고 여객을 운송한 경우	60(1차) 120(2차) 180(3차 이상)	60(1차) 120(2차) 180(3차 이상)
	차량 정비, 운전자의 과로 방지 및 정기적인 차량 운행 금지 등 안전수송을 위한 명령을 위반하여 운행한 경우	20(1차) 40(2차)	20(1차) 40(2차)

제2장 택시발전법령

1 택시운송사업의 발전에 관한 법률의 목적 등

(1) 목적(법 제1조)

이 법은 택시운송사업의 발전에 관한 사항을 규정함으로써 택시운송사업의 건전한 발전을 도모하여 택시운수종사자의 복지 증진과 국민의 교통편의 제고에 이바지함을 목적으로 한다.

(2) 용어의 정리(법 제2조)

① 택시운송사업

일반택시 운송사업	운행계통을 정하지 않고 국토교통부령으로 정하는 사업구역에서 1개의 운송계약에 따라 국토교통부령으로 정하는 자동차를 사용하여 여객을 운송하는 사업
개인택시 운송사업	운행계통을 정하지 않고 국토교통부령으로 정하는 사업구역에서 1개의 운송계약에 따라 국토교통부령으로 정하는 자동차 1대를 사업자가 직접 운전(사업자의 질병 등 국토교통부령으로 정하는 사유가 있는 경우 제외)하여 여객을 운송하는 사업

② 택시운송사업면허 : 택시운송사업을 경영하기 위하여 받은 면허
③ 택시운송사업자 : 택시운송사업면허를 받아 택시운송사업을 경영하는 자
④ 택시운수종사자 : 운전업무 종사자격을 갖추고 택시운송사업의 운전업무에 종사하는 사람
⑤ 택시공영차고지 : 택시운송사업에 제공되는 차고지로서 특별시장・광역시장・특별자치시장・도지사・특별자치도지사(시・도지사) 또는 시장・군수・구청장(자치구의 구청장)이 설치한 것
⑥ 택시공동차고지 : 택시운송사업에 제공되는 차고지로서 2인 이상의 일반택시운송사업자가 공동으로 설치 또는 임차하거나 조합 또는 연합회가 설치 또는 임차한 차고지

(3) 국가 등의 책무(법 제3조)

국가 및 지방자치단체는 택시운송사업의 발전과 국민의 교통편의 증진을 위한 정책을 수립하고 시행하여야 한다.

2 택시정책심의위원회(법 제5조)

(1) 설치 목적 및 소속

설치 목적	택시운송사업에 관한 중요 정책 등에 관한 사항 심의
소속	국토교통부장관

(2) 심의 사항

① 택시운송사업의 면허제도에 관한 중요 사항
② 사업구역별 택시 총량에 관한 사항
③ 사업구역 조정 정책에 관한 사항
④ 택시운수종사자의 근로여건 개선에 관한 중요 사항
⑤ 택시운송사업의 서비스 향상에 관한 중요 사항
⑥ 이 법 또는 다른 법률에서 위원회의 심의를 거치도록 한 사항
⑦ 그 밖에 택시운송사업에 관한 중요한 사항으로서 위원장이 회의에 부치는 사항

(3) 위원회의 구성 및 위촉

구성	위원장 1명을 포함한 10명 이내의 위원으로 구성
위촉	위원회의 위원은 택시운송사업에 관하여 학식과 경험이 풍부한 전문가 중에서 국토교통부장관이 위촉

3 택시운송사업 발전 기본계획의 수립(법 제6조)

(1) 기본계획의 수립

국토교통부장관은 택시운송사업을 체계적으로 육성・지원하고 국민의 교통편의 증진을 위하여 관계 중앙행정기관의 장 및 시・도지사의 의견을 들어 5년 단위의 택시운송사업 발전 기본계획을 5년마다 수립하여야 한다.

(2) 기본계획에 포함되어야 하는 사항

① 택시운송사업 정책의 기본방향에 관한 사항
② 택시운송사업의 여건 및 전망에 관한 사항
③ 택시운송사업 면허제도의 개선에 관한 사항
④ 택시운송사업의 구조 조정 등 수급 조절에 관한 사항
⑤ 택시운수종사자의 근로여건 개선에 관한 사항
⑥ 택시운송사업의 경쟁력 향상에 관한 사항
⑦ 택시운송사업의 관리역량 강화에 관한 사항
⑧ 택시운송사업의 서비스 개선 및 안전성 확보에 관한 사항
⑨ 택시 수급실태 및 이용수요의 특성에 관한 사항, 차고지 및 택시 승차대 등 택시 관련 시설의 개선 계획, 기본계획의 연차별 집행계획, 택시운송사업의 재정 지원에 관한 사항, 택시운송사업의 위반실태 점검과 지도단속에 관한 사항, 택시운송사업 관련 연구・개발을 위한 전문기구 설치에 관한 사항

4 재정 지원(법 제7조)

(1) 시・도의 보조 또는 융자

특별시・광역시・특별자치시・도・특별자치도는 택시운송사업의 발전을 위하여 택시운송사업자에게 다음의 사업에 대하여 조례로 정하는 바에 따라 필요한 자금의 전부 또는 일부를 보조 또는 융자할 수 있다.

① 합병, 분할, 분할합병, 양도・양수 등을 통한 구조조정 또는 경영개선 사업
② 사업구역별 택시 총량을 초과한 차량의 감차 사업
③ 택시운송사업에 사용되는 자동차(택시)의 환경친화적 자동차(친환경택시)로의 대체 사업
④ 택시운송사업의 서비스 향상을 위한 시설・장비의 확충・개선・운영 사업
⑤ 서비스 교육 등 택시운수종사자에게 실시하는 교육 및 연수 사업
⑥ 택시운수종사자의 근로여건 개선 사업, 택시운송사업자의 경영개선 및 연구개발 사업, 택시운수종사자의 교육 및 연수 사업, 택시의 고급화 및 낡은 택시의 교체 사업, 그 밖에 택시운송사업의 육성 및 발전을 위하여 국토교통부장관이 필요하다고 인정하는 사업

(2) 국가의 지원

국가는 다음에 해당하는 자금의 전부 또는 일부를 시・도에 지원할 수 있다.

① 시・도가 택시운송사업자 또는 택시운수종사자단체(택시운송사업자 등)에 보조한 자금(다만 시설・장비의 운영 사업에 보조한 자금은 제외)
② 택시공영차고지 설치에 필요한 자금

> **보조금의 사용**(법 제8조) — 더 알아보기
> ① 보조를 받은 택시운송사업자 등은 그 자금을 보조받은 목적 외의 용도로 사용하지 못한다.
> ② 국토교통부장관 또는 시・도지사는 보조를 받은 택시운송사업자 등이 그 자금을 적정하게 사용하도록 감독하여야 한다.

5 신규 택시운송사업면허의 제한 등(법 제10조)

(1) 신규 택시운송사업면허를 받을 수 없는 사업구역

① 사업구역별 택시 총량을 산정하지 아니한 사업구역
② 국토교통부장관이 사업구역별 택시 총량의 재산정을 요구한 사업구역
③ 고시된 사업구역별 택시 총량보다 해당 사업구역 내의 택시의 대수가 많은 사업구역

※ 해당 사업구역이 연도별 감차규모를 초과하여 감차실적을 달성한 경우 그 초과분의 범위에서 관할 지방자치단체의 조례로 정하는 바에 따라 신규 택시운송사업면허를 받을 수 있음

(2) (1)의 사업구역에서 일반택시운송사업자가 여객자동차운수사업법에 따라 사업계획을 변경하고자 하는 경우 증차를 수반하는 사업계획의 변경은 할 수 없다.

6 운송비용 전가 금지 등(법 제12조)

(1) 군(광역시의 군은 제외) 지역을 제외한 사업구역의 일반택시운송사업자는 택시의 구입 및 운행에 드는 비용 중 다음의 비용을 택시운수종사자에게 부담시켜서는 아니 된다.

① 택시 구입비(신규차량을 택시운수종사자에게 배차하면서 추가 징수하는 비용 포함)
② 유류비
③ 세차비
④ 택시운송사업자가 차량 내부에 붙이는 장비의 설치비 및 운영비
⑤ 그 밖에 택시의 구입 및 운행에 드는 비용으로서 사고로 인한 차량수리비, 보험료 증가분 등 교통사고 처리에 드는 비용(교통사고처리비)

※ 단, 해당 교통사고가 음주 등 택시운수종사자의 고의·중과실로 인하여 발생한 것인 경우 제외

> 더 알아보기
> **1천만 원 이하의 과태료**(법 제23조)
> 비용을 택시운수종사자에게 떠넘긴 자에게는 1천만 원 이하의 과태료를 부과한다.

(2) 택시운송사업자는 소속 택시운수종사자가 아닌 사람(형식상의 근로계약에도 불구하고 실질적으로는 소속 택시운수종사자가 아닌 사람 포함)에게 택시를 제공하여서는 아니 된다.

(3) 택시운송사업자는 택시운수종사자가 안전하고 편리한 서비스를 제공할 수 있도록 택시운수종사자의 장시간 근로 방지를 위하여 노력하여야 한다.

7 택시 운행정보의 관리(법 제13조)

(1) 국토교통부장관 또는 시·도지사는 택시정책을 효율적으로 수행하기 위하여 교통안전법에 따른 운행기록장치와 자동차관리법에 따른 택시요금미터를 활용하여 국토교통부령으로 정하는 정보를 수집·관리하는 시스템(택시운행정보관리시스템)을 구축·운영할 수 있다.

(2) 국토교통부장관 또는 시·도지사는 택시운행정보관리시스템을 구축·운영하기 위한 정보를 수집·이용할 수 있다.

(3) 택시운행정보관리시스템으로 처리된 자료는 교통사고 예방 등 공공의 목적을 위하여 국토교통부령으로 정하는 바에 따라 공동 이용할 수 있다.

8 택시운수종사자 복지기금의 설치 등(법 제15조)

구분	내용
기금의 설치 목적	택시운송사업자단체 또는 택시운수종사자단체는 택시운수종사자의 근로여건 개선 등
기금의 수입 재원	• 출연금(개인·단체·법인으로부터의 출연금에 한정) • 기금운용 수익금 • 액화석유가스를 연료로 사용하는 차량을 판매하여 발생한 수입 중 일부로서 택시운송사업자가 조성하는 수입금 • 그 밖에 대통령령으로 정하는 수입금
기금의 사용 용도	• 택시운수종사자의 건강검진 등 건강관리 서비스 지원 • 택시운수종사자 자녀에 대한 장학사업 • 기금의 관리·운용에 필요한 경비 • 그 밖에 택시운수종사자의 복지 향상을 위하여 필요한 사업으로서 국토교통부장관이 정하는 사업

9 택시운수종사자의 준수사항 등(법 제16조)

(1) 택시운수종사자의 금지행위

① 정당한 사유 없이 여객의 승차를 거부하거나 여객을 중도에서 내리게 하는 행위
② 부당한 운임 또는 요금을 받는 행위
③ 여객을 합승하도록 하는 행위
④ 여객의 요구에도 불구하고 영수증 발급 또는 신용카드결제에 응하지 않은 행위(영수증발급기 및 신용카드결제기가 설치되어 있는 경우에 한정)

(2) 자격취소 및 효력정지

국토교통부장관은 택시운수종사자가 금지행위를 위반하면 운전업무종사자격을 취소하거나 6개월 이내의 기간을 정하여 그 자격의 효력을 정지시킬 수 있다.

10 운전업무 종사자격의 취소 등 처분기준(규칙 별표)

위반행위	1차 위반	2차 위반	3차 이상 위반
정당한 사유 없이 여객의 승차를 거부하거나 여객을 중도에서 내리게 하는 행위	경고	자격정지 30일	자격취소
부당한 운임 또는 요금을 받는 행위	경고	자격정지 30일	자격취소
여객을 합승하도록 하는 행위	경고	자격정지 10일	자격정지 20일
여객의 요구에도 불구하고 영수증 발급 또는 신용카드결제에 응하지 않은 행위(영수증발급기 및 신용카드결제기가 설치되어 있는 경우에 한정)	경고	자격정지 10일	자격정지 20일

11 과태료의 부과기준(영 별표3)

위반행위	1회 위반	2회 위반	3회 이상 위반
운송비용을 택시운수종사자에게 전가시킨 경우	500	1,000	1,000
택시운수종사자 준수사항을 위반한 경우	20	40	60
보조금의 사용내역 등에 관한 사항을 보고를 하지 않거나 거짓으로 한 경우	25	50	50
보조금의 사용내역 등 관련 서류 제출을 하지 않거나 거짓 서류를 제출한 경우	50	75	100
소속 공무원이 하는 택시운송사업자 등의 장부·서류, 그 밖의 물건 검사를 정당한 사유 없이 거부·방해 또는 기피한 경우	50	75	100

제3장 도로교통법령

1 도로교통법의 목적 등

(1) 목적(법 제1조)

이 법은 도로에서 일어나는 교통상의 모든 위험과 장해를 방지하고 제거하여 안전하고 원활한 교통을 확보함을 목적으로 한다.

(2) 용어의 정의(법 제2조)

도로	• 도로법에 따른 도로 • 유료도로법에 따른 유료도로 • 농어촌도로 정비법에 따른 농어촌도로 • 그 밖에 현실적으로 불특정 다수의 사람 또는 차마가 통행할 수 있도록 공개된 장소로서 안전하고 원활한 교통을 확보할 필요가 있는 장소
자동차 전용도로	자동차만 다닐 수 있도록 설치된 도로
고속도로	자동차의 고속 운행에만 사용하기 위하여 지정된 도로
차도	연석선(차도와 보도를 구분하는 돌 등으로 이어진 선), 안전표지 또는 그와 비슷한 인공구조물을 이용하여 경계를 표시하여 모든 차가 통행할 수 있도록 설치된 도로의 부분
중앙선	• 차마의 통행 방향을 명확하게 구분하기 위하여 도로에 황색 실선이나 황색 점선 등의 안전표지로 표시한 선 또는 중앙분리대나 울타리 등으로 설치한 시설물 • 가변차로가 설치된 경우에는 신호기가 지시하는 진행방향의 가장 왼쪽에 있는 황색 점선
차로	차마가 한 줄로 도로의 정하여진 부분을 통행하도록 차선으로 구분한 차도의 부분
차선	차로와 차로를 구분하기 위하여 그 경계지점을 안전표지로 표시한 선
자전거도로	안전표지, 위험방지용 울타리나 그와 비슷한 인공구조물로 경계를 표시하여 자전거 및 개인형 이동장치가 통행할 수 있도록 설치된 자전거이용 활성화에 관한 법률 제3조 각 호의 도로
자전거 횡단도	자전거 및 개인형 이동장치가 일반도로를 횡단할 수 있도록 안전표지로 표시한 도로의 부분
보도	연석선, 안전표지나 그와 비슷한 인공구조물로 경계를 표시하여 보행자(유모차, 보행보조용 의자차, 노약자용 보행기 등 행정안전부령으로 정하는 기구·장치를 이용하여 통행하는 사람을 포함)가 통행할 수 있도록 한 도로의 부분
길가장 자리구역	보도와 차도가 구분되지 않은 도로에서 보행자의 안전을 확보하기 위하여 안전표지 등으로 경계를 표시한 도로의 가장자리 부분
횡단보도	보행자가 도로를 횡단할 수 있도록 안전표지로 표시한 도로의 부분
교차로	'十'자로, 'T'자로나 그 밖에 둘 이상의 도로(보도와 차도가 구분되어 있는 도로에서는 차도)가 교차하는 부분
안전지대	도로를 횡단하는 보행자나 통행하는 차마의 안전을 위하여 안전표지나 이와 비슷한 인공구조물로 표시한 도로의 부분
신호기	도로교통에서 문자·기호 또는 등화를 사용하여 진행·정지·방향전환·주의 등의 신호를 표시하기 위하여 사람이나 전기의 힘으로 조작하는 장치
안전표지	교통안전에 필요한 주의·규제·지시 등을 표시하는 표지판이나 도로의 바닥에 표시하는 기호·문자 또는 선 등
차마	• 차 : 자동차, 건설기계, 원동기장치자전거, 자전거, 사람 또는 가축의 힘이나 그 밖의 동력으로 도로에서 운전되는 것 ※ 단, 철길이나 가설된 선을 이용하여 운전되는 것, 유모차, 보행보조용 의자차, 노약자용 보행기 등 행정안전부령으로 정하는 기구·장치는 제외 • 우마 : 교통이나 운수에 사용되는 가축
자동차	철길이나 가설된 선을 이용하지 않고 원동기를 사용하여 운전되는 차(견인되는 자동차도 자동차의 일부로 봄)로서 다음의 차 • 자동차관리법에 따른 승용자동차, 승합자동차, 화물자동차, 특수자동차, 이륜자동차(단, 원동기장치자전거 제외) • 건설기계관리법 제26조제1항 단서에 따른 건설기계 cf 자동차 등(자동차와 원동기장치자전거)
긴급 자동차	그 본래의 긴급한 용도로 사용되고 있는 다음의 자동차 • 소방차 • 구급차 • 혈액공급차량 • 그 밖에 대통령령으로 정하는 자동차
원동기 장치 자전거	• 이륜자동차 가운데 배기량 125시시 이하(전기를 동력으로 하는 경우에는 최고정격출력 11킬로와트 이하)의 이륜자동차 • 그 밖에 배기량 125시시 이하(전기를 동력으로 하는 경우에는 최고정격출력 11킬로와트 이하)의 원동기를 단 차(자전거 이용 활성화에 관한 법률에 따른 전기자전거는 제외)
어린이 통학버스	다음 시설 가운데 어린이(13세 미만인 사람)를 교육 대상으로 하는 시설에서 어린이의 통학 등에 이용되는 자동차와 여객자동차 운송사업의 한정면허를 받아 어린이를 여객 대상으로 하여 운행되는 운송사업용 자동차 • 유아교육법에 따른 유치원, 초·중등교육법에 따른 초등학교 및 특수학교 • 영유아보육법에 따른 어린이집 • 학원의 설립·운영 및 과외교습에 관한 법률에 따라 설립된 학원 • 체육시설의 설치·이용에 관한 법률에 따라 설립된 체육시설
주차	운전자가 승객을 기다리거나 화물을 싣거나 차가 고장 나거나 그 밖의 사유로 차를 계속 정지 상태에 두는 것 또는 운전자가 차에서 떠나서 즉시 그 차를 운전할 수 없는 상태에 두는 것
정차	운전자가 5분을 초과하지 않고 차를 정지시키는 것으로서 주차 외의 정지 상태
일시정지	차의 운전자가 그 차의 바퀴를 일시적으로 완전히 정지시키는 것
서행	운전자가 차를 즉시 정지시킬 수 있는 정도의 느린 속도로 진행하는 것
앞지르기	차의 운전자가 앞서가는 다른 차의 옆을 지나서 그 차의 앞으로 나가는 것
모범운전자	무사고운전자 또는 유공운전자의 표시장을 받거나 2년 이상 사업용 자동차 운전에 종사하면서 교통사고를 일으킨 전력이 없는 사람으로서 경찰청장이 정하는 바에 따라 선발되어 교통안전 봉사활동에 종사하는 사람

2 교통안전시설

(1) 신호기가 표시하는 신호의 종류 및 신호의 뜻

① 차량 신호등

구분	신호의 종류	신호의 뜻
원형 등화	녹색의 등화	• 차마는 직진 또는 우회전할 수 있다. • 비보호좌회전표지 또는 비보호좌회전표시가 있는 곳에서는 좌회전할 수 있다.
	황색의 등화	• 차마는 정지선이 있거나 횡단보도가 있을 때에는 그 직전이나 교차로의 직전에 정지하여야 한다. • 이미 교차로에 차마의 일부라도 진입한 경우에는 신속히 교차로 밖으로 진행하여야 한다. • 차마는 우회전할 수 있고 우회전하는 경우에는 보행자의 횡단을 방해하지 못한다.
	적색의 등화	• 차마는 정지선, 횡단보도 및 교차로의 직전에서 정지하여야 한다. • 차마는 우회전하려는 경우 정지선, 횡단보도 및 교차로의 직전에서 정지한 후 신호에 따라 진행하는 다른 차마의 교통을 방해하지 않고 우회전할 수 있다. 다만 우회전 삼색등이 적색의 등화인 경우 우회전할 수 없다.
	황색 등화의 점멸	차마는 다른 교통 또는 안전표지의 표시에 주의하면서 진행할 수 있다.
	적색 등화의 점멸	차마는 정지선이나 횡단보도가 있을 때에는 그 직전이나 교차로의 직전에 일시정지한 후 다른 교통에 주의하면서 진행할 수 있다.

구분	신호의 종류	신호의 뜻
화살표 등화	녹색화살표의 등화	차마는 화살표시 방향으로 진행할 수 있다.
	황색화살표의 등화	• 화살표시 방향으로 진행하려는 차마는 정지선이 있거나 횡단보도가 있을 때에는 그 직전이나 교차로의 직전에 정지하여야 한다. • 이미 교차로에 차마의 일부라도 진입한 경우에는 신속히 교차로 밖으로 진행하여야 한다.
	적색화살표의 등화	화살표시 방향으로 진행하려는 차마는 정지선, 횡단보도 및 교차로의 직전에서 정지하여야 한다.
	황색화살표 등화의 점멸	차마는 다른 교통 또는 안전표지의 표시에 주의하면서 화살표시 방향으로 진행할 수 있다.
	적색화살표 등화의 점멸	차마는 정지선이나 횡단보도가 있을 때에는 그 직전이나 교차로의 직전에 일시정지한 후 다른 교통에 주의하면서 화살표시 방향으로 진행할 수 있다.
사각형 등화	녹색화살표의 등화(하향)	차마는 화살표로 지정한 차로로 진행할 수 있다.
	적색×표 표시의 등화	차마는 ×표가 있는 차로로 진행할 수 없다.
	적색×표 표시 등화의 점멸	차마는 ×표가 있는 차로로 진입할 수 없고, 이미 차마의 일부라도 진입한 경우에는 신속히 그 차로 밖으로 진로를 변경하여야 한다.

② 보행 신호등

신호의 종류	신호의 뜻
녹색의 등화	보행자는 횡단보도를 횡단할 수 있다.
녹색 등화의 점멸	보행자는 횡단을 시작하여서는 아니 되고, 횡단하고 있는 보행자는 신속하게 횡단을 완료하거나 그 횡단을 중지하고 보도로 되돌아와야 한다.
적색의 등화	보행자는 횡단보도를 횡단하여서는 아니 된다.

신호 또는 지시에 따를 의무(법 제5조) 더 알아보기

도로를 통행하는 보행자, 차마 또는 노면전차의 운전자는 교통안전시설이 표시하는 신호 또는 지시와 교통정리를 하는 경찰공무원 또는 경찰보조자(경찰공무원 등)의 신호 또는 지시가 서로 다른 경우에는 경찰공무원 등의 신호 또는 지시에 따라야 한다.

(2) 교통안전표지의 종류(규칙 제8조)

주의표지	도로상태가 위험하거나 도로 또는 그 부근에 위험물이 있는 경우에 필요한 안전조치를 할 수 있도록 이를 도로사용자에게 알리는 표지
규제표지	도로교통의 안전을 위하여 **각종 제한·금지 등의 규제**를 하는 경우에 이를 도로사용자에게 알리는 표지
지시표지	도로의 통행방법·통행구분 등 **도로교통의 안전을 위하여 필요한 지시**를 하는 경우에 도로사용자가 이에 따르도록 알리는 표지
보조표지	**주의표지·규제표지 또는 지시표지의 주기능을 보충**하여 도로사용자에게 알리는 표지
노면표시	도로교통의 안전을 위하여 각종 주의·규제·지시 등의 내용을 노면에 기호·문자 또는 선으로 도로사용자에게 알리는 표지

3 보행자의 통행방법

(1) 보행자의 통행(법 제8조)

① 보행자는 보도와 차도가 구분된 도로에서는 언제나 보도로 통행하여야 한다. 다만 차도를 횡단하는 경우, 도로공사 등으로 보도의 통행이 금지된 경우나 그 밖의 부득이한 경우에는 그러하지 아니하다.

② 보행자는 보도와 차도가 구분되지 아니한 도로 중 중앙선이 있는 도로(일방통행인 경우에는 차선으로 구분된 도로를 포함)에서는 길가장자리 또는 길가장자리구역으로 통행하여야 한다.

③ 보행자는 보도에서는 우측통행을 원칙으로 한다.

(2) 차도를 통행할 수 있는 사람 또는 행렬

① 말·소 등의 큰 동물을 몰고 가는 사람
② 사다리, 목재, 그 밖에 보행자의 통행에 지장을 줄 우려가 있는 물건을 운반 중인 사람
③ 도로에서 청소나 보수 등의 작업을 하고 있는 사람
④ 군부대나 그 밖에 이에 준하는 단체의 행렬
⑤ 기(旗) 또는 현수막 등을 휴대한 행렬
⑥ 장의(葬儀) 행렬

4 차마의 통행방법

(1) 차마의 통행(법 제13조)

① 보도와 차도가 구분된 도로

㉠ 차마의 운전자는 보도와 차도가 구분된 도로에서는 차도로 통행하여야 한다. 다만 **도로 외의 곳으로 출입할 때에는 보도를 횡단하여 통행**할 수 있고, 차마의 운전자는 **보도를 횡단하기 직전에 일시정지**하여 좌측과 우측 부분 등을 살핀 후 보행자의 통행을 방해하지 않도록 횡단하여야 한다.

㉡ 차마의 운전자는 도로(보도와 차도가 구분된 도로에서는 차도)의 중앙(중앙선이 설치되어 있는 경우에는 그 중앙선) 우측 부분을 통행하여야 한다.

출제포인트

차마를 차도에서 보도로 운행하고자 할 때, 보도를 횡단하기 직전에 어떻게 운행하여야 하는가?

반드시 일시정지 후 좌측과 우측 부분 등을 살핀 후 횡단하여야 한다.

② 도로의 중앙이나 좌측 부분을 통행할 수 있는 경우

㉠ 도로가 일방통행인 경우
㉡ 도로의 파손, 도로공사나 그 밖의 장애 등으로 도로의 우측 부분을 통행할 수 없는 경우
㉢ 도로 우측 부분의 폭이 6m가 되지 않는 도로에서 다른 차를 앞지르려는 경우로, 다음의 경우는 제외
  ⓐ 도로의 좌측 부분을 확인할 수 없는 경우
  ⓑ 반대 방향의 교통을 방해할 우려가 있는 경우
  ⓒ 안전표지 등으로 앞지르기를 금지하거나 제한하고 있는 경우
㉣ 도로 우측 부분의 폭이 차마의 통행에 충분하지 않은 경우
㉤ 가파른 비탈길의 구부러진 곳에서 교통의 위험을 방지하기 위하여 시·도경찰청장이 필요하다고 인정하여 구간 및 통행방법을 지정하고 있는 경우에 그 지정에 따라 통행하는 경우

출제포인트

• 전용차로의 설치권자 : 시장 등(시·도경찰청장이나 경찰서장과 협의)
• 차로의 설치권자 : 시·도경찰청장

(2) 차로에 따른 통행구분(규칙 제16조)

① 모든 차의 운전자는 통행하고 있는 차로에서 느린 속도로 진행하여 다른 차의 정상적인 통행을 방해할 우려가 있는 때에는 그 통행하던 차로의 오른쪽 차로로 통행하여야 한다.

② 차로의 순위는 도로의 중앙선 쪽에 있는 차로부터 1차로로 한다. 다만 일방통행도로에서는 도로의 왼쪽부터 1차로로 한다.

(3) 차로에 따른 통행차의 기준(규칙 별표9)

도로		차로구분	통행할 수 있는 차종
고속도로 외의 도로		왼쪽 차로	승용자동차 및 경형·소형·중형 승합자동차
		오른쪽 차로	대형승합자동차, 화물자동차, 특수자동차, 건설기계, 이륜자동차, 원동기장치자전거
고속도로	편도 2차로	1차로	앞지르기하려는 모든 자동차
		2차로	모든 자동차
	편도 3차로 이상	1차로	앞지르기하려는 승용자동차 및 앞지르기하려는 경형·소형·중형 승합자동차
		왼쪽 차로	승용자동차 및 경형·소형·중형 승합자동차
		오른쪽 차로	대형 승합자동차, 화물자동차, 특수자동차, 건설기계

※ 모든 차는 위 지정된 차로의 오른쪽 차로로 통행 가능
cf 택시운송사업에 사용되는 자동차는 승용자동차만 해당된다.

(4) 차량의 운행속도(규칙 제19조)

① 운행속도

도로 구분		최고속도(km/h)	최저속도(km/h)
일반도로	주거지역·상업지역 및 공업지역	50 이내 (단, 시·도경찰청장이 지정한 노선 또는 구간 : 60 이내)	제한 없음
	그 외 지역	60 이내 (단, 편도 2차로 이상 도로 : 80 이내)	
자동차전용도로		90	30
고속도로	편도 1차로	80	50
	편도 2차로 이상	100 승용·승합·화물자동차 (적재중량 1.5톤 이하)	50
		80 화물자동차(적재중량 1.5톤 초과), 특수자동차, 위험물운반자동차 및 건설기계	
	경찰청장이 지정·고시한 노선 또는 구간	120 승용·승합·화물자동차 (적재중량1.5톤 이하)	50
		90 화물자동차(적재중량 1.5톤 초과), 특수자동차, 위험물운반자동차 및 건설기계	

② 악천후 시의 감속운행속도

도로의 상태	감속운행속도
• 비가 내려 노면이 젖어 있는 경우 • 눈이 20mm 미만 쌓인 경우	최고속도의 **20/100 감속**
• 폭우, 폭설, 안개 등으로 가시거리가 100m 이내인 경우 • 노면이 얼어붙은 경우 • 눈이 20mm 이상 쌓인 경우	최고속도의 **50/100 감속**

(5) 진로양보의무(법 제20조)

① 모든 차(긴급자동차는 제외)의 운전자는 뒤에서 따라오는 차보다 느린 속도로 가려는 경우에는 도로의 우측 가장자리로 피하여 진로를 양보하여야 한다. 다만 통행 구분이 설치된 도로의 경우에는 그러하지 아니하다.

② 좁은 도로에서 긴급자동차 외의 자동차가 서로 마주보고 진행할 때에는 다음의 구분에 따른 자동차가 도로의 우측 가장자리로 피하여 진로를 양보하여야 한다.

㉠ **비탈진 좁은 도로에서 자동차가 서로 마주보고 진행하는 경우에는 올라가는 자동차**

㉡ 비탈진 좁은 도로 외의 좁은 도로에서 사람을 태웠거나 물건을 실은 자동차와 동승자가 없고 물건을 싣지 아니한 자동차가 서로 마주보고 진행하는 경우에는 동승자가 없고 물건을 싣지 아니한 자동차

(6) 앞지르기 방법 등(법 제21조)

① 모든 차의 운전자는 다른 차를 앞지르려면 앞차의 좌측으로 통행하여야 한다.

② 자전거 등의 운전자는 서행하거나 정지한 다른 차를 앞지르려면 앞차의 우측으로 통행할 수 있다. 이 경우 자전거 등의 운전자는 정지한 차에서 승차하거나 하차하는 사람의 안전에 유의하여 서행하거나 필요한 경우 일시정지하여야 한다.

③ 앞지르려고 하는 모든 차의 운전자는 반대방향의 교통과 앞차 앞쪽의 교통에도 주의를 충분히 기울여야 하며, 앞차의 속도·진로와 그 밖의 도로상황에 따라 방향지시기·등화 또는 경음기를 사용하는 등 안전한 속도와 방법으로 앞지르기를 하여야 한다.

④ 모든 차의 운전자는 앞지르기를 하는 차가 있을 때에는 속도를 높여 경쟁하거나 그 차의 앞을 가로막는 등의 방법으로 앞지르기를 방해하여서는 아니 된다.

(7) 앞지르기 금지의 시기 및 장소(법 제22조)

앞차를 앞지르지 못하는 경우	• 앞차의 좌측에 다른 차가 앞차와 나란히 가고 있는 경우 • 앞차가 다른 차를 앞지르고 있거나 앞지르려고 하는 경우
다른 차를 앞지르지 못하는 차	• 이 법이나 이 법에 따른 명령에 따라 정지하거나 서행하고 있는 차 • 경찰공무원의 지시에 따라 정지하거나 서행하고 있는 차 • 위험을 방지하기 위하여 정지하거나 서행하고 있는 차
앞지르기 금지 장소	• 교차로, 터널 안, 다리 위 • 도로의 구부러진 곳, 비탈길의 고갯마루 부근 또는 가파른 비탈길의 내리막 등 시·도경찰청장이 안전표지로 지정한 곳

(8) 철길건널목의 통과(법 제24조)

① 모든 차의 운전자는 철길건널목을 통과하려는 경우에는 **건널목 앞에서 일시정지**하여 안전한지 확인한 후에 통과하여야 한다. 다만 신호기 등이 표시하는 신호에 따르는 경우에는 정지하지 않고 통과할 수 있다.

② 모든 차의 운전자는 건널목의 차단기가 내려져 있거나 내려지려고 하는 경우 또는 건널목의 경보기가 울리고 있는 동안에는 그 건널목으로 들어가서는 안 된다.

③ 모든 차의 운전자는 건널목을 통과하다가 고장 등의 사유로 건널목 안에서 차를 운행할 수 없게 된 경우에는 즉시 승객을 대피시키고 비상신호기 등을 사용하거나 그 밖의 방법으로 철도공무원이나 경찰공무원에게 그 사실을 알려야 한다.

(9) 교차로 통행방법(법 제25조)

① 모든 차의 운전자는 교차로에서 **우회전을 하려는 경우**에는 미리 도로의 **우측 가장자리를 서행**하면서 우회전하여야 한다. 이 경우 우회전하는 차의 운전자는 신호에 따라 정지하거나 진행하는 보행자 또는 자전거 등에 주의하여야 한다.

② 모든 차의 운전자는 교차로에서 **좌회전을 하려는 경우**에는 미리 도로의 중앙선을 따라 서행하면서 **교차로의 중심 안쪽을 이용**하여 좌회전하여야 한다. 다만 시·도방경찰청장이 교차로의 상황에 따라 특히 필요하다고 인정하여 지정한 곳에서는 교차로의 중심 바깥쪽을 통과할 수 있다.

③ 자전거 등의 운전자는 교차로에서 좌회전하려는 경우에는 미리 도로의 우측 가장자리로 붙어 서행하면서 교차로의 가장자리 부분을 이용하여 좌회전하여야 한다.
④ 우회전이나 좌회전을 하기 위하여 손이나 방향지시기 또는 등화로써 신호를 하는 차가 있는 경우에 그 뒤차의 운전자는 신호를 한 앞차의 진행을 방해해서는 아니 된다.
⑤ 모든 차의 운전자는 신호기로 교통정리를 하고 있는 교차로에 들어가려는 경우에는 진행하려는 진로의 앞쪽에 있는 차의 상황에 따라 교차로(정지선이 설치되어 있는 경우에는 그 정지선을 넘은 부분)에 정지하게 되어 다른 차의 통행에 방해가 될 우려가 있는 경우에는 그 교차로에 들어가서는 아니 된다.
⑥ 모든 차의 운전자는 교통정리를 하고 있지 않고 일시정지나 양보를 표시하는 안전표지가 설치되어 있는 교차로에 들어가려고 할 때에는 다른 차의 진행을 방해하지 않도록 일시정지하거나 양보하여야 한다.

⑽ 교통정리가 없는 교차로에서의 양보운전(법 제26조)

① 교통정리를 하고 있지 않는 교차로에 들어가려고 하는 차의 운전자는 **이미 교차로에 들어가 있는 다른 차**가 있을 때에는 그 차에 진로를 양보하여야 한다.
② 교통정리를 하고 있지 않는 교차로에 들어가려고 하는 차의 운전자는 그 차가 통행하고 있는 도로의 폭보다 교차하는 도로의 폭이 넓은 경우에는 서행하여야 하며, **폭이 넓은 도로로부터 교차로에 들어가려고 하는 다른 차**가 있을 때에는 그 차에 진로를 양보하여야 한다.
③ 교통정리를 하고 있지 않는 교차로에 동시에 들어가려고 하는 차의 운전자는 **우측도로의 차**에 진로를 양보하여야 한다.
④ 교통정리를 하고 있지 않는 교차로에서 좌회전하려고 하는 차의 운전자는 그 교차로에서 **직진하거나 우회전하려는 다른 차**가 있을 때에는 그 차에 진로를 양보하여야 한다.

출제포인트

- 동시에 교차로에 들어가려고 하는 때에는 좌측도로의 차에 진로를 양보하여야 한다. (×)
  우측도로의 차에 진로를 양보해야 한다.
- 교차로에 들어가려고 하는 차의 운전자는 폭이 좁은 도로로부터 교차로에 들어가려고 하는 다른 차가 있는 경우에는 그 차에게 진로를 양보해야 한다. (×)
  폭이 넓은 도로로부터 교차로에 들어가려는 차에게 양보해야 한다.

⑾ 보행자의 보호(법 제27조)

① 모든 차 또는 노면전차의 운전자는 보행자(자전거 등에서 내려서 자전거 등을 끌거나 들고 통행하는 자전거 등의 운전자 포함)가 횡단보도를 통행하고 있거나 통행하려고 하는 때에는 보행자의 횡단을 방해하거나 위험을 주지 아니하도록 그 횡단보도 앞(정지선이 설치되어 있는 곳에서는 그 정지선)에서 일시정지하여야 한다.
② 모든 차의 운전자는 교통정리를 하고 있는 교차로에서 좌회전이나 우회전을 하려는 경우에는 신호기 또는 경찰공무원 등의 신호나 지시에 따라 도로를 횡단하는 보행자의 통행을 방해하여서는 안 된다.
③ 모든 차의 운전자는 교통정리를 하고 있지 않은 교차로 또는 그 부근의 도로를 횡단하는 보행자의 통행을 방해하여서는 안 된다.
④ 모든 차의 운전자는 도로에 설치된 **안전지대**에 보행자가 있는 경우와 **차로가 설치되지 않은 좁은 도로에서 보행자**의 옆을 지나는 경우에는 **안전한 거리를 두고 서행**하여야 한다.
⑤ 모든 차의 운전자는 **보행자가 횡단보도가 설치되어 있지 않은 도로를 횡단**하고 있을 때에는 **안전거리를 두고 일시정지**하여 보행자가 안전하게 횡단할 수 있도록 하여야 한다.

긴급자동차의 우선 통행 및 특례(법 제29조 · 제30조) 더 알아보기

- 긴급자동차는 긴급하고 부득이한 경우에는 도로의 중앙이나 좌측 부분을 통행할 수 있다.
- 긴급자동차에 대하여는 자동차 등의 속도제한(다만 긴급자동차에 대하여 속도를 제한한 경우에는 적용), 앞지르기의 금지, 끼어들기의 금지 사항 등을 적용하지 않는다.

⑿ 서행 또는 일시정지할 장소(법 제31조)

① 서행할 장소
㉠ 교통정리를 하고 있지 않는 교차로
㉡ 도로가 구부러진 부근
㉢ 비탈길의 고갯마루 부근
㉣ 가파른 비탈길의 내리막
㉤ 시 · 도경찰청장이 도로에서의 위험을 방지하고 교통의 안전과 원활한 소통을 확보하기 위하여 필요하다고 인정하여 안전표지로 지정한 곳
② 일시정지할 장소
㉠ 교통정리를 하고 있지 않고 좌우를 확인할 수 없거나 교통이 빈번한 교차로
㉡ 시 · 도경찰청장이 도로에서의 위험을 방지하고 교통의 안전과 원활한 소통을 확보하기 위하여 필요하다고 인정하여 안전표지로 지정한 곳

⒀ 정차 및 주차의 금지(법 제32조)

① 교차로 · 횡단보도 · 건널목이나 보도와 차도가 구분된 도로의 보도(차도와 보도에 걸쳐서 설치된 노상주차장 제외)
② 교차로의 가장자리나 도로의 모퉁이로부터 5m 이내인 곳
③ 안전지대가 설치된 도로에서는 그 안전지대의 사방으로부터 각각 10m 이내인 곳
④ 버스여객자동차의 정류지임을 표시하는 기둥이나 표지판 또는 선이 설치된 곳으로부터 10m 이내인 곳(다만 버스여객자동차의 운전자가 그 버스여객자동차의 운행시간 중에 운행노선에 따르는 정류장에서 승객을 태우거나 내리기 위하여 차를 정차하거나 주차하는 경우는 제외)
⑤ 건널목의 가장자리 또는 횡단보도로부터 10m 이내인 곳
⑥ 소방용수시설 또는 비상소화장치가 설치된 곳, 옥내소화전설비(호스릴옥내소화전설비 포함) · 스프링클러설비 등 · 물분무 등 소화설비의 송수구, 소화용수설비, 연결송수관설비 · 연결살수설비 · 연소방지설비의 송수구 및 무선통신보조설비의 무선기기접속단자로부터 5m 이내인 곳
⑦ 시 · 도경찰청장이 도로에서의 위험을 방지하고 교통의 안전과 원활한 소통을 확보하기 위하여 필요하다고 인정하여 지정한 곳
⑧ 시장 등이 지정한 어린이 보호구역

⒁ 주차금지의 장소(법 제33조)

① 터널 안 및 다리 위
② 도로공사를 하고 있는 경우에는 그 공사 구역의 양쪽 가장자리로부터 5m 이내인 곳
③ 다중이용업소의 영업장이 속한 건축물로 소방본부장의 요청에 의하여 시 · 도경찰청장이 지정한 곳으로부터 5m 이내인 곳
④ 시 · 도경찰청장이 도로에서의 위험을 방지하고 교통의 안전과 원활한 소통을 확보하기 위하여 필요하다고 인정하여 지정한 곳

⒂ 차의 등화(법 제37조)

① **전조등, 차폭등, 미등과 그 밖의 등화**(번호등, 실내조명등)**를 켜야 하는 경우**

㉠ 밤(해가 진 후부터 해가 뜨기 전까지)에 도로에서 차를 운행하거나 고장이나 그 밖의 부득이한 사유로 도로에서 차를 정차 또는 주차하는 경우
㉡ 안개가 끼거나 비 또는 눈이 올 때에 도로에서 차를 운행하거나 고장이나 그 밖의 부득이한 사유로 도로에서 차를 정차 또는 주차하는 경우
㉢ 터널 안을 운행하거나 고장 또는 그 밖의 부득이한 사유로 터널 안 도로에서 차를 정차 또는 주차하는 경우

② 모든 차의 운전자는 밤에 차가 서로 마주보고 진행하거나 앞차의 바로 뒤를 따라가는 경우에는 등화의 밝기를 줄이거나 잠시 등화를 끄는 등의 필요한 조작을 하여야 한다.

⒃ 신호의 시기 및 방법(영 별표2)

① **좌회전·우회전·횡단·유턴 또는 같은 방향으로 진행하면서 진로를 왼쪽 또는 오른쪽으로 바꾸려는 때** : 그 행위를 하려는 지점(좌·우회전할 경우에는 그 교차로의 가장자리)에 이르기 전 30m(고속도로에서는 100m) 이상의 지점에 이르렀을 때 방향지시기 또는 등화 등으로 신호를 해야 한다.
② **정지·후진·서행할 때** : 그 행위를 하려는 때
③ **뒤차에게 앞지르기를 시키려는 때** : 그 행위를 시키려는 때

출제포인트

- 방향지시등의 행동 절차 : 예고 → 확인 → 행동
- 신호등의 배열순서 : 적색, 황색, 화살표, 녹색

5 운전자 및 고용주의 의무

(1) 운전 등의 금지(법 제43조~제46조의3)

① 무면허운전 등의 금지
② 술에 취한 상태(혈중알코올농도 0.03% 이상)에서의 운전금지
③ 과로한 때 등(과로, 질병, 약물)의 운전금지
④ 공동 위험행위의 금지
⑤ 난폭운전 금지

(2) 모든 운전자의 준수사항 등(법 제46조·제49조)

① 자동차 등(개인형 이동장치는 제외)의 운전자는 도로에서 2명 이상이 공동으로 2대 이상의 자동차 등을 정당한 사유 없이 앞뒤로 또는 좌우로 줄지어 통행하면서 다른 사람에게 위해를 끼치거나 교통상의 위험을 발생하게 하여서는 아니 된다.
② 물이 고인 곳을 운행할 때에는 고인 물을 튀게 하여 다른 사람에게 피해를 주는 일이 없도록 한다.
③ 어린이가 보호자 없이 도로를 횡단할 때, 어린이가 도로에 앉아 있거나 서 있을 때 또는 어린이가 도로에서 놀이를 할 때 등 어린이에 대한 교통사고의 위험이 있는 것을 발견한 경우에는 일시정지한다.
④ 앞을 보지 못하는 사람이 흰색 지팡이를 가지거나 장애인보조견을 동반하는 등의 조치를 하고 도로를 횡단하고 있는 경우에는 일시정지한다.
⑤ 지하도나 육교 등 도로 횡단시설을 이용할 수 없는 지체장애인이나 노인 등이 도로를 횡단하고 있는 경우에는 일시정지한다.
⑥ 자동차의 앞면 창유리와 운전석 좌우 옆면 창유리 가시광선의 투과율이 앞면 창유리는 70% 미만, 운전석 좌우옆면 창유리는 40% 미만보다 낮아 교통안전 등에 지장을 줄 수 있는 차를 운전하지 않는다(다만 요인경호용, 구급용 및 장의용 자동차는 제외).
⑦ 교통단속용 장비의 기능을 방해하는 장치를 한 차나 그 밖에 안전운전에 지장을 줄 수 있는 것으로서 기준에 적합하지 않은 장치를 한 차를 운전하지 아니한다(자율주행자동차의 신기술 개발을 위한 장치를 장착한 경우 제외).
⑧ 도로에서 자동차 등(개인형 이동장치 제외) 또는 노면전차를 세워둔 채 시비·다툼 등의 행위를 하여 다른 차마의 통행을 방해하지 아니한다.
⑨ 운전자는 안전을 확인하지 아니하고 차 또는 노면전차의 문을 열거나 내려서는 아니 되며, 동승자가 교통의 위험을 일으키지 않도록 필요한 조치를 한다.
⑩ 운전자는 정당한 사유 없이 자동차 등을 급히 출발시키거나 속도를 급격히 높이는 행위, 자동차 등의 원동기 동력을 차의 바퀴에 전달시키지 않고 원동기의 회전수를 증가시키는 행위, 반복적이거나 연속적으로 경음기를 울리는 행위를 하여 다른 사람에게 피해를 주는 소음을 발생시키지 아니한다.
⑪ 운전자는 승객이 차 안에서 안전운전에 현저히 장해가 될 정도로 춤을 추는 등 소란행위를 하도록 내버려 두고 차를 운행하지 않는다.
⑫ 운전자는 자동차 등 또는 노면전차의 운전 중에는 휴대용 전화(자동차용 전화 포함)를 사용하지 아니한다.

> **운전 중 휴대용 전화를 사용하는 경우** 더 알아보기
> - 자동차 등 또는 노면전차가 정지하고 있는 경우
> - 긴급자동차를 운전하는 경우
> - 각종 범죄 및 재해 신고 등 긴급한 필요가 있는 경우
> - 안전운전에 장애를 주지 않는 장치로서 손으로 잡지 않고도 휴대용 전화(자동차용 전화 포함)를 사용할 수 있도록 해 주는 장치를 이용하는 경우

⑬ 자동차 등 또는 노면전차의 운전 중에는 방송 등 영상물을 수신하거나 재생하는 장치(영상표시장치)를 통하여 운전자가 운전 중 볼 수 있는 위치에 영상이 표시되지 아니하도록 한다.
⑭ 자동차 등 또는 노면전차의 운전 중(자동차 등 또는 노면전차가 정지하고 있는 경우 제외)에는 영상표시장치를 조작하지 아니한다.

(3) 어린이통학버스의 특별보호(법 제51조)

① 어린이통학버스가 도로에 정차하여 어린이나 영유아가 타고 내리는 중임을 표시하는 점멸등 등의 장치를 작동 중일 때에는 어린이통학버스가 정차한 차로와 그 차로의 바로 옆 차로로 통행하는 차의 운전자는 어린이통학버스에 이르기 전에 일시정지하여 안전을 확인한 후 서행하여야 한다.
② 중앙선이 설치되지 아니한 도로와 편도 1차로인 도로에서는 반대방향에서 진행하는 차의 운전자도 어린이통학버스에 이르기 전에 일시정지하여 안전을 확인한 후 서행하여야 한다.
③ 모든 차의 운전자는 어린이나 영유아를 태우고 있다는 표시를 한 상태로 도로를 통행하는 어린이통학버스를 앞지르지 못한다.

(4) 사고 발생 시의 조치(법 제54조)

① 차의 운전 등 교통으로 인하여 사람을 사상하거나 물건을 손괴한 경우에는 그 차의 운전자나 그 밖의 승무원(이하 "운전자 등")은 즉시 정차하여 다음의 조치를 하여야 한다.
㉠ 사상자를 구호하는 등 필요한 조치
㉡ 피해자에게 인적 사항(성명·전화번호·주소 등) 제공

② 그 차의 운전자 등은 경찰공무원이 현장에 있을 때에는 그 경찰공무원에게, 경찰공무원이 현장에 없을 때에는 가장 가까운 국가경찰관서(지구대, 파출소 및 출장소 포함)에 다음의 사항을 지체 없이 신고하여야 한다. 다만 차만 손괴된 것이 분명하고 도로에서의 위험방지와 원활한 소통을 위하여 필요한 조치를 한 경우에는 그러하지 않다.
㉠ 사고가 일어난 곳 ㉡ 사상자 수 및 부상 정도
㉢ 손괴한 물건 및 손괴 정도 ㉣ 그 밖의 조치사항 등

(5) 고장자동차의 표지(규칙 제40조)

① 자동차의 운전자는 고장이나 그 밖의 사유로 고속도로 또는 자동차 전용도로에서 자동차를 운행할 수 없게 되었을 때에는 다음의 표지를 설치하여야 한다.

㉠ 안전삼각대

㉡ 사방 500미터 지점에서 식별할 수 있는 적색의 섬광신호·전기제등 또는 불꽃신호(다만 밤에 고장이나 그 밖의 사유로 고속도로 등에서 자동차를 운행할 수 없게 되었을 때로 한정)

② 자동차의 운전자는 표지를 설치하는 경우 그 자동차의 후방에서 접근하는 자동차의 운전자가 확인할 수 있는 위치에 설치하여야 한다.

6 교통안전교육

(1) 특별교통안전 의무교육(법 제73조, 영 제38조)

① 특별교통안전 의무교육의 대상

㉠ 운전면허 취소처분을 받은 사람으로서 운전면허를 다시 받으려는 사람(적성검사를 받지 않거나 그 적성검사에 불합격한 경우 또는 운전면허를 받은 사람이 자신의 운전면허를 실효시킬 목적으로 시·도경찰청장에게 자진하여 운전면허를 반납하는 경우로 운전면허 취소처분을 받은 사람 제외)

㉡ 술에 취한 상태에서의 운전, 공동위험행위, 난폭운전, 운전 중 고의 또는 과실로 교통사고를 일으킨 경우, 자동차 등을 이용하여 특수상해·특수폭행·특수협박 또는 특수손괴를 위반하는 행위에 해당하여 운전면허효력 정지처분을 받게 되거나 받은 사람으로서 그 정지기간이 끝나지 아니한 사람

㉢ 운전면허 취소처분 또는 운전면허효력 정지처분이 면제된 사람으로서 면제된 날부터 1개월이 지나지 아니한 사람

㉣ 운전면허효력 정지처분을 받게 되거나 받은 초보운전자로서 그 정지기간이 끝나지 아니한 사람

㉤ 어린이 보호구역에서 운전 중 어린이를 사상하는 사고를 유발하여 벌점을 받은 날부터 1년 이내의 사람

② **특별교통안전 의무교육의 연기** : ①의 ㉡~㉤에 해당하는 사람이 다음의 사유로 특별교통안전 의무교육을 받을 수 없을 때에는 특별교통안전 의무교육 연기신청서에 그 연기 사유를 증명할 수 있는 서류를 첨부하여 경찰서장에게 제출하여야 한다. 이 경우 특별교통안전 의무교육을 연기 받은 사람은 그 사유가 없어진 날부터 30일 이내에 특별교통안전 의무교육을 받아야 한다.

㉠ 질병이나 부상으로 인하여 거동이 불가능한 경우

㉡ 법령에 따라 신체의 자유를 구속당한 경우

㉢ 그 밖에 부득이하다고 인정할 만한 상당한 이유가 있는 경우

(2) 특별교통안전 권장교육(법 제73조)

다음에 해당하는 사람이 시·도경찰청장에게 신청하는 경우에는 특별교통안전 권장교육을 받을 수 있다. 이 경우 권장교육을 받기 전 1년 이내에 해당 교육을 받지 않은 사람에 한정한다.

① 교통법규 위반 등 **(1)**·①의 ㉡ 및 ㉣에 따른 사유 외의 사유로 인하여 운전면허효력 정지처분을 받게 되거나 받은 사람

② 교통법규 위반 등으로 인하여 운전면허효력 정지처분을 받을 가능성이 있는 사람

③ 특별교통안전 의무교육을 받은 사람

④ 운전면허를 받은 사람 중 교육을 받으려는 날에 65세 이상인 사람

(3) 특별교통안전교육(영 제38조)

① 특별교통안전 의무교육 및 특별교통안전 권장교육은 다음의 사항에 대하여 강의·시청각교육 또는 현장체험교육 등의 방법으로 3시간 이상 48시간 이하로 각각 실시한다.

㉠ 교통질서

㉡ 교통사고와 그 예방

㉢ 안전운전의 기초

㉣ 교통법규와 안전

㉤ 운전면허 및 자동차관리

㉥ 그 밖에 교통안전의 확보를 위하여 필요한 사항

② 특별교통안전교육(특별교통안전 의무교육 및 특별교통안전 권장교육)은 도로교통공단에서 실시한다.

7 운전면허

(1) 운전할 수 있는 차의 종류(규칙 별표18)

① 제1종 운전면허

구분	운전할 수 있는 차량
대형면허	• 승용자동차 • 승합자동차 • 화물자동차 • 건설기계 : 덤프트럭, 아스팔트살포기, 노상안정기, 콘크리트믹서트럭, 콘크리트펌프, 천공기(트럭적재식), 콘크리트믹서트레일러, 아스팔트콘크리트재생기, 도로보수트럭, 3톤 미만의 지게차 • 특수자동차(대형견인차, 소형견인차 및 구난차 제외) • 원동기장치자전거
보통면허	• 승용자동차 • **승차정원 15명 이하 승합자동차** • 적재중량 12톤 미만의 화물자동차 • 건설기계(도로를 운행하는 **3톤 미만 지게차**로 한정) • 총중량 10톤 미만의 특수자동차(대형견인차, 소형견인차 및 구난차 제외) • **원동기장치자전거**
소형면허	삼륜화물자동차, 삼륜승용자동차, 원동기장치자전거
특수면허	• 대형견인차 : 견인형 특수자동차, 제2종보통면허로 운전할 수 있는 차량 • 소형견인차 : 총중량 3.5톤 이하 견인형 특수자동차, 제2종보통면허로 운전할 수 있는 차량 • 구난차 : 구난형 특수자동차, 제2종보통면허로 운전할 수 있는 차량

② 제2종 운전면허

구분	운전할 수 있는 차량
보통면허	• 승용자동차 • 승차정원 **10명 이하** 승합자동차 • 적재중량 4톤 이하의 화물자동차 • 총중량 3.5톤 이하의 특수자동차(대형견인차, 소형견인차 및 구난차 제외) • 원동기장치자전거
소형면허	이륜자동차(측차부 포함), 원동기장치자전거
원동기장치자전거면허	원동기장치자전거

(2) 결격사유(법 제82조)

① 18세 미만인 사람(원동기장치자전거의 경우에는 16세 미만)

② 교통상의 위험과 장해를 일으킬 수 있는 정신질환자 또는 뇌전증환자로서 대통령령으로 정하는 사람

③ 듣지 못하는 사람(제1종 운전면허 중 대형면허·특수면허만 해당), 앞을 보지 못하는 사람(한쪽 눈만 보지 못하는 사람의 경우에는 제1종 운전면허 중 대형면허·특수면허만 해당)이나 그 밖에 대통령령으로 정하는 신체장애인

④ 양쪽 팔의 팔꿈치관절 이상을 잃은 사람이나 양쪽 팔을 전혀 쓸 수 없는 사람(다만 본인의 신체장애 정도에 적합하게 제작된 자동차를 이용하여 정상적인 운전을 할 수 있는 경우에는 그러하지 않음)
⑤ 교통상의 위험과 장해를 일으킬 수 있는 마약·대마·향정신성의약품 또는 알코올 중독자로서 대통령령으로 정하는 사람
⑥ 제1종 대형면허 또는 제1종 특수면허를 받으려는 경우로서 19세 미만이거나 자동차(이륜자동차 제외)의 운전경험이 1년 미만인 사람
⑦ 대한민국의 국적을 가지지 아니한 사람 중 외국인등록을 하지 않은 사람(외국인등록이 면제된 사람은 제외)이나 국내거소신고를 하지 않은 사람

(3) 응시제한기간(법 제82조)

사유	제한기간
무면허운전 등의 금지, 운전면허 응시제한기간 규정을 위반하여 자동차 등을 운전한 경우	그 위반한 날부터 1년
무면허운전 등의 금지, 운전면허 응시제한기간 규정을 3회 이상 위반하여 자동차 등을 운전한 경우	그 위반한 날부터 2년
• 술에 취한 상태에서의 운전 금지, 과로한 때 등의 운전 금지, 공동 위험행위의 금지 규정을 위반하여 운전하다가 사람을 사상한 후 필요한 조치 및 신고를 하지 않은 경우 • 술에 취한 상태에서의 운전 금지 규정을 위반하여 운전을 하다가 사람을 사망에 이르게 한 경우	**운전면허가 취소된 날부터 5년**
무면허운전 등의 금지, 술에 취한 상태에서의 운전 금지, 과로한 때 등의 운전 금지, 공동 위험행위의 금지 규정에 따른 사유가 아닌 사유로 사람을 사상한 후 필요한 조치 및 신고를 하지 않은 경우	**운전면허가 취소된 날부터 4년**
술에 취한 상태에서의 운전 금지 또는 경찰공무원의 음주측정 불응 금지 규정을 위반하여 운전을 하다가 2회 이상 교통사고를 일으킨 경우	운전면허가 취소된 날부터 3년
자동차 등을 이용하여 범죄행위를 하거나 다른 사람의 자동차 등을 훔치거나 빼앗은 사람이 무면허운전 등의 금지 규정을 위반하여 그 자동차 등을 운전한 경우	그 위반한 날부터 3년
• 술에 취한 상태에서의 운전 금지, 경찰공무원의 음주측정 불응 금지 규정을 2회 이상 위반한 경우 • 공동 위험행위의 금지 규정을 2회 이상 위반하여 운전한 경우 • 운전면허를 받을 수 없는 사람이 운전면허를 받거나 운전면허효력의 정지기간 중 운전면허증 또는 운전면허증을 갈음하는 증명서를 발급받은 사실이 드러나 운전면허가 취소된 경우 • 다른 사람의 자동차 등을 훔치거나 빼앗아 운전면허가 취소된 경우 • 운전면허시험에 대신 응시하여 운전면허가 취소된 경우	운전면허가 취소된 날부터 2년
위의 규정에 따른 경우가 아닌 다른 사유로 운전면허가 취소된 경우	운전면허가 취소된 날부터 1년
• 적성검사를 받지 아니하거나 그 적성검사에 불합격하여 운전면허가 취소된 사람 • 제1종 운전면허를 받은 사람이 적성검사에 불합격되어 다시 제2종 운전면허를 받으려는 경우	제한 없음
운전면허효력 정지처분을 받고 있는 경우	그 정지기간

8 운전면허의 행정처분 및 범칙행위(규칙 별표28)

(1) 벌점의 종합관리

① 누산점수의 관리 : 법규위반 또는 교통사고로 인한 벌점은 행정처분 기준을 적용하고자 하는 당해 위반 또는 사고가 있었던 날을 기준으로 하여 과거 3년간의 모든 벌점을 누산하여 관리한다.
② 무위반·무사고기간 경과로 인한 벌점 소멸 : 처분벌점이 40점 미만인 경우에 최종의 위반일 또는 사고일로부터 위반 및 사고 없이 1년이 경과한 때에는 그 처분벌점은 소멸한다.
③ 벌점 공제

공제내용	공제점수 단위
인적 피해 있는 교통사고를 야기하고 도주한 차량의 운전자를 검거하거나 신고하여 검거하게 한 운전자(교통사고의 피해자가 아닌 경우로 한정)에게는 검거 또는 신고할 때마다 40점의 특혜점수를 부여하여 기간에 관계없이 그 운전자가 정지 또는 취소처분을 받게 될 경우 누산점수에서 이를 공제한다.	40점
경찰청장이 정하여 고시하는 바에 따라 무위반·무사고 서약을 하고 1년간 이를 실천한 운전자에게는 실천할 때마다 10점의 특혜점수를 부여하여 기간에 관계없이 그 운전자가 정지처분을 받게 될 경우 누산점수에서 이를 공제한다.	10점

(2) 벌점 등 초과로 인한 운전면허의 취소·정지

① 벌점·누산점수 초과로 인한 면허취소 : 1회의 위반·사고로 인한 벌점 또는 연간 누산점수가 **1년간 121점 이상, 2년간 201점 이상, 3년간 271점 이상**일 때에는 그 운전면허를 취소한다.
② 벌점·처분벌점 초과로 인한 면허정지 : 운전면허 정지처분은 1회의 위반·사고로 인한 벌점 또는 처분벌점이 40점 이상이 된 때부터 결정하여 집행하되, 원칙적으로 1점을 1일로 계산하여 집행한다.

(3) 취소처분 개별기준

위반사항	내용
교통사고를 일으키고 구호조치를 하지 않은 때	교통사고로 사람을 죽게 하거나 다치게 하고, 구호조치를 하지 아니한 때
술에 취한 상태에서 운전한 때	• **술에 취한 상태**의 기준(**혈중알코올농도 0.03% 이상**)을 넘어서 운전을 하다가 교통사고로 사람을 죽게 하거나 다치게 한 때 • **혈중알코올농도 0.08% 이상의 상태에서 운전**한 때 • 술에 취한 상태의 기준을 넘어 운전하거나 술에 취한 상태의 측정에 불응한 사람이 다시 술에 취한 상태(혈중알코올농도 0.03% 이상)에서 운전한 때
술에 취한 상태의 측정에 불응한 때	술에 취한 상태에서 운전하거나 술에 취한 상태에서 운전하였다고 인정할 만한 상당한 이유가 있음에도 불구하고 경찰공무원의 측정요구에 불응한 때
다른 사람에게 운전면허증 대여 (도난, 분실 제외)	• 면허증 소지자가 다른 사람에게 **면허증을 대여**하여 운전하게 한 때 • 면허 취득자가 다른 사람의 **면허증을 대여 받거나 그 밖에 부정한 방법으로 입수한 면허증으로 운전한 때**
결격사유에 해당	• 교통상의 위험과 장해를 일으킬 수 있는 정신질환자 또는 뇌전증환자로서 치매, 조현병, 조현정동장애, 양극성 정동장애(조울병), 재발성 우울장애 등의 정신질환 또는 정신 발육지연, 뇌전증 등으로 인하여 정상적인 운전을 할 수 없다고 해당 분야 전문의가 인정하는 사람 • 앞을 보지 못하는 사람(한쪽 눈만 보지 못하는 사람의 경우에는 제1종 운전면허 중 대형면허·특수면허로 한정) • 듣지 못하는 사람(제1종 운전면허 중 대형면허·특수면허로 한정) • 양 팔의 팔꿈치 관절 이상을 잃은 사람 또는 양팔을 전혀 쓸 수 없는 사람(다만 본인의 신체장애 정도에 적합하게 제작된 자동차를 이용하여 정상적으로 운전할 수 있는 경우는 제외) • 다리, 머리, 척추 그 밖의 신체장애로 인하여 앉아 있을 수 없는 사람 • 교통상의 위험과 장해를 일으킬 수 있는 마약, 대마, 향정신성 의약품 또는 알코올 중독자로서 마약·대마·향정신성의약품 또는 알코올 관련 장애 등으로 인하여 정상적인 운전을 할 수 없다고 해당 분야 전문의가 인정하는 사람

위반사항	내용
약물을 사용한 상태에서 자동차 등을 운전한 때	약물의 투약·흡연·섭취·주사 등으로 정상적인 운전을 하지 못할 염려가 있는 상태에서 자동차 등을 운전한 때
공동위험행위	공동위험행위로 구속된 때
난폭운전	난폭운전으로 구속된 때
정기적성검사 불합격 또는 정기적성검사 기간 1년 경과	정기적성검사에 불합격하거나 적성검사기간 만료일 다음 날부터 적성검사를 받지 아니하고 1년을 초과한 때
수시적성검사 불합격 또는 수시적성검사 기간 경과	수시적성검사에 불합격하거나 수시적성검사 기간을 초과한 때
운전면허 행정처분 기간 중 운전행위	**운전면허 행정처분 기간 중에 운전**한 때
허위 또는 부정한 수단으로 운전면허를 받은 경우	• **허위·부정한 수단으로 운전면허를 받은 때** • 운전면허 결격사유에 해당하여 운전면허를 받을 자격이 없는 사람이 운전면허를 받은 때 • 운전면허 효력의 정지기간 중에 면허증 또는 운전면허증에 갈음하는 증명서를 교부받은 사실이 드러난 때
등록 또는 임시운행 허가를 받지 아니한 자동차를 운전한 때	자동차관리법에 따라 등록되지 아니하거나 임시운행 허가를 받지 아니한 자동차(이륜자동차 제외)를 운전한 때
자동차 등을 이용하여 형법상 특수상해 등을 행한 때(보복운전)	자동차 등을 이용하여 형법상 특수상해, 특수폭행, 특수협박, 특수손괴를 행하여 구속된 때
다른 사람을 위하여 운전면허시험에 응시한 때	운전면허를 가진 사람이 다른 사람을 부정하게 합격시키기 위하여 운전면허시험에 응시한 때
운전자가 단속 경찰공무원 등에 대한 폭행	단속하는 **경찰공무원 등 및 시·군·구 공무원을 폭행하여 형사입건된 때**
연습면허 취소사유가 있었던 경우	제1종 보통 및 제2종 보통면허를 받기 이전에 연습면허의 취소사유가 있었던 때(연습면허에 대한 취소절차 진행 중 제1종 보통 및 제2종 보통면허를 받은 경우 포함)

(4) 정지처분 개별기준

① 도로교통법이나 도로교통법에 의한 명령을 위반한 때

위반사항	벌점
• 속도위반(100km/h 초과) • 술에 취한 상태의 기준을 넘어서 운전한 때(**혈중알코올농도 0.03% 이상 0.08% 미만**) • 자동차 등을 이용하여 형법상 특수상해 등(보복운전)을 하여 입건된 때	100
속도위반(80km/h 초과 100km/h 이하)	80
속도위반(60km/h 초과 80km/h 이하) ▼	60
• 정차·주차위반에 대한 조치불응(단체에 소속되거나 다수인에 포함되어 경찰공무원의 3회 이상의 이동명령에 따르지 않고 교통을 방해한 경우에 한함) • 공동 위험행위로 형사입건된 때 • 난폭운전으로 형사입건된 때 • 안전운전 의무위반(단체에 소속되거나 다수인에 포함되어 경찰공무원의 3회 이상의 안전운전 지시에 따르지 않고 타인에게 위험과 장해를 주는 속도나 방법으로 운전한 경우에 한함) • 승객의 차내 소란행위 방치운전 • 출석기간 또는 범칙금 납부기간 만료일부터 60일이 경과될 때까지 즉결심판을 받지 않은 때*	40
• 통행구분위반(중앙선 침범에 한함)* • **속도위반(40km/h 초과 60km/h 이하)** ▼ • 철길건널목 통과방법위반* • **어린이통학버스 특별보호 위반** • **어린이통학버스 운전자의 의무위반**(좌석안전띠를 매도록 하지 않은 운전자 제외)	30
• 고속도로·자동차전용도로 갓길통행 • 고속도로 버스전용차로·다인승전용차로 통행위반* • 운전면허증 등의 제시의무위반 또는 운전자 신원확인을 위한 경찰공무원의 질문에 불응	30
• 신호·지시위반* ▼ • **속도위반(20km/h 초과 40km/h 이하)** ▼ • 속도위반(어린이보호구역 안에서 오전 8시부터 오후 8시까지 사이에 제한속도를 20km/h 이내에서 초과한 경우에 한정) • 앞지르기 금지시기·장소위반* • **운전 중 휴대용 전화 사용** • 운전 중 운전자가 볼 수 있는 위치에 영상 표시 • 운전 중 영상표지장치 조작 • 운행기록계 미설치 자동차 운전금지 등의 위반	15
• 통행구분위반(보도침범, 보도 횡단방법 위반)* • 지정차로 통행위반(진로변경 금지장소에서의 진로변경 포함)* • 일반도로 전용차로 통행위반* • 안전거리 미확보(진로변경 방법위반 포함)* • 앞지르기 방법위반* • 보행자 보호 불이행(정지선위반 포함)* ▼ • 승객 또는 승하차자 추락방지조치위반* • 안전운전 의무위반* • 노상 시비·다툼 등으로 차마의 통행 방해행위 • 돌·유리병·쇳조각이나 그 밖에 도로에 있는 사람이나 차마를 손상시킬 우려가 있는 물건을 던지거나 발사하는 행위* • 도로를 통행하고 있는 차마에서 밖으로 물건을 던지는 행위*	10

※ *의 위반행위에 대한 벌점은 자동차 등을 운전한 경우에 한하여 부과한다.
※ 어린이보호구역 및 노인·장애인보호구역 안에서 오전 8시부터 오후 8시까지 사이에 ▼에 해당하는 위반행위를 한 운전자에 대해서는 그 벌점의 2배에 해당하는 벌점을 부과한다.

② 자동차 등의 운전 중 교통사고를 일으킨 때의 벌점기준

구분		벌점	내용
인적피해교통사고	사망 1명마다	90	사고발생 시부터 **72시간** 이내에 사망한 때
	중상 1명마다	15	3주 이상의 치료를 요하는 의사의 진단이 있는 사고
	경상 1명마다	5	3주 미만 5일 이상의 치료를 요하는 의사의 진단이 있는 사고
	부상신고 1명마다	2	5일 미만의 치료를 요하는 의사의 진단이 있는 사고

• 교통사고 발생 원인이 불가항력이거나 피해자의 명백한 과실인 때에는 행정처분을 하지 아니한다.
• 자동차 등 대 사람 교통사고의 경우 쌍방과실인 때에는 그 벌점을 2분의 1로 감경한다.
• 자동차 등 대 자동차 등 교통사고의 경우에는 그 사고원인 중 중한 위반행위를 한 운전자만 적용한다.
• 교통사고로 인한 벌점산정에 있어서 처분 받을 운전자 본인의 피해에 대하여는 벌점을 산정하지 아니한다.

(5) 범칙행위 및 범칙금액(운전자, 영 별표8)

범칙행위	승합차 등	승용차 등
• 속도위반(60km/h 초과) • 어린이통학버스 운전자의 의무위반(좌석안전띠를 매도록 하지 않은 경우 제외)	13만 원	12만 원
• 속도위반(40km/h 초과 60km/h 이하) • 승객의 차 안 소란행위 방치 운전 • 어린이통학버스 특별보호 위반	10만 원	9만 원
안전표지가 설치된 곳에서의 정차·주차 금지 위반	9만 원	8만 원
• 신호·지시위반 • 중앙선침범, 통행구분위반 • 속도위반(20km/h 초과 40km/h 이하) • 횡단·유턴·후진위반 • 앞지르기 방법위반 • 앞지르기 금지시기·장소위반	7만 원	6만 원

범칙행위	승합차 등	승용차 등
• 철길건널목 통과방법위반 • 횡단보도 보행자 횡단방해(신호 또는 지시에 따라 도로를 횡단하는 보행자 통행방해 포함) • 보행자전용도로 통행위반(보행자전용도로 통행방법위반 포함) • 긴급자동차에 대한 양보·일시정지 위반 • 긴급한 용도나 그 밖에 허용된 사항 외에 경광등이나 사이렌 사용 • 승차인원 초과, 승객 또는 승하차자 추락방지조치 위반 • 어린이·앞을 보지 못하는 사람 등의 보호위반 • 운전 중 휴대용 전화 사용 • 운전 중 운전자가 볼 수 있는 위치에 영상 표시 • 운전 중 영상표시장치 조작 • 운행기록계 미설치 자동차 운전 금지 등의 위반 • 고속도로·자동차전용도로 갓길 통행 • 고속도로 버스전용차로·다인승전용차로 통행 위반	7만 원	6만 원
• 통행금지·제한위반 • 일반도로 전용차로 통행위반 • 고속도로·자동차전용도로 안전거리 미확보 • 앞지르기 방해금지위반 • 교차로 통행방법위반 • 교차로에서의 양보운전위반 • 보행자의 통행방해 또는 보호 불이행 • 정차·주차금지위반(안전표지가 설치된 곳에서의 정차·주차금지위반은 제외) • 주차금지위반 • 정차·주차방법위반 • 정차·주차위반에 대한 조치 불응 • 적재 제한 위반, 적재물 추락 위반 또는 영유아나 동물을 안고 운전하는 행위 • 안전운전 의무위반 • 도로에서의 시비·다툼 등으로 인한 차마의 통행방해행위 • 급발진·급가속·엔진 공회전 또는 반복적·연속적인 경음기 울림으로 소음 발생행위 • 화물 적재함에의 승객 탑승 운행 행위 • 고속도로 지정차로 통행 위반 • 고속도로·자동차전용도로 횡단·유턴·후진 위반 • 고속도로·자동차전용도로 정차·주차 금지 위반 • 고속도로 진입 위반 • 고속도로·자동차전용도로에서의 고장 등의 경우 조치 불이행	5만 원	4만 원
• 혼잡완화 조치위반 • 지정차로 통행위반·차로너비보다 넓은 차 통행금지위반(진로변경금지 장소에서의 진로변경 포함) • 속도위반(20km/h 이하) • 진로변경방법위반 • 급제동금지위반 • 끼어들기금지위반 • 서행의무위반 • 일시정지위반 • 좌석안전띠 미착용 • 운전석 이탈 시 안전 확보 불이행 • 방향전환·진로변경 시 신호 불이행 • 동승자 등의 안전을 위한 조치위반 • 시·도경찰청 지정·공고 사항 위반 • 어린이통학버스와 비슷한 도색·표지 금지위반	3만 원	3만 원
• 최저속도위반 • 일반도로 안전거리 미확보 • 등화점등·조작불이행(안개가 끼거나 비·눈이 올 때 제외) • 불법부착장치차 운전(교통단속용 장비의 기능을 방해하는 장치를 한 차의 운전 제외) • 사업용 승합자동차의 승차 거부 • 택시의 합승(장기 주·정차하여 승객을 유치하는 경우로 한정)·승차거부·부당요금징수행위	2만 원	2만 원
• 돌, 유리병, 쇳조각, 그 밖에 도로에 있는 사람이나 차마를 손상시킬 우려가 있는 물건을 던지거나 발사하는 행위 • 도로를 통행하고 있는 차마에서 밖으로 물건을 던지는 행위 ※ 동승자 포함	모든 차마 5만 원	

범칙행위	승합차 등	승용차 등
특별교통안전교육의 미이수 • 과거 5년 이내에 술에 취한 상태에서의 운전 금지 규정을 1회 이상 위반했던 사람으로서 다시 같은 조를 위반하여 운전면허효력 정지처분을 받게 되거나 받은 사람이 그 처분기간이 끝나기 전에 특별교통안전교육을 받지 않은 경우 • 위의 경우 외의 경우	차종 구분 없음 15만 원 10만 원	
경찰관의 실효된 면허증 회수에 대한 거부 또는 방해	차종 구분 없음 3만 원	

제4장 교통사고처리특례법령

1 처벌의 특례(법 제3조)

(1) 차의 운전자가 교통사고로 인하여 형법 제268조의 죄를 범한 경우에는 5년 이하의 금고 또는 2천만 원 이하의 벌금에 처한다.

> **업무상 과실·중과실 치사상**(형법 제268조) 더 알아보기
> 업무상 과실 또는 중대한 과실로 인하여 사람을 사상에 이르게 한 자는 5년 이하의 금고 또는 2천만 원 이하의 벌금에 처한다.

(2) 차의 교통으로 (1)의 죄 중 **업무상과실치상죄 또는 중과실치상죄와 도로교통법 제151조의 죄**를 범한 운전자에 대하여는 피해자의 명시적인 의사에 반하여 공소를 제기할 수 없다(반의사불벌죄).

> **벌칙**(도로교통법 제151조) 더 알아보기
> 차의 운전자가 업무상 필요한 주의를 게을리하거나 중대한 과실로 다른 사람의 건조물이나 그 밖의 재물을 손괴한 경우에는 2년 이하의 금고나 500만 원 이하의 벌금에 처한다.

2 특례의 배제(법 제3조)

차의 운전자가 1 (1)의 죄 중 업무상과실치상죄 또는 중과실치상죄를 범하고도 피해자를 구호하는 등 도로교통법 제54조제1항에 따른 조치를 하지 않고 도주하거나 피해자를 사고장소로부터 옮겨 유기하고 도주한 경우, 같은 죄를 범하고 음주측정요구에 따르지 않은 경우(운전자가 채혈 측정을 요청하거나 동의한 경우는 제외)와 다음의 행위로 인하여 같은 죄를 범한 경우에는 **특례 적용을 배제**한다.

(1) 신호·지시 위반사고
(2) 중앙선 침범, 고속도로나 자동차전용도로에서의 횡단·유턴 또는 후진 위반사고
(3) 제한속도(시속 20km 초과) 과속사고
(4) 앞지르기의 방법·금지시기·금지장소 또는 끼어들기 금지 위반사고
(5) 철길건널목 통과방법 위반사고
(6) 보행자 보호의무 위반사고
(7) 무면허운전사고
(8) 주취운전·약물 복용 운전사고
(9) 보도침범·보도횡단방법 위반사고
(10) 승객 추락방지의무위반 위반사고
(11) 어린이보호구역 내 안전운전의무 위반으로 어린이의 신체를 상해에 이르게 한 사고
(12) 자동차의 화물이 떨어지지 않도록 필요한 조치를 하지 않고 운전한 경우

제1부 기출예상문제

제1장 여객자동차운수사업법령

중요

01 다음 중 택시운전자격제도를 규정하고 있는 법은?

① 도로교통법 ② 교통사고처리특례법
③ 화물자동차운수사업법 ④ 여객자동차운수사업법

02 운행계통을 정하지 않고 국토교통부령으로 정하는 사업구역에서 1개의 운송계약에 따라 국토교통부령으로 정하는 자동차를 사용하여 여객을 운송하는 사업은?

① 일반택시운송사업 ② 개인택시운송사업
③ 시외버스운송사업 ④ 마을버스운송사업

중요

03 다음 여객자동차운송사업의 종류 중 나머지 셋과 성격이 다른 것은?

① 마을버스운송사업 ② 개인택시운송사업
③ 일반택시운송사업 ④ 전세버스운송사업

04 여객자동차운송사업 중 택시운송사업이 해당되는 것은?

① 노선 여객자동차운송사업 ② 구역 여객자동차운송사업
③ 수요응답형 여객자동차운송사업 ④ 특수여객자동차운송사업

➡ 일반·개인택시운송사업은 구역 여객자동차운송사업에 해당된다.

05 다른 사람의 수요에 응하여 자동차를 사용하여 여객을 유상으로 운송하는 사업은?

① 여객자동차대여사업 ② 여객자동차운송사업
③ 여객자동차운수사업 ④ 화물자동차운수사업

중요

06 다음 중 택시운송사업에 대한 설명이 아닌 것은?

① 여객자동차운송사업이다.
② 여객자동차운수사업법에 의해 운행하는 것이 원칙이다.
③ 정해진 사업구역 내에서 운행하는 것이 원칙이다.
④ 국토교통부장관이 택시요금을 허가한다.

➡ 여객자동차운송사업의 면허를 받은 자는 국토교통부장관 또는 시·도지사가 정하는 기준과 요율의 범위에서 운임이나 요금을 정하여 국토교통부장관 또는 시·도지사에게 신고하여야 한다(여객자동차운수사업법 제8조). 즉, 택시요금은 허가사항이 아닌 신고사항이다.

중요

07 다음 중 고급형 택시의 배기량은?

① 1,800cc 이상 ② 2,000cc 이상
③ 2,800cc 이상 ④ 3,000cc 이상

➡ 고급형 : 배기량 2,800cc 이상의 승용자동차를 사용하는 택시운송사업

중요

08 다음 중 택시운송사업의 구분이 잘못된 것은?

① 배기량 1,600cc 이상의 승용자동차(승차정원 5인승 이하)를 사용하는 택시운송사업 – 중형택시
② 배기량 2,000cc 이상의 승용자동차(승차정원 6인승 이상 10인승 이하)를 사용하는 택시운송사업 – 대형택시
③ 배기량 2,400cc 이상의 승용자동차(승차정원 5인승 이하)를 사용하는 택시운송사업 – 모범택시
④ 배기량 2,800cc 이상의 승용자동차를 사용하는 택시운송사업 – 고급택시

➡ 모범택시 : 배기량 1,900cc 이상의 승용자동차(승차정원 5인승 이하의 것만 해당)를 사용하는 택시운송사업

09 다음 중 택시영업의 사업구역 제한범위는?

① 시·도
② 생활권역
③ 읍·면
④ 특별시·광역시·특별자치시·특별자치도 또는 시·군

➡ 일반택시운송사업 및 개인택시운송사업의 사업구역은 특별시·광역시·특별자치시·특별자치도 또는 시·군 단위로 한다.

중요

10 지역주민의 편의를 위하여 지역여건에 따라 택시운송사업구역을 별도로 정할 수 있는 자는?

① 시·도지사 ② 택시연합회장
③ 택시공제조합장 ④ 국토교통부장관

➡ 시·도지사는 지역주민의 편의를 위하여 필요하다고 인정하면 지역여건에 따라 택시운송사업의 사업구역을 별도로 정할 수 있다.

중요

11 다음 중 택시의 불법영업에 해당되는 것은?

① 해당 사업구역에서 승객을 태우고 사업구역 밖으로 운행하는 영업
② 해당 사업구역에서 승객을 태우고 사업구역 밖으로 운행한 후 해당 사업구역으로 돌아오는 도중에 사업구역 밖에서 승객을 태우고 해당 사업구역에서 내리는 일시적인 영업
③ 해당 사업구역에서 승객을 태우고 사업구역 밖으로 운행한 다음, 그 시·도 내에서의 일시적인 영업
④ 해당 사업구역이 광명시인 경우 서울시 금천·구로구에서 운행하는 영업

➡ ①, ②는 택시운송사업자가 해당 사업구역에서 하는 영업으로 보는 경우이다.
④ 서울시와 광명시는 택시통합사업구역으로, 광명시 택시는 서울시 금천·구로구에서도 영업할 수 있다.

정답 01. ④ 02. ① 03. ① 04. ② 05. ② 06. ④ 07. ③ 08. ③ 09. ④ 10. ① 11. ③

중요

12 **여객자동차운송사업의 면허를 받거나 등록을 할 수 없는 사람이 아닌 것은?**

① 징역 이상의 실형을 선고받고 그 집행이 끝난 날부터 2년이 지나지 않은 자
② 면허가 취소된 후 그 취소일부터 2년이 지나지 않은 자
③ 파산선고를 받고 복권된 자
④ 징역 이상의 형의 집행유예를 선고받고 그 집행유예 기간 중에 있는 자

➡ ③ 파산선고를 받고 복권되지 아니한 자는 여객자동차운송사업의 면허를 받거나 등록할 수 없다.

중요

13 **개인택시운송사업의 면허신청에 필요한 서류가 아닌 것은?**

① 택시운전자격증 사본
② 건강진단서
③ 관할관청이 필요하다고 인정하여 공고하는 서류
④ 재산세 납세증명서

➡ 개인택시운송사업의 면허를 받으려는 자는 관할관청이 공고하는 기간 내에 개인택시운송사업 면허신청서에 건강진단서, 택시운전자격증 사본, 반명함판 사진 1장 또는 전자적 파일 형태의 사진(인터넷으로 신청하는 경우로 한정), 그 밖에 관할관청이 필요하다고 인정하여 공고하는 서류를 첨부하여 관할관청에 제출하여야 한다.

14 **개인택시운송사업의 운전자가 대리운전을 할 수 있는 경우로 옳지 않은 것은?**

① 1년 이내에 치료할 수 있는 질병으로 본인이 직접 운전할 수 없는 경우
② 여객자동차운수사업법에 따른 조합에서 비상근직 임원으로 선출된 경우
③ 도로교통법에 따라 무사고운전자 또는 유공운전자의 표시장을 받은 자로서 모범운전자 단체의 장으로 선출되어 급여를 받지 않고 근무하는 경우
④ 급여를 받는 상근직 임원은 국토교통부장관이 정하여 고시하는 기준에 적합한 경우로서 관할관청이 필요하다고 인정한 경우

➡ ② 상근직 임원으로 선출되어야 한다.

중요

15 **택시운송사업자가 자동차의 바깥쪽에 표시하여야 하는 것으로 옳지 않은 것은?**

① 운송사업자의 명칭, 기호
② 자동차의 종류
③ 시·도지사가 정하는 사항
④ 특별시·광역시의 경우 관할관청

➡ 운송사업자는 여객자동차운송사업에 사용되는 자동차의 바깥쪽에 운송사업자의 명칭, 기호, 그 밖에 국토교통부령으로 정하는 사항을 표시하여야 한다.

중요

16 **여객자동차운송사업자는 운임과 요금을 정하여 누구에게 신고하는가?**

① 대통령
② 교통관리공단
③ 여객자동차운수조합
④ 국토교통부장관 또는 시·도지사

17 **다음 중 택시운임에 대한 설명으로 옳지 않은 것은?**

① 여객자동차운송사업의 면허를 받은 자는 국토교통부장관 또는 시·도지사에게 정한 운임이나 요금을 신고하여야 한다.
② 여객자동차운송사업의 면허나 등록을 받은 자로서 일반택시운송사업의 면허를 받은 자 중 대형으로 구분된 택시운송사업을 경영하는 자는 운임이나 요금을 정하려는 때에는 시·도지사에게 신고하여야 한다.
③ 운임·요금의 신고 또는 변경신고는 해당 운송사업자가 하여야 한다.
④ 노선 여객자동차운송사업자는 여객이 동반하는 6세 미만인 어린아이 1명은 운임이나 요금을 받지 않고 운송하여야 한다.

➡ ③ 운임·요금의 신고 또는 변경신고는 해당 운송사업자의 소속 조합을 통하여 할 수 있다.

중요

18 **여객자동차운송사업의 면허를 받은 자가 운임이나 요금을 변경하려는 때에는 누구에게 신고해야 하는가?**

① 관할지역의 구청장 ② 교통안전공단
③ 시·도지사 ④ 여객자동차운수사업조합

➡ 여객자동차운송사업의 면허나 등록을 받은 자는 운임이나 요금을 변경하려는 때에는 시·도지사에게 신고하여야 한다.

19 **다음의 (   )에 들어갈 말로 알맞은 것을 모두 고른 것은?**

> 운송사업자는 중대한 교통사고가 발생하였을 때에는 (   )시간 이내에 사고의 일시·장소 및 피해사항 등 사고의 개략적인 상황을 관할 시·도지사에게 보고한 후 (   )시간 이내에 사고보고서를 작성하여 관할 시·도지사에게 제출하여야 한다.

① 8, 24 ② 24, 48
③ 24, 72 ④ 8, 48

20 **현행 법령상 경영 및 서비스 평가항목 중 서비스 부문이 아닌 것은?**

① 업체의 재무건전성
② 운전자의 친절도
③ 자동차의 안전성 및 청결도
④ 여객서비스 관련 법규 준수실태

➡ ①은 경영 부문 평가항목이다.

21 **현행 법령상 경영 및 서비스 평가항목 중 경영 부문이 아닌 것은?**

① 에어백 장착률 ② 운전자의 관리실태
③ 자동차의 차령 ④ 업체의 재무건전성

➡ ①은 서비스 부문 평가항목이다.

정답 12. ③ 13. ④ 14. ② 15. ④ 16. ④ 17. ③ 18. ③ 19. ③ 20. ① 21. ①

22 **사업용 택시를 운전할 수 있는 요건에 대한 설명으로 옳지 않은 것은?**

① 18세 이상으로서 운전경력이 1년 이상이어야 한다.
② 운전자격이 취소된 날부터 1년이 지나지 않으면 운전자격시험에 응시할 수 없다.
③ 운전자격시험에 합격한 후 운전자격을 취득해야 한다.
④ 운전적성정밀검사에 적합판정을 받아야 한다.

➡ ① 20세 이상으로서 운전경력이 1년 이상인 자

23 **아동 · 청소년의 성보호에 관한 법률에 따라 아동 · 청소년 대상 성범죄를 범하여 금고 이상의 실형 집행을 끝내고 몇 년이 지나기 전까지 택시운송사업의 운전업무 종사자격을 취득할 수 없는가?**

① 2년 ② 5년
③ 10년 ④ 20년

➡ 아동 · 청소년의 성보호에 관한 법률에 따른 아동 · 청소년대상 성범죄를 범하여 금고 이상의 실형을 선고받고 그 집행이 끝나거나(집행이 끝난 것으로 보는 경우를 포함) 면제된 날부터 20년이 지나지 않은 사람은 자격을 취득할 수 없다.

중요
24 **신규로 사업용자동차 운전 또는 취업 중 중상 이상의 사상사고를 일으킨 자에게 실시하는 것은?**

① 운전적성정밀검사 ② 교통안전연수
③ 특별건강검진 ④ 택시자격증 재발급

➡ 중상 이상의 사상(死傷)사고를 일으킨 자는 운전적성정밀검사 중 특별검사의 대상이다.

중요
25 **운전적성정밀검사 중 특별검사를 받아야 하는 대상으로 옳지 않은 것은?**

① 중상 이상의 사상사고를 일으킨 자
② 신규검사의 적합판정을 받은 자로서 운전적성정밀검사를 받은 날부터 3년 이내에 취업하지 않은 자
③ 질병 · 과로 그 밖의 사유로 안전운전을 할 수 없다고 인정되는 자인지 알기 위하여 운송사업자가 신청한 자
④ 과거 1년간 도로교통법 시행규칙에 따른 운전면허 행정처분기준에 따라 계산한 누산점수가 81점 이상인 자

➡ ②는 신규검사 대상이다.

26 **다음 중 운전적성정밀검사가 필요하지 않은 사람은?**

① 65세 이상 70세 미만으로 자격유지검사 적합판정 후 3년이 지난 사람
② 신규검사의 적합판정을 받고 검사를 받은 날부터 2년 동안 취업하지 않은 사람
③ 중상 이상의 사상 사고를 일으킨 사람
④ 안전운전을 할 수 있다고 인정되는지 알기 위해 운송사업자가 신청한 사람

➡ 신규검사의 적합판정을 받고 운전적성정밀검사를 받은 날부터 3년 이내에 취업하지 아니한 자는 신규검사의 대상이 된다.

중요
27 **택시운전자격시험에 대한 설명으로 옳지 않은 것은?**

① 응시하려는 차량 운전경력이 6개월 이상이어야 한다.
② 운전자격시험일부터 과거 4년간 사업용 자동차를 3년 이상 무사고로 운전하였다면 특례로 안전운행 요령 및 운송서비스 과목에 대한 시험을 면제 받는다.
③ 필기시험 총점의 6할 이상을 얻으면 합격이다.
④ 합격자는 합격자 발표일로부터 30일 이내에 발급신청서에 사진 2장을 첨부하여 발급을 신청해야 한다.

➡ ① 해당 사업용 자동차 운전경력이 1년 이상이어야 한다.

중요
28 **택시운전자격에 대한 설명 중 틀린 것은?**

① 퇴직하는 경우에는 운전자격증명을 반납하여야 한다.
② 사업용자동차 안에 운전자격증명을 항상 게시하여야 한다.
③ 자격증을 타인에게 대여한 때에는 자격이 취소된다.
④ 택시운전자격증을 타 시 · 도에서도 갱신할 수 있다.

➡ 자격증을 취득한 해당 시 · 도에서만 갱신할 수 있다.

29 **운전자격증명관리에 대한 설명으로 틀린 것은?**

① 운수종사자는 운전자격증명을 게시할 때에는 승객이 쉽게 볼 수 있는 위치에 게시하여야 한다.
② 운수종사자로부터 택시운전자격증명을 반납받은 운송사업자는 관할 자치단체장에게 제출해야 한다.
③ 운수종사자가 퇴직하는 경우에는 본인의 운전자격증명을 운송사업자에게 반납하여야 한다.
④ 관할관청은 운송사업자에게 운전자격이 취소된 경우에는 그 취소처분을 받은 사람으로부터 운전자격증명을 회수하여 폐기한 후 운전자격증명 발급기관에 그 사실을 지체 없이 통보하여야 한다.

➡ 운송사업자는 운수종사자에게 반납받은 운전자격증명을 지체 없이 해당 운전자격증명 발급기관에 제출하여야 한다.

중요
30 **택시운전 자격취소 및 정지 등의 행정처분을 할 수 있는 기관은?**

① 경찰청장 ② 지방경찰청장
③ 국무총리 ④ 국토교통부장관

➡ 국토교통부장관 또는 시 · 도지사는 택시운전 자격취소 · 정지 등의 행정처분을 할 수 있다.

31 **관할관청이 운전자격증명을 회수 · 폐기한 후 택시운송조합(발급기관)에 그 사실을 지체 없이 통보해야 하는 경우가 아닌 것은?**

① 대리운전을 시킨 사람의 대리운전이 끝난 경우에는 그 대리운전자(개인택시운송사업자만 해당)
② 사업의 양도 · 양수인가를 받은 경우에는 그 양수인
③ 사업을 폐업한 경우에는 그 폐업허가를 받은 사람
④ 운전자격이 취소된 경우에는 그 취소처분을 받은 사람

➡ 사업의 양도 · 양수인가를 받은 경우에는 그 양도자의 운전자격증명을 회수하여 폐기한 후 운전자격증명 발급기관에 그 사실을 지체 없이 통보해야 한다.

정답
22. ① 23. ④ 24. ① 25. ② 26. ② 27. ① 28. ④ 29. ② 30. ④ 31. ②

32 택시운전 자격취소에 해당되지 않는 경우는?

① 운수사업법 위반으로 징역 이상의 형의 집행유예를 선고받고 그 집행유예 기간 중에 있는 경우
② 택시운전자격정지의 처분기간 중 택시운전업무에 종사한 경우
③ 택시운전자격증을 타인에게 대여한 경우
④ 미터기를 사용하지 않고 부당한 요금을 받은 경우

④의 경우 자격정지에 해당된다.

중요
33 다음 중 택시운전자격이 정지되는 경우는?

① 파산선고를 받고 복권되지 않은 경우
② 부정한 방법으로 택시운전자격을 취득한 경우
③ 정당한 사유 없이 운수종사자의 교육과정을 마치지 않은 경우
④ 도로교통법 위반으로 사업용 자동차를 운전할 수 있는 운전면허가 취소된 경우

①·②·④ 자격취소

34 택시운전 중 사람이 1명 사망하고 3명이 중상을 입는 사고를 냈다. 택시운전자격의 처분기간은?

① 자격정지 60일 ② 자격정지 50일
③ 자격정지 90일 ④ 면허취소

사망자 2명 이상은 자격정지 60일, 사망자 1명 및 중상자 3명 이상은 자격정지 50일, 중상자 6명 이상은 자격정지 40일이다.

중요
35 승차거부 행위로 과태료 처분을 받은 자가 1년 이내에 다시 승차거부를 했을 때의 처분기준은? (단, 1차 위반 시)

① 자격취소 ② 자격정지 10일
③ 자격정지 40일 ④ 자격정지 60일

정당한 이유 없이 여객의 승차를 거부하는 행위로 과태료 처분을 받은 사람이 1년 이내에 같은 위반행위를 한 경우에 1차 위반 시 자격정지 10일이다.

36 개인택시운송사업 면허를 받은 자가 5년 이내에 사업을 양도할 수 없는 경우는?

① 10년간 무사고인 경우 ② 대리운전이 불가능한 경우
③ 이민을 간 경우 ④ 61세 이상인 경우

개인택시운송사업의 면허를 받은 자가 사업을 양도하려면 면허를 받은 날부터 5년이 지나야 한다. 다만 면허를 받은 자가 1년 이상 치료를 하여야 하는 질병으로 인하여 본인이 직접 운전할 수 없는 경우, 대리운전이 불가능한 경우, 해외이주로 인하여 본인이 국내에서 운전할 수 없는 경우, 61세 이상인 경우에는 그러하지 아니하다.

37 택시운전자가 자격정지처분을 받은 경우의 감경사유로서 옳지 않은 것은?

① 위반행위가 고의나 중대한 과실이 아닌 사소한 부주의나 오류로 인한 것으로 인정되는 경우
② 위반의 내용정도가 경미하여 이용객에게 미치는 피해가 적다고 인정되는 경우
③ 해당 위반행위를 처음 한 경우로서 최근 3년 이상 택시운송사업의 운수종사자로서 모범적으로 근무한 사실이 인정되는 경우
④ 그 밖에 여객자동차운수사업에 대한 정부 정책상 필요하다고 인정되는 경우

위반행위를 한 사람이 처음 해당 위반행위를 한 경우로서 최근 5년 이상 택시운송사업의 운수종사자로서 모범적으로 근무해 온 사실이 인정되어야 한다.

38 운전자격의 취소 및 효력정지의 처분의 일반적인 기준에 대한 설명으로 옳지 않은 것은?

① 위반행위가 둘 이상일 때 각각의 처분기준이 다른 경우 그중 무거운 처분기준에 따른다.
② 위반행위의 횟수에 따른 행정처분의 기준은 최근 1년간 같은 위반행위로 행정처분을 받은 경우에 적용한다.
③ ②의 경우에 행정처분의 기준의 적용은 같은 위반행위에 대하여 마지막으로 행정처분을 한 날을 기준으로 한다.
④ 자격정지처분을 받은 사람이 일정기준에 해당하는 경우에는 처분을 2분의 1의 범위에서 가중·감경할 수 있다.

③ 행정처분 기준의 적용은 같은 위반행위에 대한 행정처분일과 그 처분 후의 위반행위가 다시 적발된 날을 기준으로 한다.

중요
39 운수종사자에 대한 교육에 대한 설명으로 옳지 않은 것은?

① 운송사업자는 새로 채용한 운수종사자에 대하여 운전업무를 시작하기 전에 신규교육을 16시간 받게 하여야 한다.
② 운송사업자는 그의 운수종사자에 대한 교육계획의 수립, 교육의 시행 및 일상의 교육훈련업무를 위하여 종업원 중에서 교육훈련 담당자를 선임하여야 한다.
③ 자동차 면허 대수가 30대 미만인 운송사업자의 경우에는 교육훈련 담당자를 선임하지 않을 수 있다.
④ 교육실시기관은 매년 11월 말까지 조합과 협의하여 다음 해의 교육계획을 수립해 시·도지사 및 조합에 보고하거나 통보해야 한다.

③ 자동차 면허 대수가 20대 미만인 운송사업자의 경우에는 교육훈련 담당자를 선임하지 아니할 수 있다.

중요
40 운수종사자 교육에 대한 설명으로 옳지 않은 것은?

① 신규교육의 교육 대상자는 새로 채용한 운수종사자이다.
② 무사고·무벌점 기간이 5년 미만인 운수종사자는 매년 보수교육을 받아야 한다.
③ 보수교육의 교육시간은 4시간이다.
④ 수시교육의 교육시간은 2시간이다.

④ 수시교육의 교육시간은 4시간이다.

41 운수종사자가 운전업무를 시작하기 전에 받아야 하는 교육이 아닌 것은?

① 외국어 교육
② 응급처치방법
③ 서비스의 자세 및 운송질서의 확립
④ 여객자동차운수사업 관계 법령 및 도로교통 관계 법령

②, ③, ④ 외에 교통안전수칙, 차량용 소화기 사용법 등 차량화재 발생 시 대응방법, 경제운전, 그 밖에 운전업무에 필요한 사항이 교육내용이다.

중요
42 새로 채용한 운수종사자가 받아야 하는 16시간의 교육은?

① 수시교육 ② 보수교육
③ 정기교육 ④ 신규교육

새로 채용한 운수종사자(사업용자동차를 운전하다가 퇴직한 후 2년 이내에 다시 채용된 사람은 제외)는 16시간의 신규교육을 받아야 한다.

정답 32. ④ 33. ③ 34. ② 35. ② 36. ① 37. ③ 38. ③ 39. ③ 40. ④ 41. ① 42. ④

43 자가용자동차를 허가를 받지 아니하고 유상으로 운송에 사용하거나 임대한 경우에 특별자치시장 · 특별자치도지사 · 시장 · 군수 또는 구청장이 그 자동차의 사용을 제한하거나 금지할 수 있는 기간은?

① 1년 이내 ② 2년 이내
③ 6개월 이내 ④ 3개월 이내

시장 · 군수 · 구청장은 자가용자동차를 사용하는 자가 자가용자동차를 사용하여 여객자동차운송사업을 경영한 경우, 허가를 받지 아니하고 자가용자동차를 유상으로 운송에 사용하거나 임대한 경우에는 6개월 이내의 기간을 정하여 그 자동차의 사용을 제한하거나 금지할 수 있다.

44 여객자동차운송사업용 일반택시(배기량 2,400cc 미만)의 차령으로 옳은 것은?

① 3년 6개월 ② 4년
③ 6년 ④ 7년

중요

45 여객자동차운수사업법상의 차령 기준에 대한 내용으로 옳은 것은?

① 시 · 도지사는 자동차의 운행여건 등을 고려하여 대통령령으로 정하는 안전성 요건이 충족되는 경우 3년의 범위에서 차령을 연장할 수 있다.
② 일반택시 2400cc 미만 4년, 2400cc 이상 7년
③ 개인택시 2400cc 미만 6년, 2400cc 이상 9년
④ 전기자동차(환경친화적자동차) 일반택시 6년, 개인택시 9년

① 시 · 도지사는 해당 시 · 도의 여객자동차 운수사업용 자동차의 운행여건 등을 고려하여 대통령령으로 정하는 안전성 요건이 충족되는 경우에는 2년의 범위에서 차령을 연장할 수 있다.
② 일반택시 2400cc 이상 6년
③ 개인택시 2400cc 미만 7년

중요

46 16시간 이상의 운수종사자 교육을 시키지 않고 신규 운수종사자를 운전업무에 투입한 경우 운송사업자의 벌금은?

① 과징금 10만 원 ② 과징금 20만 원
③ 과징금 30만 원 ④ 과징금 60만 원

운수종사자의 교육에 필요한 조치를 하지 않은 경우 과징금 30만 원이다.

47 정류소에서 주 · 정차 질서를 문란하게 한 경우의 과징금은?

① 5만 원 ② 10만 원
③ 15만 원 ④ 20만 원

정류소에서 주차 또는 정차 질서를 문란하게 한 경우 과징금 20만 원이다(일반 · 개인택시).

중요

48 일반택시운송사업자가 운수종사자의 자격요건을 갖추지 않은 사람에게 운전업무에 종사시켜 1차로 적발된 경우, 운송사업자에게 부과되는 과징금의 금액은?

① 180만 원 ② 240만 원
③ 360만 원 ④ 720만 원

택시 운수종사자의 자격을 갖추지 않은 사람이 운전업무에 종사한 것이 적발되었을 때 운송사업자에게 1차 360만 원, 2차 720만 원의 과징금이 부과된다.

중요

49 택시가 면허를 받은 사업구역 외의 행정구역에서 사업을 한 경우에 부과할 수 있는 과징금은?

① 180만 원 ② 40만 원
③ 100만 원 ④ 10만 원

여객자동차운송사업자가 면허를 받은 사업구역 외의 행정구역에서 사업을 한 경우의 과징금 40만 원이다(일반 · 개인택시).

50 일정한 장소에 오랜 시간 정차하여 여객을 유치하는 행위를 하였을 경우 과태료는?

① 10만 원 ② 15만 원
③ 20만 원 ④ 50만 원

일정한 장소에 오랜 시간 정차하여 여객을 유치하는 경우 과태료 20만 원이다.

51 운전사가 택시 안에서 흡연하는 경우 과태료는?

① 5만 원 ② 10만 원
③ 20만 원 ④ 30만 원

여객자동차운송사업용 자동차 안에서 흡연하는 행위를 했을 경우 과태료 10만 원이다.

52 다음 중 위반행위와 그 과태료로 옳지 않은 것은?

① 정당한 사유 없이 승차를 거부한 경우 – 20만 원
② 부당한 요금을 받는 경우 – 20만 원
③ 여객이 승차하기 전에 자동차를 출발시킨 경우 – 10만 원
④ 자격요건을 갖추지 않고 여객자동차운송사업의 운전업무에 종사한 경우 – 25만 원

④ 50만 원

53 여객자동차운수사업법상 여객이 승 · 하차하기 전에 출발하였을 경우 과태료 금액은?

① 10만 원 ② 20만 원
③ 50만 원 ④ 100만 원

여객이 승하차하기 전에 자동차를 출발시키거나 승하차할 여객이 있는데도 정차하지 아니하고 정류소를 지나치는 행위를 한 경우 과태료 10만 원이다.

54 택시운수종사자가 차내에 택시운전자격증명을 게시하지 않았을 경우의 과태료는?

① 5만 원 ② 10만 원
③ 30만 원 ④ 50만 원

운전자격증명의 게시 규정을 위반하여 증표를 게시하지 않은 경우 과태료 : 10만 원(1회), 15만 원(2회), 20만 원(3회 이상)

55 자가용으로 영업운송을 했을 때의 벌칙은?

① 2년 이하의 징역 ② 5백만 원 이하의 벌금
③ 1천만 원 이하의 벌금 ④ 3년 이하의 징역

자가용자동차를 유상으로 운송용으로 제공 또는 임대하거나 이를 알선한 자는 2년 이하의 징역 또는 2천만 원 이하의 벌금에 처한다.

정답 43. ③ 44. ② 45. ④ 46. ③ 47. ④ 48. ③ 49. ② 50. ③ 51. ② 52. ④ 53. ① 54. ② 55. ①

56 운전적성정밀검사 중 받아야 할 검사로 옳은 것은?

① 정기검사 ② 임시검사
③ 수리검사 ④ 신규검사

운전적성정밀검사는 신규검사, 특별검사, 자격유지검사로 구분한다.

57 면허를 받거나 등록한 업종의 범위를 벗어나 사업을 하는 위반행위를 1회 저질렀을 경우 과징금은?

① 150만 원 ② 180만 원
③ 200만 원 ④ 300만 원

면허를 받거나 등록한 업종의 범위를 벗어나 사업을 한 경우(일반 및 개인택시)의 과징금은 1차 180만 원, 2차 360만 원, 3차 이상 540만 원이다.

58 운전적성정밀검사 중 신규검사 대상자가 아닌 것은?

① 65세 이상 70세 미만인 자
② 여객 또는 화물운송에 종사하다가 퇴직한 자로 신규검사를 받고 3년이 지난 후의 재취업자
③ 신규검사 적합판정을 받은 자로서 운전적성정밀검사를 받은 날부터 3년 이내 미취업자
④ 신규로 여객자동차운송사업용 자동차를 운전하려는 자

① 자격유지검사의 대상자이다.

제2장 택시발전법령

01 다음 택시운전면허 정지 및 취소 사유 가운데 관할 법령이 다른 하나는?

① 부정한 방법으로 택시운수종사자의 자격을 취득한 경우
② 여객의 요구에도 불구하고 영수증 발급에 응하지 않은 경우
③ 운행기록증을 식별하기 어렵게 한 경우
④ 교통사고로 2명 이상의 사망자를 낸 경우

②는 택시운송사업의 발전에 관한 법률에 의하며, ①・③・④는 여객자동차 운수사업법에 따른다.

중요

02 다음 중 택시발전법의 목적으로 옳은 것은?

① 도로에서 일어나는 교통상의 모든 위험과 장해를 방지하고 제거하여 원활한 교통을 확보함을 목적으로 한다.
② 여객자동차 운수사업의 종합적인 발달을 도모하여 공공복리를 증진하는 것을 목적으로 한다.
③ 교통사고로 인한 피해의 신속한 회복을 촉진하는 것이다.
④ 택시운송사업의 발전에 관한 사항을 규정함으로써 택시운송사업의 건전한 발전을 도모하여 택시운수종사자의 복지 증진과 국민의 교통편의 제고에 이바지하기 위한 것이다.

03 택시정책심의위원회에 대한 설명으로 옳지 않은 것은?

① 택시정책심의위원회는 위원장 1명을 포함한 20명 이내의 위원으로 구성한다.
② 국토교통부장관 소속으로 택시정책심의위원회를 둔다.
③ 심의사항에는 택시운송사업의 면허제도에 관한 중요 사항, 사업구역별 택시 총량에 관한 사항 등이 포함된다.
④ 택시정책심의위원회는 택시운송사업에 관한 중요 정책 등에 관한 사항을 심의하기 위한 것이다.

① 위원장 1명을 포함한 10명 이내의 위원으로 구성한다.

04 신규 택시운송사업면허를 받을 수 없는 사업구역은?

① 사업구역별 택시 총량을 산정한 사업구역
② 국토교통부장관이 사업구역별 택시 총량의 재산정을 요구한 사업구역
③ 택시의 적정 공급 규모에 관한 실태조사 결과가 기준에 부합한 사업구역
④ 고시된 사업구역별 택시 총량보다 해당 사업구역 내의 택시 대수가 적은 사업구역

사업구역별 택시 총량을 산정하지 않은 사업구역, 국토교통부장관이 사업구역별 택시 총량의 재산정을 요구한 사업구역, 고시된 사업구역별 택시 총량보다 해당 사업구역 내의 택시의 대수가 많은 사업구역에서는 누구든지 신규 택시운송사업면허를 받을 수 없다.

중요

05 택시운송사업의 발전에 관한 법률상 운송비용 전가금지 비용이 아닌 것은?

① 유류비 ② 세차비
③ 택시 구입비 ④ 장비 구입비

택시운송사업자는 택시 구입비, 유류비, 세차비, 택시운송사업자가 차량 내부에 붙이는 장비의 설치비 및 운영비, 그 밖에 택시의 구입 및 운행에 드는 비용으로서 교통사고 처리비를 택시운수종사자에게 부담시켜서는 아니 된다.

중요

06 택시운수종사자 복지기금의 사용용도로 옳지 않은 것은?

① 택시의 세차비
② 택시운수종사자 자녀에 대한 장학사업
③ 택시운수종사자의 건강검진 등 건강관리 서비스 지원
④ 기금의 관리・운용에 필요한 경비

②・③・④ 외에 택시운수종사자의 복지향상을 위하여 필요한 사업으로서 국토교통부장관이 정하는 사업의 용도로 사용한다.

07 택시 구입비, 유류비, 세차비 등을 택시운송자에게 떠넘긴 경우 부과되는 과태료는?

① 500만 원 이하 ② 700만 원 이하
③ 1,000만 원 이하 ④ 1,500만 원 이하

택시 구입비, 유류비, 세차비, 그 밖에 택시의 구입 및 운행에 드는 비용을 택시운수종사자에게 떠넘긴 자에게는 1천만 원 이하의 과태료를 부과한다.

정답
56. ④ 57. ② 58. ①
01. ② 02. ④ 03. ① 04. ② 05. ④ 06. ① 07. ③

제3장 도로교통법령

01 다음 중 도로교통법의 목적으로 가장 적합한 것은?

① 도로교통법을 위반한 운전자의 신속한 처벌
② 교통상의 모든 위험과 장해를 방지하고 제거하여 안전하고 원활한 교통을 확보
③ 교통사고를 신속히 처리하고 피해자를 구호
④ 차량의 교통위반 단속과 업무의 간소화

중요
02 다음은 용어에 대한 설명이다. 각각 맞는 용어로 짝지어진 것은?

> ㉠ 운전자가 5분을 초과하지 않고 차를 정지시키는 것
> ㉡ 운전자가 승객을 기다리거나 화물을 싣거나 차가 고장 나거나 그 밖의 사유로 차를 계속 정지 상태에 두는 것
> ㉢ 운전자가 차를 즉시 정지시킬 수 있는 정도의 느린 속도로 진행하는 것

	㉠	㉡	㉢		㉠	㉡	㉢
①	주차	서행	정차	②	서행	주차	정차
③	정차	주차	서행	④	주차	정차	서행

03 도로교통법상 용어의 정의로 옳지 않은 것은?

① 일시정지 – 운전자가 차를 즉시 정지시킬 수 있는 정도의 느린 속도로 진행하는 것
② 차선 – 차로와 차로를 구분하기 위하여 그 경계지점을 안전표지로 표시한 선
③ 차로 – 차마가 한 줄로 도로의 정하여진 부분을 통행하도록 차선으로 구분한 차도의 부분
④ 차도 – 연석선(차도와 보도를 구분하는 돌 등으로 이어진 선), 안전표지 또는 그와 비슷한 인공구조물을 이용하여 경계를 표시하여 모든 차가 통행할 수 있도록 설치된 도로의 부분

➡ 일시정지는 차의 운전자가 그 차의 바퀴를 일시적으로 완전히 정지시키는 것을 말한다.

04 다음 중 도로교통법상의 차가 아닌 것은?

① 자전거　② 사람이 끌고 가는 손수레
③ 아스팔트 살포기　④ 궤도차

➡ 궤도차는 도로교통법상 차로 분류되지 않는다.

05 모범운전자에 대한 설명으로 가장 옳지 않은 것은?

① 경찰청장이 정하는 바에 따라 선발되어 교통안전 봉사활동에 종사하는 사람을 말한다.
② 교통안전 봉사활동에 종사하는 모범운전자에 대하여는 면허 정지처분의 집행기간을 1/3로 감경한다.
③ 도로교통법 제146조에 따라 무사고운전자 또는 유공운전자의 표시장을 받은 사람을 말한다.
④ 2년 이상 사업용 자동차 운전에 종사하면서 교통사고를 일으킨 전력이 없는 사람을 말한다.

➡ 교통안전 봉사활동에 종사하는 모범운전자에 대하여는 면허 정지처분의 집행기간을 1/2로 감경한다.

06 도로교통법에서 정의하는 도로의 요건이 아닌 것은?

① 유료도로법에 따른 유료도로
② 특정인만 다니는 사유지의 농로
③ 농어촌도로 정비법에 따른 농어촌도로
④ 불특정 다수의 사람 또는 차마가 통행할 수 있도록 공개된 장소로서 안전하고 원활한 교통을 확보할 필요가 있는 장소

➡ ①, ③, ④ 외 도로법에 따른 도로도 포함된다.

중요
07 비보호좌회전에 대한 설명으로 가장 적절한 것은?

① 녹색신호 시에 대향 교통에 방해되지 않게 좌회전할 수 있다.
② 적색신호에 좌회전할 수 있다.
③ 비보호좌회전 위반은 교차로 통행방법 위반으로 처벌된다.
④ 녹색신호 시에는 언제든지 좌회전할 수 있다.

➡ 비보호좌회전표지 또는 비보호좌회전표시가 있는 곳에서는 좌회전할 수 있다.

08 경찰공무원의 수신호가 신호기의 표시하는 내용과 다른 신호를 할 때 운전자의 통행방법 중 옳은 것은?

① 어느 신호에 따르든 상관없다.
② 경찰공무원의 신호에 따를 필요가 없다.
③ 신호기의 신호에 우선적으로 따라야 한다.
④ 경찰공무원의 신호에 우선적으로 따라야 한다.

➡ 교통안전시설이 표시하는 신호 또는 지시와 교통정리를 하는 경찰공무원 또는 경찰보조자의 신호 또는 지시가 서로 다른 경우에는 경찰공무원 등의 신호 또는 지시에 따라야 한다.

09 차량이나 보행자에게 신호나 지시를 할 권한이 없는 자는?

① 지방자치단체의 교통단속공무원
② 모범운전자
③ 훈련으로 차량통제를 하는 헌병
④ 의무복무경찰

➡ 모범운전자, 군사훈련 및 작전에 동원되는 부대의 이동을 유도하는 군사경찰, 본래의 긴급한 용도로 운행하는 소방차・구급차를 유도하는 소방공무원은 경찰공무원을 보조하는 사람으로 신호 또는 지시를 할 수 있다.

10 차량 신호등의 녹색 등화 시에 대한 설명으로 옳지 않은 것은?

① 보행자는 횡단보도를 횡단하여서는 안 된다.
② 비보호좌회전표시가 있는 곳에서는 좌회전할 수 있다.
③ 차마는 직진할 수 있다.
④ 차마는 우회전할 수 없다.

➡ ④ 차량 신호등의 녹색 등화 시 차마는 직진 또는 우회전할 수 있다.

정답 01. ② 02. ③ 03. ① 04. ④ 05. ② 06. ② 07. ① 08. ④ 09. ① 10. ④

중요

11 **녹색등화에서 교차로 내를 직진 중에 황색등화로 바뀌었다. 이때, 알맞은 조치는?**

① 일시정지하여 좌우를 확인한 후 진행한다.
② 교차로 내에 진입하였다면 계속 진행하여 교차로 밖으로 나간다.
③ 일시정지하여 다음 신호를 기다린다.
④ 속도를 줄여 서행하면서 진행한다.

➡ 황색등화 시 교차로 내에 진입하였다면 신속히 진행하여 교차로 밖으로 나가고, 교차로 전일 때에는 정지선에 정지한다.

중요

12 **전방의 적색 신호등의 등화 시 운전방법은?**

① 정지선이나 횡단보도, 교차로의 직전에 정지하기보다는 주의하면서 진행한다.
② 신호에 따라 진행하는 다른 차마의 교통에 방해되지 않는 한 우회전할 수 있다.
③ 좌회전을 할 수 있다.
④ 직진 또는 좌회전할 수 있다.

➡ 적색 등화 시 차마는 정지선이나 횡단보도, 교차로의 직전에서 정지하여야 한다. 다만 신호에 따라 진행하는 다른 차마의 교통을 방해하지 않고 우회전할 수 있다.

13 **다음 표지판이 나타내는 의미는?**

① 오르막길 속도 10% 증가
② 경사 10°
③ 경사로 비율 10%
④ 제한속도 10% 증가

14 **다음 안전표지가 의미하는 것은?**

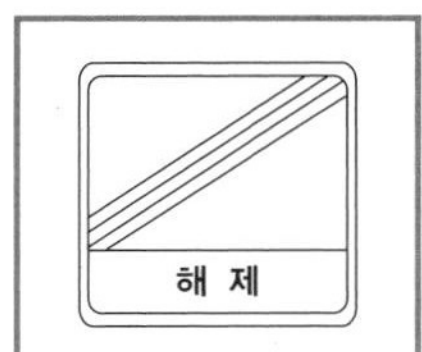

① 보행금지표지
② 교통규제 또는 지시의 해제
③ 통행금지의 해제
④ 정차금지의 해제

15 **다음 교통안전표지는 운전자에게 무엇을 알리고자 하는 표지인가?**

① 낙석이 떨어질 수 있다.
② 노면이 미끄럽다.
③ 좌우로 이중 굽은 도로이다.
④ 도로의 폭이 좁아짐을 알린다.

➡ 미끄러운 도로표지는 자동차 등이 미끄러지기 쉬운 곳임을 알리는 것이다.

16 **교통안전표지에 대한 설명으로 옳지 않은 것은?**

① 노면표시 – 각종 주의·규제·지시 등의 내용을 노면에 기호, 문자로 표시
② 보조표지 – 주의·규제·지시표지의 주기능을 보충하는 표지
③ 주의표지 – 도로 통행방법, 통행구분 등 필요한 지시를 하는 표지
④ 규제표지 – 도로교통의 안전을 위하여 통행을 금지하거나 제한하는 표지

➡ ③은 지시표지에 대한 설명이다.

17 **어린이보호구역 또는 주거지역 안에 설치하는 속도제한표시 테두리선의 노면표시 색채는?**

① 황색 ② 청색
③ 적색 ④ 백색

18 **적색화살표·황색화살표 및 녹색화살표의 삼색등화로 표시되는 횡형 신호등의 등화 배열순서로 옳은 것은?**

① 좌로부터 황색화살표·적색화살표·녹색화살표
② 좌로부터 녹색화살표·황색화살표·적색화살표
③ 좌로부터 적색화살표·황색화살표·녹색화살표
④ 우로부터 적색화살표·황색화살표·녹색화살표

19 **보행자의 통행방법으로 옳지 않은 것은?**

① 보도와 차도가 구분된 도로에서는 보도로 통행한다.
② 보도와 차도가 구분되지 않은 도로에서는 우측으로 통행한다.
③ 보행자는 보도에서는 우측통행을 원칙으로 한다.
④ 도로공사 등으로 보도통행이 불가한 경우에는 보도로 통행하지 않을 수 있다.

➡ ② 보행자는 보도와 차도가 구분되지 아니한 도로 중 중앙선이 있는 도로(일방통행인 경우에는 차선으로 구분된 도로를 포함)에서는 길가장자리 또는 길가장자리구역으로 통행하여야 한다.

20 **도로교통법상으로 앞을 보지 못하는 사람에 준하는 취급을 하지 않는 사람은?**

① 모든 색을 구분할 수 없는 색맹
② 듣지 못하는 사람
③ 신체평형기능에 장애가 있는 사람
④ 의족 등을 사용하지 아니하고는 보행이 불가능한 사람

➡ 앞을 보지 못하는 사람에 준하는 사람은 듣지 못하는 사람, 신체의 평형기능에 장애가 있는 사람, 의족 등을 사용하지 않고는 보행을 할 수 없는 사람을 말한다.

21 **어린이 보호구역은 당해 초등학교 등의 주 출입문을 중심으로 반경 몇 m 이내의 도로 중 일정구간을 보호구역으로 지정하는가?**

① 100m ② 200m
③ 300m ④ 400m

➡ 시장 등은 조사 결과 보호구역으로 지정·관리할 필요가 인정되는 경우에는 관할 시·도경찰청장 또는 경찰서장과 협의하여 해당 보호구역 지정대상시설의 주 출입문을 중심으로 반경 300미터 이내의 도로 중 일정구간을 보호구역으로 지정한다(어린이·노인 및 장애인 보호구역의 지정 및 관리에 관한 규칙 제3조).

22 **차마가 도로의 중앙이나 좌측 부분을 통행할 수 있는 경우가 아닌 것은?**

① 도로의 파손이나 도로공사 등으로 도로의 우측 부분을 통행할 수 없는 경우
② 1차선 도로인 경우
③ 도로 우측 부분의 폭이 6m가 되지 않는 도로에서 다른 차를 앞지르려는 경우
④ 도로 우측 부분의 폭이 차마의 통행에 충분하지 않은 경우

➡ ①·③·④ 이외에도 도로가 일방통행인 경우와 가파른 비탈길의 구부러진 곳에서 교통의 위험을 방지하기 위하여 시·도경찰청장이 필요하다고 인정하여 구간 및 통행방법을 지정하고 있는 경우에 그 지정에 따라 통행하는 경우에는 도로의 중앙이나 좌측 부분을 통행할 수 있다.

정답 11. ② 12. ② 13. ③ 14. ② 15. ② 16. ③ 17. ③ 18. ③ 19. ② 20. ① 21. ③ 22. ②

중요

23 다음 중 차로를 설치할 수 있는 곳은?

① 교차로 ② 횡단보도
③ 철길건널목 ④ 일방통행로

차로는 횡단보도 · 교차로 및 철길건널목에는 설치할 수 없다.

24 전용차로의 설치권자와 차로의 설치권자가 바르게 짝지어진 것은?

	전용차로	차로
①	시장 등	시 · 도경찰청장
②	시 · 도지사	관할경찰서장
③	국토교통부장관	자치단체장
④	행정안전부장관	시 · 도경찰청장

전용차로는 시장 등이 시 · 도경찰청장이나 경찰서장과 협의하여 설치할 수 있고, 차로는 시 · 도경찰청장이 설치할 수 있다.

25 편도 3차로의 고속도로에서 2차로를 주행할 수 있는 차는?

① 중형 승합자동차 ② 특수자동차
③ 건설기계 ④ 화물자동차

고속도로에서 특수자동차, 건설기계, 화물자동차는 오른쪽 차로(3 · 4차로)로 통행할 수 있다.

26 버스전용차로가 설치되지 않은 편도 4차로인 시내도로에서 택시를 운전하고 있다. 이때 택시가 운행할 수 있는 차로는?

① 중앙선으로부터 보았을 때 1, 2차로
② 중앙선으로부터 보았을 때 2, 3차로
③ 중앙선으로부터 보았을 때 1, 2, 3차로
④ 중앙선으로부터 보았을 때 1, 2, 3, 4차로

중요

27 택시를 운전하다가 어린이통학버스를 만나게 되었다. 이때 적절하지 못한 행동은?

① 중앙선이 없는 도로의 반대방향에서 어린이통학버스가 정차하고 있어서 서행하였다.
② 앞에 있는 어린이통학버스가 정차하여 점멸등을 켜고 있어서 일시정지하였다.
③ 어린이통학버스가 천천히 운행하고 있어도 앞지르기하지 않고 뒤에서 천천히 운행하였다.
④ 왕복 2차로 도로의 반대방향에서 어린이통학버스가 정차하고 있어서 일시정지하였다.

28 편도 2차로 이상의 고속도로에서 최저속도는?

① 30km/h ② 40km/h
③ 50km/h ④ 60km/h

29 편도 3차선 도로에서의 승용차의 일반적인 최고속력과 가시거리가 60m인 경우의 최고속력이 바르게 짝지어진 것은?

	일반적인 경우	가시거리가 60m인 경우
①	50km/h	20km/h
②	60km/h	30km/h
③	80km/h	40km/h
④	100km/h	50km/h

• 편도 2차로 이상의 일반도로 : 매시 80km 이내
• 폭우 · 폭설 · 안개 등으로 가시거리가 100m 이내인 경우 : 최고속도의 100분의 50 감속

중요

30 도로 통행속도에 대한 내용으로 옳지 않은 것은?

① 고속도로에서의 최저속도는 매시 50킬로미터이다.
② 비가 내려 노면이 젖어 있는 경우 규정 최고속도의 100분의 20을 줄인 속도로 운행한다.
③ 눈이 20밀리미터 이상 쌓인 경우 규정 최고속도의 100분의 20을 줄인 속도로 운행한다.
④ 기상상황으로 가시거리가 100미터 이내인 경우 규정 최고속도의 100분의 50을 줄인 속도로 운행한다.

눈이 20밀리미터 미만 쌓인 경우 최고속도의 100분의 20을 줄인 속도로 운행한다.

31 폭설 · 안개 등으로 가시거리가 100m 이내인 경우에는 최고속도를 몇 % 감속해야 하는가?

① 20% ② 30%
③ 40% ④ 50%

폭우 · 폭설 · 안개 등으로 가시거리가 100m 이내인 경우에는 최고속도의 50/100을 줄인 속도로 운행하여야 한다.

32 앞지르기 금지시기에 대한 설명으로 옳은 것은?

① 앞차가 앞선 차를 앞지르려고 하는 경우
② 앞차가 우회전하거나 우측으로 진로 변경하는 경우
③ 앞차가 그 앞차와 안전거리를 확보하고 진행하는 경우
④ 앞차의 우측에 다른 차가 앞차와 나란히 가고 있는 경우

앞차의 좌측에 다른 차가 앞차와 나란히 가고 있는 경우, 앞차가 다른 차를 앞지르고 있거나 앞지르려고 하는 경우에는 앞차를 앞지르지 못한다.

중요

33 앞지르기 금지장소에 해당되지 않는 곳은?

① 교차로 ② 비탈길의 오르막
③ 가파른 비탈길 내리막 ④ 도로가 구부러진 곳

교차로, 터널 안, 다리 위, 도로가 구부러진 곳, 비탈길 고갯마루 부근 또는 가파른 비탈길의 내리막 등 시 · 도경찰청장이 도로에서의 위험을 방지하고 교통의 안전과 원활한 소통을 확보하기 위하여 필요하다고 인정하는 곳으로서 안전표지로 지정한 곳에서는 다른 차를 앞지르지 못한다.

34 철길건널목을 통과하려는 경우 건널목 앞에서 취해야 할 조치는?

① 주차 ② 일시정지
③ 서행 ④ 신속 통과

모든 차 또는 노면전차의 운전자는 철길건널목을 통과하려는 경우에는 건널목 앞에서 일시정지하여 안전한지 확인한 후에 통과하여야 한다.

정답 23. ④ 24. ① 25. ① 26. ① 27. ① 28. ③ 29. ③ 30. ③ 31. ④ 32. ① 33. ② 34. ②

35 **교차로에서의 통행방법으로 옳지 않은 것은?**

① 우회전을 하려는 차는 미리 도로의 우측 가장자리를 서행하면서 우회전하여야 한다.

② 어떠한 경우라도 좌회전을 할 때 교차로의 중심 바깥쪽을 통과할 수 없다.

③ 우회전을 하기 위해 손이나 방향지시기로 신호를 하는 차가 있는 경우에 그 뒤차의 운전자는 신호를 한 앞차의 진행을 방해하면 안 된다.

④ 교통정리를 하고 있지 않고 일시정지나 양보를 표시하는 안전표지가 설치된 교차로에 들어갈 때는 다른 차의 진행을 방해하지 않도록 일시정지나 양보를 하여야 한다.

➡ 모든 차의 운전자는 교차로에서 좌회전을 하려는 경우에는 미리 도로의 중앙선을 따라 서행하면서 교차로의 중심 안쪽을 이용하여 좌회전하여야 한다. 다만 시・도경찰청장이 교차로의 상황에 따라 특히 필요하다고 인정하여 지정한 곳에서는 교차로의 중심 바깥쪽을 통과할 수 있다.

36 **도로에 설치된 안전지대에 보행자가 있는 경우와 차로가 설치되지 않은 좁은 도로에서 보행자의 옆을 지나는 경우 운전방법은?**

① 서행한다.

② 일시정지한다.

③ 신속히 통과한다.

④ 경음기를 울리고 정상 운행한다.

➡ 모든 차의 운전자는 도로에 설치된 안전지대에 보행자가 있는 경우와 차로가 설치되지 아니한 좁은 도로에서 보행자의 옆을 지나는 경우에는 안전한 거리를 두고 서행하여야 한다.

중요

37 **긴급자동차 운행 시 면제되지 않는 위반행위는?**

① 긴급자동차에 대하여 속도를 제한한 경우의 과속

② 끼어들기 위반

③ 앞지르기 위반

④ 좌석안전띠 미착용

38 **운행 중 서행표지가 있을 때 어느 정도 감속해야 하는가?**

① 사고가 나지 않을 것 같은 속도로 줄인다.

② 현재 속도의 10km를 줄인다.

③ 속도를 30km로 줄인다.

④ 즉시 정지할 수 있는 속도로 줄인다.

➡ 서행은 운전자가 차를 즉시 정지시킬 수 있는 정도의 느린 속도로 진행하는 것을 말한다.

39 **다음 중 서행 장소가 아닌 곳은?**

① 가파른 비탈길 내리막 ② 비탈길 고갯마루 부근

③ 신호등 없는 교차로 ④ 터널 안 및 다리 위

➡ 교통정리를 하고 있지 아니하는 교차로, 도로가 구부러진 부근, 비탈길의 고갯마루 부근, 가파른 비탈길의 내리막, 시・도경찰청장이 필요하다고 인정하여 안전표지로 지정한 곳에서는 서행하여야 한다.

40 **다음 중 일시정지를 해야 하는 곳은?**

① 도로가 구부러진 부근

② 비탈길의 고갯마루 부근

③ 가파른 비탈길 내리막

④ 신호기가 없고 교통이 빈번한 교차로

➡ 교통정리를 하고 있지 아니하고 좌우를 확인할 수 없거나 교통이 빈번한 교차로, 시・도경찰청장이 도로에서의 위험을 방지하고 교통의 안전과 원활한 소통을 확보하기 위하여 필요하다고 인정하여 안전표지로 지정한 곳에서는 일시정지하여야 한다.

중요

41 **정차 및 주차금지에 관한 설명으로 옳지 않은 것은?**

① 교차로의 가장자리나 도로의 모퉁이로부터 10m 이내인 장소에는 정차・주차할 수 없다.

② 안전지대가 설치된 도로에서는 그 안전지대의 사방으로부터 각각 10m 이내인 장소에는 정차・주차할 수 없다.

③ 버스여객자동차의 정류지임을 표시하는 기둥이나 표지판 또는 선이 설치된 곳으로부터 10m 이내인 장소에는 정차・주차할 수 없다.

④ 횡단보도에서는 정차・주차할 수 없다.

➡ ① 교차로의 가장자리나 도로의 모퉁이로부터 5m 이내인 곳에서는 정차・주차하여서는 아니 된다.

42 **주차는 금지되나 정차는 허용되는 곳이 아닌 것은?**

① 교차로의 가장자리나 도로의 모퉁이로부터 5m 이내인 곳

② 터널 안 및 다리 위

③ 다중이용업소의 영업장이 속한 건축물로 소방본부장의 요청에 의하여 시・도경찰청장이 지정한 곳으로부터 5m 이내인 곳

④ 도로공사를 하고 있는 경우에는 그 공사 구역의 양쪽 가장자리로부터 5m 이내인 곳

➡ ①은 정차 및 주차가 금지된 곳이다.

43 **버스정류장 표지판이 설치된 곳에서 승객이 부르면 어떻게 해야 하는가?**

① 버스정류지에서 10m 이상 떨어진 다른 곳으로 승객을 유도하여 태운다.

② 버스정류지 표지판이 설치된 곳으로부터 2m 떨어져 승객을 태운다.

③ 즉시 승객 앞에 정차하여 승객을 태운다.

④ 주변을 확인한 후 정차하려는 버스가 없는 경우에는 버스정류지 앞에서 승객을 태운다.

➡ 버스여객자동차의 정류지임을 표시하는 기둥이나 표지판 또는 선이 설치된 곳으로부터 10m 이내인 곳은 정차 및 주차금지 구역이다.

44 **택시가 도로에서 정차 또는 주차 시 켜야 하는 등화는?**

① 전조등, 실내등 ② 미등, 차폭등

③ 전조등, 차폭등 ④ 실내등, 미등

➡ 자동차가 도로에서 정차하거나 주차할 때에는 미등 및 차폭등을 켜야 한다.

정답 35. ② 36. ① 37. ① 38. ④ 39. ④ 40. ④ 41. ① 42. ① 43. ① 44. ②

45 차도와 보도의 구별이 없는 도로에서 정차를 하고자 하는 때에는 도로의 우측 가장자리로부터 중앙으로 얼마 이상의 거리를 두어야 하는가?

① 10cm 이상　② 20cm 이상
③ 30cm 이상　④ 50cm 이상

➡ 차도와 보도의 구별이 없는 도로의 경우에는 도로의 오른쪽 가장자리로부터 중앙으로 50cm 이상의 거리를 두어야 한다.

46 모든 운전자의 준수사항에 대한 설명으로 옳지 않은 것은?

① 고인 물을 튀게 하여 타인에게 피해를 주지 않는다.
② 경찰관서에서 사용하는 무전기와 동일한 주파수의 무전기를 설치하지 않는다.
③ 도로에서 자동차를 세워 둔 채 시비·다툼행위를 하지 않는다.
④ 2인 이상 공동으로 자동차를 무리지어 속도경쟁을 해도 무방하다.

➡ 자동차 등의 운전자는 도로에서 2명 이상이 공동으로 2대 이상의 자동차등을 정당한 사유 없이 앞뒤로 또는 좌우로 줄지어 통행하면서 다른 사람에게 위해를 끼치거나 교통상의 위험을 발생하게 하여서는 아니 된다.

47 휴대용 전화를 사용할 수 있는 경우가 아닌 것은?

① 도로가 혼잡하여 정차와 서행을 반복하는 경우
② 긴급자동차를 운전하는 경우
③ 경찰관서에 납치차량을 신고할 경우
④ 재해신고 등 긴급을 요하는 경우

➡ 자동차 등 또는 노면전차가 정지하고 있는 경우, 긴급자동차를 운전하는 경우, 각종 범죄 및 재해 신고 등 긴급한 필요가 있는 경우, 안전운전에 장애를 주지 아니하는 장치로서 대통령령으로 정하는 장치를 이용하는 경우에는 휴대용 전화를 사용할 수 있다.

48 자동차를 운전하는 때에는 좌석안전띠를 매야 하며, 모든 동승자에게도 좌석안전띠를 매도록 해야 한다. 안전띠를 매지 않아도 되는 경우로서 옳지 않은 것은?

① 자동차의 운전자가 승객의 주취·약물복용 등으로 좌석안전띠를 매도록 할 수 없는 때
② 자동차를 후진시키기 위하여 운전하는 때
③ 신장·비만, 그 밖의 신체의 상태에 의하여 좌석안전띠의 착용이 적당하지 아니하다고 인정되는 자가 자동차를 운전하거나 승차하는 때
④ 긴급자동차가 개인적인 용도로 운행되고 있는 때

➡ 긴급자동차가 본래의 용도로 사용되어야 안전띠 착용의무의 예외를 적용받는다.

49 특별교통안전 의무교육을 받아야 하는 대상이 아닌 사람은?

① 운전면허 취소처분을 받은 사람으로서 운전면허를 다시 받으려는 사람
② 운전면허효력 정지처분을 받게 되거나 받은 초보운전자로서 그 정지기간이 끝나지 아니한 사람
③ 술에 취한 상태에서의 운전에 해당하여 운전면허효력 정지처분을 받은 사람으로서 그 정지기간이 끝나지 않은 사람
④ 운전면허 취소처분 또는 운전면허효력 정지처분이 면제된 사람으로서 면제된 날부터 6개월이 지나지 않은 사람

➡ ④ 운전면허 취소처분 또는 운전면허효력 정지처분이 면제된 사람으로서 면제된 날부터 1개월이 지나지 않은 사람

50 다음 중 도로에서의 금지 행위로 옳지 않은 것은?

① 도로에서 술에 취하여 갈팡질팡하는 행위
② 도로에서 교통에 방해되는 방법으로 눕거나 앉거나 서 있는 행위
③ 교통량이 많지 않은 골목에서 공받기, 썰매타기 등의 놀이를 하는 행위
④ 돌·유리병·쇳조각 그 밖의 도로상에 있는 사람이나 차마를 손상시킬 염려가 있는 물건을 던지거나 발사하는 행위

➡ ③ 교통이 빈번한 도로에서 공놀이, 썰매타기 등의 놀이를 하는 행위를 하여서는 아니 된다.

51 어린이통학버스로 사용할 수 있는 자동차의 최소 승차 정원은?

① 7인승　② 9인승
③ 12인승　④ 15인승

➡ 어린이통학버스로 사용할 수 있는 자동차는 승차정원 9인승(어린이 1명을 승차정원 1명으로 본다) 이상의 자동차로 한다. 이 경우 튜닝 승인을 받은 자가 9인승 이상의 승용자동차 또는 승합자동차를 장애아동의 승·하차 편의를 위하여 9인승 미만으로 튜닝한 경우 그 승용자동차 또는 승합자동차를 포함한다.

중요

52 제2종 보통면허를 소지한 자가 운전할 수 있는 사업용 자동차는?

① 콘크리트믹서트럭
② 적재중량 2.5톤 화물자동차
③ 승차정원 12인승 승합자동차
④ 총중량 5톤의 특수자동차

➡ 제2종 보통면허로 운전할 수 있는 차량은 승용자동차, 승차정원 10명 이하의 승합자동차, 적재중량 4톤 이하의 화물자동차, 총중량 3.5톤 이하의 특수자동차(대형견인차, 소형견인차 및 구난차는 제외), 원동기장치자전거이다.

53 제1종 운전면허에 필요한 도로교통법령에 따른 정지시력의 기준은?

① 두 눈을 동시에 뜨고 잰 시력이 0.5 이상, 두 눈의 시력이 각각 0.6 이상
② 두 눈을 동시에 뜨고 잰 시력이 0.5 이상, 두 눈의 시력이 각각 0.4 이상
③ 두 눈을 동시에 뜨고 잰 시력이 0.8 이상, 두 눈의 시력이 각각 0.6 이상
④ 두 눈을 동시에 뜨고 잰 시력이 0.8 이상, 두 눈의 시력이 각각 0.5 이상

➡ 도로교통법령에 따른 시력의 기준 : 제1종 운전면허는 두 눈을 동시에 뜨고 잰 시력이 0.8 이상, 두 눈의 시력이 각각 0.5 이상이고 제2종 운전면허는 두 눈을 동시에 뜨고 잰 시력이 0.5 이상(단, 한쪽 눈을 보지 못하는 사람은 다른 쪽 눈의 시력이 0.6 이상)이다.

54 운전면허가 취소된 후 3년이 경과되어야 운전면허시험에 응시할 수 있는 경우는?

① 무면허 운전사고
② 교통사고 야기 후 도주
③ 음주운전사고 야기 후 도주
④ 음주운전으로 2회 이상 사고 야기 시

정답 45. ④ 46. ④ 47. ① 48. ④ 49. ④ 50. ③ 51. ② 52. ② 53. ④ 54. ④

55 무면허운전 등의 금지 규정을 위반한 사람이 자동차 등을 운전하여 사람을 사상한 후 필요한 조치를 하지 않은 경우 운전면허 응시제한 기간은?

① 2년 ② 3년
③ 4년 ④ 5년

➡ 무면허운전 등의 금지를 위반하여 자동차 등을 운전하여 사람을 사상한 후 필요한 조치 및 신고를 하지 아니한 경우에는 그 위반한 날부터 5년이다.

중요
56 다음 중 운전면허의 취소사유에 해당되는 경우는?

① 면허증 제시 불이행
② 단속경찰을 폭행하여 형사입건된 때
③ 신호위반으로 중상 사고 3명 야기한 때
④ 주취운전으로 물적 피해 사고를 야기한 때

중요
57 다음 중 면허가 취소되는 혈중알코올농도는?

① 0.01% 이상 ② 0.05% 이상
③ 0.08% 이상 ④ 0.1% 이상

58 음주운전 관련 면허취소에 해당하는 경우는?

① 혈중알코올농도가 0.08% 미만에서 운전 중 적발
② 혈중알코올농도가 0.08% 이상에서 운전 중 적발
③ 혈중알코올농도가 0.03% 이상 0.08% 미만에서 운전 중 적발
④ 혈중알코올농도가 0.01% 이상 0.05% 미만에서 운전 중 적발

➡ 술에 취한 상태의 기준(혈중알코올농도 0.03% 이상)을 넘어서 운전을 하다가 교통사고로 사람을 죽게 하거나 다치게 한 때, 혈중알코올농도 0.08% 이상의 상태에서 운전한 때, 술에 취한 상태의 기준을 넘어 운전하거나 술에 취한 상태의 측정에 불응한 사람이 다시 술에 취한 상태(혈중알코올농도 0.03% 이상)에서 운전한 때에는 면허취소에 해당한다.

59 운전면허 행정처분 중 벌점에 대한 설명으로 옳지 않은 것은?

① 행정처분 적용의 벌점에 대한 기준은 당해 위반 또는 사고가 있었던 날로부터 과거 3년간의 모든 벌점을 누산한다.
② 인적 피해 교통사고를 야기하고 도주한 차량의 운전자를 검거하거나 신고하여 검거하게 한 경우는 40점의 특혜점수를 부여한다.
③ 교통사고의 원인이 된 법규 위반이 둘 이상인 경우에는 이를 합산하여 적용한다.
④ 처분벌점이 40점 미만인 경우에 최종의 위반일 또는 사고일로부터 위반 및 사고 없이 1년을 경과한 경우에는 그 처분벌점이 소멸한다.

➡ 교통사고의 원인이 된 법규 위반이 둘 이상인 경우에는 그 중 가장 중한 것 하나만 적용한다.

60 교통사고의 결과에 대한 벌점기준으로 옳지 않은 것은?

① 교통사고 발생 원인이 불가항력인 경우 행정처분을 하지 않는다.
② 자동차와 사람 간 교통사고의 경우 쌍방과실인 때에는 그 벌점을 2분의 1로 감경한다.
③ 자동차 간 교통사고의 경우에는 그 사고원인 중 중한 위반행위를 한 운전자만 적용한다.
④ 점수산정에 있어서 처분 받을 운전자 본인의 피해에 대하여도 벌점을 산정한다.

➡ 교통사고로 인한 벌점 산정에 있어서 처분 받을 운전자 본인의 피해에 대하여는 벌점을 산정하지 않는다.

61 자동차 등의 운전 중 교통사고를 일으킨 때의 벌점으로 옳지 않은 것은?

① 사망 1명마다 90점(사고발생 시부터 72시간 이내에 사망한 때)
② 중상 1명마다 15점(3주 이상의 치료를 요하는 의사의 진단이 있는 사고)
③ 경상 1명마다 10점(3주 미만 5일 이상의 치료를 요하는 의사의 진단이 있는 사고)
④ 부상신고 1명마다 2점(5일 미만의 치료를 요하는 의사의 진단이 있는 사고)

➡ 경상 1명마다 5점(3주 미만 5일 이상의 치료를 요하는 의사의 진단이 있는 사고)이다.

62 운전면허 행정처분기준의 감경사유가 아닌 것은?

① 주취운전 중 인적피해 교통사고를 일으켰으나 생활이 곤란한 경우
② 음주운전으로 운전면허 정지처분을 받은 경우, 처분 당시 3년 이상 교통봉사활동에 종사하고 있는 모범운전자로서 혈중알코올농도가 0.1%를 초과하여 운전한 경우가 없을 때
③ 취소처분 개별기준 및 정지처분 개별기준을 적용하는 것이 현저하게 불합리하다고 인정되는 경우
④ 음주운전으로 운전면허에 관한 행정처분을 받은 경우에는 과거 5년 이내에 음주운전 전력이 없는 사람으로서 운전 이외에는 가족의 생계를 감당할 수단이 없을 경우

➡ 음주운전 중 인적피해 교통사고를 일으킨 경우는 감경 사유가 아니다.

중요
63 처분벌점이 40점 미만인 운전자가 얼마의 기간 동안 무사고·무위반일 경우 그 처분벌점은 소멸되는가?

① 6개월 ② 1년
③ 2년 ④ 2년 6개월

64 택시 운행 중 DMB 시청 시 벌점은?

① 10점 ② 15점
③ 20점 ④ 25점

중요
65 다음 중 속도위반에 따른 벌점으로 옳은 것은?

① 60km/h 초과 80km/h 이하 – 40점
② 40km/h 초과 60km/h 이하 – 30점
③ 20km/h 초과 40km/h 이하 – 20점
④ 10km/h 초과 20km/h 이하 – 10점

➡ ① 60점, ③ 15점

중요
66 운전자가 대물사고를 일으킨 후 도주한 경우 벌점은?

① 10점 ② 15점
③ 20점 ④ 30점

➡ 물적 피해가 발생한 교통사고를 일으킨 후 도주한 때 : 15점

정답 55. ④ 56. ② 57. ③ 58. ② 59. ③ 60. ④ 61. ③ 62. ① 63. ② 64. ② 65. ② 66. ②

중요

67 교통사고를 일으켜 중상자 3명이 발생했을 때의 벌점은?

① 15점 ② 30점
③ 45점 ④ 60점

중상 1명마다 15점이므로 중상자 3명이 발생했을 경우 45점이다.

68 다음 중 도로교통법상 벌점이 다른 하나는?

① 앞지르기 금지시기 위반
② 운전 중 휴대용 전화 사용
③ 신호 또는 지시에 따를 의무위반
④ 노상 시비 등으로 차마의 통행 방해행위

①·②·③ 15점, ④ 10점

중요

69 면허정지처분 개별기준 중 어린이보호구역 안에서 두 배에 해당하는 벌점을 부과 받는 위반행위에 해당하지 않는 것은?

① 속도위반 ② 신호·지시 위반
③ 지정차로 통행위반 ④ 보행자 보호 불이행

어린이보호구역 안에서 오전 8시부터 오후 8시까지 ①·②·④의 위반행위를 하는 경우에는 그 벌점의 두 배에 해당하는 벌점을 부과 받는다.

70 승용자동차 운전자가 터널 안을 운행하거나 고장 등의 사유로 터널 안 도로에서 차를 정차 또는 주차하는 경우, 등화를 점등하지 않았을 때의 범칙금은?

① 1만 원 ② 2만 원
③ 3만 원 ④ 5만 원

등화 점등·조작 불이행(안개가 끼거나 비 또는 눈이 올 때는 제외)에 대한 범칙금액 : 2만 원

71 택시운전자가 운행 중 휴대용 전화를 사용한 경우 범칙금액은?

① 3만 원 ② 4만 원
③ 5만 원 ④ 6만 원

72 승용자동차 운전자가 좌석안전띠 미착용 시 범칙금액은?

① 2만 원 ② 3만 원
③ 5만 원 ④ 6만 원

73 일반도로에서 버스전용차로로 통행한 택시운전자에게 부과되는 과태료는?

① 3만 원 ② 5만 원
③ 8만 원 ④ 10만 원

일반도로에서 전용차로로 통행한 택시운전자의 경우 5만 원의 과태료가 부과된다.

74 다음 중 가장 큰 과태료가 부과될 수 있는 상황은?

① 어린이통학버스를 관할 경찰서에 신고하지 않고 운행
② 운전면허증 갱신 기간 동안 운전면허를 갱신하지 않음
③ 도로에서 자동차를 세워두고 다른 운전자와 다툼으로 통행을 방해
④ 특별한 사유 없이 운전 중 휴대용 전화를 사용

①은 500만 원 이하의 과태료, ②·③·④는 20만 원 이하의 과태료가 부과될 수 있다.

75 도로교통법 위반 교통범칙금은 며칠 내에 납부해야 하는가?

① 5일 ② 10일
③ 15일 ④ 30일

범칙금 납부통고서를 받은 사람은 10일 이내에 범칙금을 내야 한다.

76 유모차의 통행 방법으로 올바른 것은?

① 자전거전용도로로 통행한다.
② 버스전용차로로 통행한다.
③ 인도로 통행한다.
④ 자동차전용도로로 통행한다.

유모차는 보행자에 포함된다. 보행자는 보도와 차도가 구분된 도로에서는 언제나 보도(인도)로 통행하여야 한다.

77 전용차로 주행 중 중앙선 침범, 일반 통행구분 위반 시 각각의 벌점은?

① 중앙선 10점, 통행구분 위반 30점
② 중앙선 20점, 통행구분 위반 40점
③ 중앙선 40점, 통행구분 위반 20점
④ 중앙선 30점, 통행구분 위반 10점

중앙선 침범 시 벌점 30점이 부과되고, 중앙선 침범을 제외한 보도침범, 보도 횡단방법 위반 등의 통행구분 위반 시 벌점 10점이 부과된다.

78 도로교통법 시행령에 따라 어린이통학버스를 운영하거나 운전하는 사람이 받아야 하는 안전교육의 내용이 아닌 것은?

① 교통안전을 위한 어린이 행동특성
② 어린이통학버스의 운영 등과 관련된 법령
③ 어린이통학버스의 주요 사고 사례 분석
④ 자동차 정비 교육

어린이통학버스 안전교육은 교통안전을 위한 어린이 행동특성, 어린이통학버스의 운영 등과 관련된 법령, 어린이통학버스의 주요 사고 사례 분석, 그 밖에 운전 및 승차·하차 중 어린이 보호를 위하여 필요한 사항에 대하여 강의·시청각교육 등의 방법으로 3시간 이상 실시한다.

79 고속도로 외의 도로에서 왼쪽 차로로 통행할 수 있는 차종으로 옳은 것은?

① 승용자동차, 중형 승합자동차
② 대형 승합자동차, 원동기장치자전거
③ 화물자동차, 이륜자동차
④ 경형 승합자동차, 대형 승합자동차

정답 67. ③ 68. ④ 69. ③ 70. ② 71. ④ 72. ② 73. ② 74. ① 75. ② 76. ③ 77. ④ 78. ④ 79. ①

제4장 교통사고처리특례법령

01 **다음 중 교통사고처리특례법의 목적은?**

① 가해 운전자의 형사처벌을 면제하는 데 있다.
② 교통사고 피해자에 대한 신속한 보상을 하는 데 목적이 있다.
③ 피해의 신속한 회복을 촉진하고 국민 생활의 편익을 증진한다.
④ 종합보험에 가입된 가해자의 법적 특례를 하는 데 목적이 있다.

중요
02 **교통사고처리특례법상 차만 손괴시킨 후 도주하였을 때 운전자 처벌 기준은?**

① 피해자의 의사에 따라 처리된다.
② 피해자 처벌의사에 관계없이 형사처벌된다.
③ 가해자와 피해자가 합의하면 형사처벌이 면제된다.
④ 종합보험에 가입하였을 때는 형사처벌이 면제된다.

➡ 차의 운전자가 교통사고 발생 시 조치를 하지 않고 도주한 경우에는 처벌의 특례를 보장받지 못한다.

중요
03 **교통사고처리특례법에 의한 보호를 받을 수 없는 상황이 아닌 것은?**

① 인명사고 발생 후 사상자를 두고 도주한 경우
② 도로가 아닌 곳에서 음주운전으로 적발된 경우
③ 트럭에 짐을 제대로 고정하지 않아 짐이 떨어져 사고가 난 경우
④ 강설로 인해 차량이 미끄러져 중앙선을 침범한 경우

➡ 교통사고처리특례법에서는 뺑소니, 음주측정불응, 12대 중과실을 저지른 경우에 대해서는 보호하지 않는다. 단, 12대 중과실 중 중앙선 침범의 경우 고의가 아니거나 부득이한 경우는 예외로 한다.

중요
04 **택시 운전 중 교통사고로 사람을 다치게 하였을 때 운전자를 업무상과실치상죄로 형사처벌할 수 있는 경우는?**

① 주취운전사고
② 안전띠 미착용 교통사고
③ 교차로 통행방법 위반 사고
④ 법정속도 20km/h 미만으로 운전한 경우

➡ 주취운전사고는 피해자의 처벌의사에 관계없이 형사처벌된다.

05 **중앙선 침범이 적용되는 사례로 옳지 않은 것은?**

① 커브길 과속으로 중앙선을 침범한 사고
② 빙판에 미끄러져 중앙선을 침범한 사고
③ 빗길 과속으로 중앙선을 침범한 사고
④ 졸다가 뒤늦게 급제동하여 중앙선을 침범한 사고

➡ ②는 공소권 없는 사고로 처리된다.

중요
06 **교통사고처리특례법이 적용되는 속도기준과 학교 앞 어린이보호구역 통과 시의 제한속도를 각각 옳게 기술한 것은?**

① 10km 초과, 30km ② 20km 초과, 20km
③ 20km 초과, 30km ④ 30km 초과, 40km

➡ 교통사고처리특례법이 적용되는 속도기준은 20km 초과이고, 어린이보호구역의 제한속도는 30km이다.

07 **안전운전 불이행 사고로 운전자 과실이 아닌 것은?**

① 1차 사고에 이은 불가항력적인 2차 사고
② 초보운전으로 인해 운전이 미숙한 경우
③ 차내 대화 등으로 운전을 부주의한 경우
④ 교통 상황에 대한 파악과 적절한 대처가 미흡한 경우

➡ ① 1차 사고에 이은 불가항력적인 2차 사고나 운전자 과실을 논할 수 없는 사고는 제외한다.

08 **신호 · 지시 위반사고의 성립요건으로 옳지 않은 것은?**

① 운전자의 부주의에 의한 과실
② 신호기가 설치되어 있는 교차로나 횡단보도
③ 신호기의 고장이나 황색 점멸신호등의 경우
④ 지시표지판(규제표지 중 통행금지 · 진입금지 · 일시정지표지)이 설치된 구역 내

➡ ③은 신호 · 지시 위반사고의 장소적 요건의 예외사항에 해당한다.

09 **무면허운전에 해당하지 않는 경우는?**

① 면허정지기간 중에 운전하는 경우
② 면허를 취득하지 않고 운전하는 경우
③ 시험 합격 후 면허증 교부 전에 운전하는 경우
④ 외국인으로 국제운전면허를 받고 운전하는 경우

➡ ④ 외국인으로 국제운전면허를 받지 않고 운전하는 경우

10 **신호등 없는 교차로에서 사고 발생 시 피해자 요건이 아닌 것은?**

① 후진입한 차량과 충돌하여 피해를 입은 경우
② 신호등 없는 교차로 통행방법 위반 차량과 충돌하여 피해를 입은 경우
③ 일시정지 안전표지를 무시하고 상당한 속력으로 진행한 차량과 충돌하여 피해를 입은 경우
④ 신호기가 설치되어 있는 교차로 또는 사실상 교차로로 볼 수 없는 장소에서 피해를 입은 경우

11 **횡단보도로 인정이 되지 않는 경우는?**

① 횡단보도 노면표시가 있으나 횡단보도표지판이 설치되지 않은 경우
② 횡단보도 노면표시가 포장공사로 반은 지워졌으나 반이 남아 있는 경우
③ 횡단보도 노면표시가 완전히 지워지거나 포장공사로 덮여진 경우
④ 횡단보도를 설치하려는 도로 표면이 포장되지 않아 횡단보도표지판이 설치되어 있는 경우

➡ 횡단보도 노면표시가 완전히 지워지거나 포장공사로 덮여졌다면 횡단보도 효력을 상실한다.

정답 01. ③ 02. ② 03. ④ 04. ① 05. ② 06. ③ 07. ① 08. ③ 09. ④ 10. ④ 11. ③

중요

12 승객추락방지의무에 해당하지 않는 경우는?

① 문을 연 상태에서 출발하여 타고 있는 승객이 추락한 경우
② 운전자가 사고방지를 위해 취한 급제동으로 승객이 차 밖으로 추락한 경우
③ 승객이 타거나 또는 내리고 있을 때 갑자기 문을 닫아 문에 충격된 승객이 추락한 경우
④ 버스 운전자가 개·폐 안전장치인 전자감응장치가 고장 난 상태에서 운행 중에 승객이 내리고 있을 때 출발하여 승객이 추락한 경우

➡ ②는 승객추락방지의무에 해당하지 않는 경우이다.

13 다음 중 도주사고 성립요건에 해당되지 않는 것은?

① 피해자가 부상을 당하지 않음을 확인하고 사고현장을 떠난 경우
② 사고로 피해자를 사망에 이르게 한 후 피해자의 사체를 후송하지 않고 떠난 경우
③ 사고현장에 남아서 자신의 사고를 숨기기 위해 경찰에게 거짓 진술을 한 경우
④ 부상당한 피해자에 대한 적극적인 구호조치를 취하지 않고 떠난 경우

14 앞차의 정당한 급정지에 해당하지 않는 경우는?

① 신호를 착각하여 급정지하는 경우
② 앞차의 교통사고를 보고 급정지하는 경우
③ 전방의 돌발상황을 보고 급정지하는 경우
④ 앞차가 정지하거나 감속하는 것을 보고 급정지하는 경우

15 신호등 없는 교차로를 통행하면서 교통사고를 야기한 경우 운전자 과실이 아닌 것은?

① 선진입한 차량에게 진로를 양보하지 않은 경우
② 안전표지가 없어서 일시정지하지 않고 통행한 경우
③ 교통이 빈번한 곳을 통행하면서 일시정지하지 않고 통행한 경우
④ 상대 차량이 보이지 않는 곳에서 일시정지하지 않고 통행한 경우

➡ 시·도경찰청장이 설치한 안전표지(일시정지·서행·양보표지)가 있어야 신호등 없는 교차로 사고가 성립한다.

16 택시운전자의 어린이보호구역에서의 위반행위와 과태료가 잘못 연결된 것은?

① 제한속도 위반(20km/h 이하) 시 7만 원
② 주·정차 금지위반 시 12만 원
③ 주·정차 방법위반 시 12만 원
④ 신호·지시위반 시 10만 원

➡ ④ 신호·지시위반 시 승용자동차의 과태료는 13만 원이다.

17 수사기관의 교통사고 처리기준 중 즉결심판을 청구하고 교통사고접수처리대장에 입력한 후 종결할 수 있는 물피금액은?

① 10만 원 미만 ② 30만 원 미만
③ 20만 원 미만 ④ 50만 원 미만

➡ 피해액이 20만 원 미만인 경우에는 즉결심판을 청구하고 교통사고접수처리대장에 입력한 후 종결한다.

18 교통사고조사규칙에 따른 교통사고의 용어로 틀린 것은?

① 전복 – 차가 도로변 절벽 또는 교량 등 높은 곳에서 떨어진 것
② 접촉 – 차가 추월, 교행 등을 하려다가 차의 좌우측면을 서로 스친 것
③ 추돌 – 2대 이상의 차가 동일방향으로 주행 중 뒤차가 앞차의 후면을 충격한 것
④ 충돌 – 차가 반대방향 또는 측방에서 진입하여 그 차의 정면으로 다른 차의 정면 또는 측면을 충격한 것

➡ ①은 추락에 대한 설명이다. 전복은 차가 주행 중 도로 또는 도로 이외의 장소에 뒤집혀 넘어진 것이다.

중요

19 다음 중 횡단보도를 통행하는 보행자로 옳은 것은?

① 술에 취해 횡단보도에 누워 있는 사람
② 횡단보도를 청소를 하고 있는 환경미화원
③ 횡단보도에서 자전거를 끌고 통행하는 어린이
④ 횡단보도에서 교통정리를 하고 있는 교통경찰관

➡ 횡단보도를 걸어가는 사람, 횡단보도에서 자전거 또는 원동기장치자전거를 끌고 가는 사람, 손수레를 끌고 횡단보도를 건너는 사람 등이 횡단보도를 통행하는 보행자에 해당한다.

중요

20 교통사고처리특례법상 중대과실 12개 항목에 해당되지 않는 것은?

① 중앙선 침범 사고
② 제한속도 시속 20km 미만 운전
③ 무면허운전
④ 앞지르기 및 끼어들기 금지 위반

21 보도침범, 보도횡단방법위반 사고에서 운전자 과실로 볼 수 없는 것은?

① 고의적 과실 ② 의도적 과실
③ 현저한 부주의 과실 ④ 불가항력적 과실

➡ 불가항력적 과실, 만부득이한 과실, 단순 부주의 과실은 운전자 과실의 예외사항이다.

22 중앙선 침범이라고 볼 수 없는 것은?

① 아파트 내에 설치된 중앙선을 침범한 사고
② 중앙선을 걸친 상태로 계속 진행하는 경우
③ 오던 길로 되돌아가기 위해 유턴하여 중앙선을 침범한 경우
④ 좌측 도로나 건물 등으로 가기 위해 좌회전하면서 중앙선을 침범한 경우

정답 12. ② 13. ① 14. ① 15. ② 16. ④ 17. ③ 18. ① 19. ③ 20. ② 21. ④ 22. ①

제2부

안전운행

제2부 안전운행

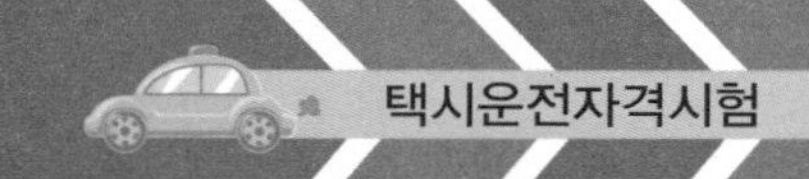

제1장 안전운전의 기술

1 안전운전의 5가지 기본 기술

(1) 전방(진행 방향)을 멀리 보며 운전한다.
(2) 교통상황을 전체적으로 살펴본다.
(3) 시선과 시야를 고정하지 않고, 눈을 좌우로 계속 움직이며 운전한다.
(4) 회전하거나 차로변경 시 신호를 하여 다른 운전자가 볼 수 있도록 한다.
(5) 주행 시 앞뒤, 좌우로 자동차가 빠져나갈 수 있는 안전공간을 확보한다.

2 방어운전의 기본 기술

(1) 교차로에서의 방어운전

① 직진, 좌회전, 우회전 또는 유턴하는 차량 등에 주의한다.
② 좌회전 또는 우회전할 때에는 방향신호등을 정확히 점등한다.
③ 신호등이 없고 좌우를 확인할 수 없거나 교통이 빈번한 교차로에 진입할 때에는 일시정지하여 안전을 확인한 후 출발한다.
④ 황색등화 시 교차로의 직전에 정지해야 한다.
⑤ 황색등화 시 이미 교차로에 차마의 일부라도 진입한 경우에는 신속히 교차로 밖으로 진행해야 한다.

(2) 철길건널목에서의 방어운전

① 철길건널목에 접근할 때에는 속도를 줄인다.
② 철길건널목 앞에서 일시정지하여 안전한지 확인하고, 철길건널목 건너편의 여유공간을 확인하고 통과한다.
③ 철길건널목을 통과하려는 경우에는 가급적 기어를 변속하지 않는다.
④ 철길건널목을 통과하다가 고장 등의 사유로 건널목 안에서 운행할 수 없게 된 경우에는 즉시 승객을 대피시키고 비상신호기 등을 사용하거나 철도공무원이나 경찰공무원에게 그 사실을 알려야 한다.

(3) 커브길에서의 방어운전

① 커브길에 진입하기 전에 엔진브레이크를 작동시켜 속도를 줄인다.
② 회전이 끝나는 지점에서는 핸들을 바르게 하고, 가속 페달을 밟아 서서히 속도를 높인다.
③ 감속된 속도에 알맞은 기어로 변속한다.
④ 회전 중에는 가속이나 감속을 하지 않는다.
⑤ 커브길에서는 급핸들 조작, 급제동을 하지 않는다.
⑥ 중앙선을 침범하거나 도로 중앙선으로 치우쳐 운전하지 않는다.

(4) 오르막길에서의 방어운전

① 정차할 때에는 충분한 차간거리를 유지한다.
② 정차 시 풋 브레이크와 핸드 브레이크를 동시에 사용한다.
③ 뒤로 미끄러지는 것을 방지하기 위해 정지했다가 출발할 때는 핸드 브레이크를 사용한다.
④ 오르막길에서 앞지르기할 경우에는 저단 기어를 사용한다.
⑤ 언덕길에서 내려오는 차량과 올라가는 차량이 교차할 경우 내려오는 차량에게 통행우선권이 있다.

(5) 내리막길에서의 방어운전

① 내리막길을 내려갈 때에는 엔진브레이크로 속도를 줄여 감속 운전을 한다.
② 주행 중에 불필요하게 속도를 줄이거나 급제동하지 않는다.

(6) 고속도로에서의 방어운전

① 방향지시등으로 진입의사를 알리고 충분히 속도를 높여 주행하는 다른 차량의 흐름을 살펴 안전을 확인하고 진입하고, 진입한 후에는 빠르게 가속하여 교통흐름에 방해되지 않도록 한다.
② 차로변경 시 100m 전방으로부터 방향지시등을 켜고, 전방 주시점은 속도가 빠를수록 멀리 둔다.
③ 법정속도 및 주행차로 운행을 준수하고 2시간마다 휴식한다.
④ 고속도로 또는 자동차전용도로에서는 전 좌석 안전띠를 착용해야 한다.

(7) 야간의 안전운전

① 해가 지기 시작하면 곧바로 전조등을 켠다.
② 주간보다 속도를 줄여 주행한다.
③ 커브길에서는 상향등과 하향등을 적절히 사용하여 자신의 접근을 알린다.
④ 자동차가 서로 마주보고 진행하거나 앞차의 바로 뒤를 따라갈 경우에는 전조등 불빛의 방향을 아래로 향하게 한다.
⑤ 밤에 고속도로 또는 자동차전용도로에서 자동차를 운행할 수 없게 되었을 때에는 후방에서 접근하는 자동차의 운전자가 확인할 수 있는 위치에 고장자동차표지(안전삼각대)를 설치하고 사방 500m 지점에서 식별할 수 있는 적색의 섬광신호·전기제등 또는 불꽃신호를 설치하는 등의 조치를 취하여야 한다.
⑥ 전조등이 비추는 범위의 앞쪽까지 살핀다.

(8) 안개길 안전운전

① 전조등, 안개등, 비상점멸표시등(비상등)을 켠다.
② 가시거리가 100m 이내인 경우에는 최고속도의 100분의 50을 줄인 속도로 운행한다.
③ 앞차와의 차간거리를 확보하고, 앞차의 제동이나 방향지시등의 신호를 주시하며 운행한다.
④ 짙은 안개로 운행이 어려울 때에는 차를 안전한 장소에 정차하고, 미등과 비상점멸표시등 등을 점등시켜 충돌사고가 발생하지 않도록 한다.

(9) 빗길 안전운전

① 비가 내려 노면이 젖어 있는 경우에는 최고속도의 100분의 20을 줄인 속도로 운행한다.
② 폭우로 가시거리가 100m 이내인 경우에는 최고속도의 100분의 50을 줄인 속도로 운행한다.
③ 물이 고인 길에서는 속도를 줄여 저속으로 통과하고, 통과한 후에는 브레이크를 여러 차례 나누어 밟아 마찰열로 브레이크 패드 또는 라이닝의 물기를 제거한다.

⑽ 앞지르기 방법과 방어운전

① 앞지르기 시 방향지시등을 작동시키고 허용된 구간에서만 앞지르기 한다.
② 제한속도를 준수하여 앞지르기하고, **앞 차의 좌측으로 앞지르기한다.**
③ 앞지르기하는 데 필요한 충분한 거리와 시야가 확보되었을 때 앞지르기를 시도한다.
④ 앞차의 좌측에 다른 차가 앞차와 나란히 가고 있는 경우에는 앞차를 앞지르지 못한다.
⑤ 앞차가 다른 차를 앞지르고 있거나 앞지르려고 하는 경우에는 앞차를 앞지르지 못한다.
⑥ 교차로, 터널 안, 다리 위, 도로의 구부러진 곳, 비탈길의 고갯마루 부근 또는 가파른 비탈길의 내리막 등 시・도경찰청장이 도로에서의 위험을 방지하고 교통의 안전과 원활한 소통을 확보하기 위하여 필요하다고 인정하는 곳으로서 안전표지로 지정한 곳에서는 다른 차를 앞지르지 못한다.
⑦ 다른 차가 자기 차를 앞지르기할 때에는 자기 차의 속도를 줄여 앞지르기하는 차가 주행차로로 진입할 수 있도록 한다.

3 상황별 기본 운행수칙

(1) 출 발

① 후사경이 조정되어 있는지 확인한다.
② 기어가 들어가 있는 상태에서는 클러치를 밟지 않고 시동을 걸지 않는다.
③ 주차브레이크가 채워진 상태에서는 출발하지 않는다.
④ 제동등이 점등되는지 확인한다.
⑤ 출발 후 진로변경이 끝나기 전에는 신호를 중지하지 않으며, 진로변경이 끝난 후에는 신호를 계속하지 않는다.

(2) 정 지

① 정지할 때까지 여유가 있으면 브레이크 페달을 가볍게 2~3회 나누어 밟아 정지한다.
② 정지 시 미리 감속하여 엔진브레이크를 사용하거나 저단 기어 변속을 활용한다.

(3) 주 차

① 주차가 허용된 지역이나 안전한 장소에 주차한다.
② 주차된 차량의 일부분이 주행차로로 나오지 않도록 한다.
③ 경사가 있는 도로에 주차 시에는 바퀴에 고임목 등을 설치하여 밀리지 않도록 한다.

(4) 주 행

① 노면상태가 좋지 않은 도로나 교통량이 많은 곳에서는 감속한다.
② 전방의 시야가 확보되지 않는 기상상태, 해질 무렵, 터널 등에서는 감속한다.
③ 제한속도를 넘지 않는 범위 내에서 주행하는 차량과 속도를 맞추어 주행한다.
④ 앞차의 급제동을 대비하여 안전거리를 유지한다.

(5) 진로변경

① 급차로 변경을 하지 않는다.
② 일반도로에서 진로변경 시 **그 행위를 하려는 지점에 이르기 전 30m(고속도로에서는 100m) 이상의 지점**에 이르렀을 때 방향지시등을 작동시킨다.
③ 도로 노면에 표시된 **백색 점선에서 진로변경**한다.
④ 교차로 직전 정지선, 터널 안, 가파른 비탈길 등 백색 실선이 표시된 곳에서는 진로변경을 하지 않는다.
⑤ 진로변경이 끝날 때까지 신호를 유지하고 끝난 후에는 신호를 중지한다.

4 계절별 안전운전

구분	안전운전 및 교통사고 예방	자동차 관리
봄	• 파인 노면은 큰 사고를 직면할 수 있기 때문에 사전에 도로 정보 파악 • 주변 환경의 변화를 인지하여 위험이 발생하지 않도록 방어운전 • 무리한 운전은 하지 않으며, 충분한 휴식과 스트레칭으로 춘곤증을 예방함	• 월동장비 정리 • 배터리 및 오일류 점검 • 낡은 배선 및 부식 부분 교환 • 에어컨 작동 여부 확인
여름	• 출발 전에 창문을 열고 더운 공기를 빼낸 후 운행 • 주행 중 시동이 꺼지면 통풍이 잘되는 그늘진 곳으로 이동하여 열을 식히고 재시동 • 비가 올 때는 감속하여 운행	• **냉각장치 점검** • 와이퍼 작동상태 및 타이어 마모 상태 점검 • 차량 내부 습기 제거 • 에어컨 냉매가스 양 점검 • 브레이크・전기배선 점검
가을	• 안개 지역에서는 처음부터 감속 운행 • 보행자에 주의하여 운행 • 행락철에는 과속 피하고 교통법규 준수 • 농촌 지역에서는 안전거리를 유지하고 경음기를 울려 자동차가 있음을 알림	• 차체 및 서리 제거용 열선 점검 • 장거리 운행 전에 냉각수와 브레이크액 양, 타이어 공기압 및 파손 부위, 각종 램프의 작동여부 점검
겨울	• 도로가 미끄러울 경우 천천히 출발, 충분한 차간거리 확보 및 감속, 다른 차량과 나란히 주행하지 않을 것 • 장거리 운행 시 기상 악화 등에 신속히 대처할 수 있도록 준비	• 월동장비 점검 • 부동액 양 및 점도 점검 • 정온기(수온조절기) 상태 점검

출제포인트

• 내리막길에서 브레이크 고장 시 저속기어로 엔진브레이크를 사용한다.
• 택시의 야간운전 시 전조등, 미등, 차폭등, 번호등, 실내조명등을 켜야 한다.
• 택시가 야간에 주차하는 경우 미등과 차폭등을 켜야 한다.

제2장 자동차의 구조 및 특성

1 동력전달장치

(1) 개 요

동력전달장치는 엔진에서 발생한 동력을 각 장치에 전달하여 주행할 수 있도록 해 주는 장치이다.

(2) 클러치

① 클러치의 역할 : 엔진의 동력을 변속기에 전달 및 차단
② 클러치 차단이 잘 되지 않는 원인
㉠ 클러치 페달의 **자유간극이 큼**
㉡ 클러치 **디스크의 흔들림이 큼**
㉢ 클러치 **구성부품의 심한 마멸**
㉣ 릴리스 **베어링의 손상** 또는 파손
㉤ 유압장치에 **공기 혼입**

③ 클러치가 미끄러지는 원인
　㉠ 클러치 페달의 자유간격 없음
　㉡ 클러치 스프링 장력이 약함
　㉢ 클러치 디스크에 오일이 묻어 있음
　㉣ 클러치 디스크 마멸이 심함

(3) 변속기

① 변속기의 역할 : 엔진의 출력을 자동차의 주행속도에 알맞도록 회전력과 속도를 바꿔 구동바퀴에 전달함
② 자동변속기의 장단점

장점	단점
• 운전이 편리함 • 진동이나 충격이 적음 • 좋은 승차감 • 조작 미숙에 의한 시동 꺼짐 없음	• 복잡한 구조 • 비싼 가격 • 연료소비율이 약 10% 증가 • 차를 끌고 밀어서 시동할 수 없음

(4) 타이어

역할	• 엔진의 구동력과 브레이크의 제동력을 노면에 전달함 • 노면의 충격을 완화함 • 자동차 하중을 지탱함 • 자동차의 진행방향을 전환 또는 유지함
종류	레디얼, 스노, 튜브리스

타이어에 의한 주행 이상 현상 (더 알아보기)

(1) 스탠딩 웨이브 현상
　① 고속 주행 시 타이어의 변형 주름이 펴지지 않고 반복 · 유지되는 현상
　② 일반 승용차의 경우 시속 150km 전후에 발생

(2) 수막 현상
　① 물이 고여 있는 노면을 고속 주행할 때 타이어 홈 사이의 물을 배수하는 기능의 감소로 물의 저항 때문에 노면에서 떠올라 물위를 미끄러지듯이 되는 현상
　② 예방법 : 저속 주행, 공기압 조금 높게, 마모된 타이어 교체, 배수 효과 좋은 리브형 타이어 사용

2 현가장치

(1) 개 요

현가장치는 노면으로부터 전달되는 충격을 완화하여 차체와 승객, 화물을 보호하는 장치이다.

(2) 스프링

구분	특성	
판 스프링	• 버스, 화물차에 사용 • 구조 간단	• 내구성 좋음
코일 스프링	• 승용차에 사용 • 옆 방향 저항력 없음	• 구조 복잡 • 진동에 대한 감쇠작용 못함
토션바 스프링	• 구조 간단 • 에너지 흡수율이 가장 큼 • 진동 억제 효과가 없어 쇽업소버 병용	
공기 스프링	• 유연한 탄성 • 승차감 좋음 • 구조 복잡 • 대형버스, 장거리 주행 자동차에 사용	• 작은 진동도 흡수 • 차체 높이 일정하게 유지 • 비싼 제작비

(3) 쇽업소버

① 승차감을 향상시키고 스프링 피로를 줄이기 위한 장치
② 스프링 작용의 역방향으로 힘을 발생시켜 스프링 진동을 신속하게 흡수

(4) 스태빌라이저

① 원심력으로 인해 차체가 기울어지는 것을 감소시켜 차체가 좌우 진동하는 것을 방지함
② 좌우 바퀴가 서로 다르게 상하 운동할 때 차체의 기울기를 감소시킴

3 조향장치

(1) 개 요

조향장치는 자동차의 진행 방향을 조작할 수 있는 장치이다.

(2) 조향장치의 고장 현상과 원인

① 조향핸들의 무거움
　㉠ 앞바퀴 정렬 상태 불량
　㉡ 타이어 공기압 부족
　㉢ 타이어 마멸 과다
　㉣ 조향 기어 톱니바퀴 마모
　㉤ 조향 기어 박스 오일 부족
② 조향핸들이 한쪽으로 쏠림
　㉠ 앞바퀴 정렬 상태 불량
　㉡ 쇽업소버 작동 불량
　㉢ 타이어 공기압 불균일
　㉣ 허브 베어링 마멸 과다

(3) 휠 얼라인먼트

① 역할
　㉠ 조향핸들에 복원성 부여
　㉡ 조향핸들의 조작을 가볍게 함
　㉢ 조향핸들의 조작을 확실하게 하고 안전성을 줌
　㉣ 타이어 마멸 최소화
② 구성요소

캠버	• 정면에서 보았을 때 앞바퀴가 수직선과 이루는 각 • 조향핸들의 조작을 가볍게 함 • 수직 방향 하중으로 인한 앞 차축 휨 방지
캐스터	• 앞바퀴를 옆에서 보았을 때 수직선과 킹핀이 이루는 각 • 주행 시 조향 바퀴에 방향성 부여함 • 조향 시 직진 방향 복원력 부여함
토인	• 위에서 내려다보았을 때 양쪽 바퀴 중심선 사이의 거리가 앞쪽이 뒤쪽보다 약간 작게 되어 있는 것 • 앞바퀴의 옆 방향 미끄러짐 방지 • 타이어 마멸 방지
조향축(킹핀) 경사각	• 정면에서 보았을 때 조향축(킹핀)이 수직선과 이루는 각 • 조향핸들의 조작을 가볍게 함 • 앞바퀴에 복원성 부여 • 앞바퀴 시미 현상(좌우 떨림 현상) 방지

4 제동장치

(1) 개 요

제동장치는 주행하는 자동차를 감속 또는 정지시키고 주차 상태를 유지하기 위해 사용하는 장치이다.

(2) ABS(Anti-lock Brake System)

기능	차량 급제동 시 차체는 주행함에도 바퀴가 잠기는(정지하는) 상태를 방지하는 시스템
특징	• 앞바퀴 고착에 의한 조향 능력 상실 방지 • 바퀴의 미끄러짐이 없는 제동 효과 확보 • 자동차의 방향 안정성과 조종 성능 확보 • 노면이 젖어 있어도 우수한 제동효과 확보

제3장 자동차 관리 및 응급조치 요령

1 자동차 점검

(1) 일상점검

엔진룸 내부	외관	운전석
• 엔진오일량, 누유 여부 • 냉각수량, 누수 여부 • 클러치액 양, 누유 여부 • 워셔액 양, 누수 여부 • 구동 벨트 장력, 손상 여부 • 트랜스미션 오일량, 누유 여부	• 타이어 공기압 • 타이어 마모 및 손상 • 배기가스 색깔 • 휠 볼트와 너트 조임 상태 • 번호판 파손, 식별성 • 램프 점멸 상태, 파손 여부 • 스프링 연결 부위 손상	• 핸들 흔들림 • 클러치 간극 • 진동 상태 • 백미러와 룸미러 상태 • 변속 레버 조작 이상 유무 • 브레이크 페달 간극, 작동 이상 유무 • 주차브레이크 작동 이상 유무 • 경음기, 와이퍼, 각종 계기 작동 상태

(2) 운행 전 점검

구분	점검 내용	
운전석	• 연료 게이지량 • 와이퍼 작동 상태 • 운전석 조정 • 룸미러, 경음기, 계기 점등 상태	• 에어압력 게이지 상태 • 스티어링 휠 조정 • 브레이크 페달 유격과 작동 상태
엔진	• 엔진오일 양과 점도 • 벨트 장력	• 냉각수 양과 상태 • 배선 상태
외관	• 유리의 상태 • 보닛 고정 • 후사경 위치 • 반사기와 번호판 손상 • 타이어 공기압과 마모 상태 • 라디에이터와 연료탱크 캡 상태 • 오일, 연료, 냉각수의 누유와 누수	• 차체 굴곡 • 차체 기울기 • 차체 먼지 • 휠 너트 조임 상태

(3) 운행 중 점검

구분	점검 내용	
시동 후 출발 전	• 배터리 출력 • 계기장치 • 브레이크 페달 • 공기압력 • 클러치 작동 • 엔진 소리	• 시동할 때 잡음 • 등화장치 • 액셀러레이터 페달 • 후사경 위치와 각도 • 기어 접속
운행 중	• 조향장치 작동 • 제동장치 작동, 편제동 유무 • 차체 이상 진동 • 클러치 작동 • 이상 냄새 유무	• 계기장치 정상 위치 • 엔진 소리 • 각종 신호등 작동 • 동력 전달 이상

(4) 운행 후 점검

구분	점검 내용	
외관	• 차체 기울기 • 차체 부품	• 차체 굴곡 또는 손상 • 보닛 고리
엔진	• 냉각수, 엔진 오일 이상 소모와 누유·누수 상태 • 배터리액 넘침	 • 배선 상태
하체	• 타이어 정상 마모 • 휠 너트 상태 • 조향장치, 완충장치 나사 풀림 상태	• 볼트, 너트 상태 • 에어 누설 여부

2 안전 수칙

(1) 운행 전 안전 수칙

① 반드시 안전벨트를 착용한다.
② 일상점검을 생활화한다.
③ 좌석, 핸들, 후사경을 조정한다.
④ 운전에 방해되는 물건이나 인화성·폭발성 물질을 제거한다.

(2) 운행 중 안전 수칙

① 창문 밖으로 손, 얼굴 등을 내밀지 않는다.
② 주행 중에는 엔진을 정지하지 않는다.
③ 음주 및 과로한 상태에서는 운전을 하지 않는다.
④ 문을 연 상태에서는 운행하지 않는다.

(3) 운행 후 안전 수칙

① 차에서 내리거나 후진할 경우 차 밖의 안전을 확인한다.
② 밀폐된 공간에서는 자동차 점검이나 워밍업을 하지 않는다.
③ 주차할 때에는 주차브레이크를 작동시키고, 급경사길에는 주차하지 않는다.
④ 습기가 많고 통풍이 잘되지 않는 차고에는 주차하지 않는다.

3 자동차 관리 요령

(1) 세 차

① 세차할 시기
㉠ 동결방지제가 뿌려진 도로, 해안지역을 주행했을 때
㉡ 밖에서 장시간 주차했을 때
㉢ 진흙 및 먼지, 새의 배설물, 매연, 분진, 콘크리트 가루 등이 묻어 있는 경우

② 세차할 때 주의사항
㉠ 엔진룸은 에어를 이용한다.
㉡ 전면유리는 왁스나 기름이 묻은 걸레로 닦지 않는다.
㉢ 겨울철에는 물기를 완전히 제거한다.

(2) 외장·내장 손질

외장 손질	• 녹이 발생하거나 부식되는 것을 방지하도록 세척함 • 더러움이 심한 경우에는 자동차 전용 세척제 사용 • 범퍼나 합성수지 부품이 더러워졌을 경우에는 부드러운 브러시나 스펀지 사용
내장 손질	• 아세톤, 표백제 등을 사용하여 세척할 경우 손상되거나 변색될 수 있음 • 실내등은 꺼져 있는지 확인하고 청소함

타이어 마모에 영향을 주는 요소 (더 알아보기)
타이어 공기압, 차의 하중, 차의 속도, 커브, 브레이크, 노면 등

4 LPG 자동차

(1) LPG 성분의 일반적 특성

① 주성분은 부탄과 프로판의 혼합체이다.
② 감압 또는 가열 시 기화 및 발화하기 쉽기 때문에 취급 시 주의한다.
③ 무색무취이지만 가스 누출 시 위험을 감지할 수 있도록 부취제가 첨가되어 있어 독특한 냄새가 난다.
④ 과충전방지장치가 내장되어 있어 85% 이상 충전되지 않는다. 약 **80%가 적정**하다.

※ 액팽창에 의한 가스의 누출 또는 용기의 손상을 방지하기 위하여 LPG 자동차 연료장치의 구조 등 기준에 의해 최고 충전량의 85% 이하를 충전하도록 규정되어 있다. 따라서 LPG 자동차에는 충전량 제한을 만족시키기 위하여 충전밸브에 과충전방지장치를 부착하여야 한다.

(2) LPG 자동차의 장단점

장점	단점
• 연료비가 싸서 경제적이고 공해 없음 • 연료의 옥탄가가 높아 노킹현상이 거의 발생하지 않음 • 가솔린 자동차에 비해 엔진 소음이 적음	• 충전소가 적어 연료 충전이 불편함 • 겨울철에 시동이 잘 걸리지 않음 • 가스 누출 시 잔류하여 점화원에 의한 폭발 위험성이 있음

(3) LPG 자동차 관리요령

① 엔진 시동 전 점검사항
- ㉠ LPG 탱크 밸브(적색, 녹색)의 열림 상태를 점검한다.
- ㉡ LPG 탱크 고정벨트의 풀림 여부를 점검한다.
- ㉢ 연료 파이프의 연결 상태 및 연료 누기 여부를 점검한다.
- ㉣ 가스가 누출되었을 때에는 창문을 모두 열고 화기를 멀리하며, 전문정비업체에 연락하여 조치한다.
- ㉤ 냉각수 호스 연결 상태, 누수 여부, 냉각수 적정 여부를 점검한다.

② 주행 중 준수사항
- ㉠ 주행 중에는 연료전환 스위치 또는 LPG 스위치에 손을 대지 않도록 한다. LPG 스위치가 꺼졌을 경우 엔진이 정지되어 안전운전에 지장을 줄 수도 있기 때문이다.
- ㉡ 급가속·급제동·급선회하는 경우나 경사길을 주행할 경우에 연료장치 경고등이 점등될 수 있다. 평탄한 길 주행 시 계속 연료장치 경고등이 점등되면 바로 연료를 충전한다.

③ 장기간 주차 시 준수사항
- ㉠ LPG 용기에 있는 연료출구밸브 2개(적색, 황색)를 시계 방향으로 돌려 잠근다.
- ㉡ 지하주차장 및 밀폐된 장소는 통풍이 잘되지 않아 인화성 물질에 의한 화재가 발생할 수 있으므로 충전밸브(녹색)를 잠근다.

④ LPG 충전 방법
- ㉠ 연료를 충전하기 전에 반드시 시동을 끈다.
- ㉡ 출구밸브 핸들(적색)을 잠근 후 충전밸브 핸들(녹색)을 연다.
- ㉢ 연료 주입구 도어를 열고 LPG 충전량이 85%를 초과하지 않도록 충전한다.
- ㉣ 연료 주입구 도어를 닫은 뒤 확인한다.
- ㉤ 밀폐된 공간에서는 충전하지 않는다.

⑤ 가스 누출 시 응급조치
- ㉠ 먼저 엔진을 정지하고, LPG 스위치를 끈다.
- ㉡ LPG 탱크의 모든 밸브(적색, 황색)를 잠그고, 필요한 정비를 한다.
- ㉢ 가스 누출 확인은 비눗물을 이용한다.
- ㉣ 가스 누출 부위를 손으로 접촉하면 동상이 걸릴 수 있다.

(4) LPG 자동차 운전자 기본수칙 및 준수사항

① 화기 옆에서 LPG 관련 부품을 점검·분해·수리를 하지 않는다.
② 연료 누출이 확인되면 LPG 용기의 연료출구밸브를 잠그고 정비한다.
③ LPG 탱크 고장 시 신품으로 교환하고 공인된 업체에서 정비한다.
④ 가급적 주차장 또는 건물 내에 주차하고, 옥외 주차 시에는 엔진 위치가 건물 벽 쪽으로 향하도록 한다.
⑤ 엔진 시동 전에 반드시 안전벨트를 착용하여 사고에 대비한다.
⑥ 시동 시 주차브레이크 레버를 당기고 모든 전기장치를 끄고, 점화스위치를 ON 모드로 변환한다.
⑦ Start/Stop 버튼으로 엔진 시동을 걸 경우에는 브레이크 페달을 밟고 시동 버튼을 누른다.

출제포인트

- LPG 자동차 용기 밸브에 장착된 장치로 액면표시장치가 있다. (×)

cf LPG 자동차 용기 밸브에 장착된 장치로는 압력안전장치, 과류방지밸브, 과충전방지장치가 있다. 그러므로 액면표시장치는 용기밸브에 장착된 장치가 아니다.

- LPG 충전은 보통 표기 용량의 85% 이상 충전하지 않는다.

5 운행 시 자동차 조작 요령

(1) 올바른 브레이크 조작

① 2~3회 나누어 밟으면 안정된 성능을 얻고 뒤따라오는 차량에게 제동 정보를 알려주어 후미추돌을 방지할 수 있다.
② 주행 중에는 기어가 들어가 있는 상태에서 핸들을 잡고 제동한다.
③ 고속 주행 시 엔진브레이크를 사용하려면 한 단 낮게 변속하면서 서서히 속도를 줄인다.
④ 내리막길에서는 기어를 중립에 두고 탄력 운행을 하지 않는다.

(2) 브레이크 이상 현상

① 페이드(Fade) 현상 : 내리막길을 내려갈 때 브레이크를 반복하여 사용하면 라이닝에 마찰열이 축적되어 브레이크의 제동력이 저하되는 현상
② 베이퍼 록(Vapour lock) 현상 : 긴 내리막길에서 풋브레이크를 지나치게 사용하면 마찰열 때문에 브레이크액이 기화되고, 브레이크 호스 내에 공기가 유입된 것처럼 기포가 발생하여 페달을 밟아도 스펀지를 밟는 것 같고, 유압이 잘 전달되지 않아 브레이크가 작용하지 않는 현상

베이퍼 록 현상 예방법 (더 알아보기)
엔진브레이크를 사용하여 저단 기어를 유지하면서 풋브레이크 사용을 줄인다.

③ 모닝 록(Morning lock) 현상 : 비가 자주 오거나 습도가 높은 날 또는 장시간 주차한 후에 브레이크 드럼에 미세한 녹이 발생하여 브레이크 드럼과 라이닝, 브레이크 패드와 디스크의 마찰계수가 높아져 평소보다 브레이크가 지나치게 예민하게 작동하는 현상

모닝 록 해소방법 (더 알아보기)
출발 시 서행하면서 브레이크를 몇 번 밟아 주면 녹이 제거되면서 해소됨

(3) 차바퀴가 헛도는 경우

변속레버를 1단과 R(후진) 위치로 번갈아 두면서 가속페달을 부드럽게 밟으면서 탈출을 시도한다.

출제포인트

- 엔진 브레이크를 사용하면 베이퍼 록 현상과 페이드 현상을 예방하여 운행의 안전도를 높일 수 있다. 따라서 내리막길을 내려갈 때에는 엔진 브레이크로 속도를 줄여 감속 운전한다.
- 차바퀴가 빠져 헛도는 경우 대처 방법 : 변속 레버를 전진과 후진 위치로 번갈아 두며 가속 페달을 부드럽게 밟는다.

6 자동차 응급조치 요령

(1) 엔진 오버히트

추정 원인	조치방법
• 냉각수 부족, 냉각수 누수 • 냉각팬 작동 불량 • 라디에이터 캡 장착 불완전 • 서모스탯(온도조절기) 고장 • 팬 벨트 장력 느슨(냉각수 순환 불량)	• 냉각수 보충, 누수 부위 수리 • 냉각팬 전기 배선 수리 • 라디에이터 캡 정확히 장착 • 서모스탯 교환 • 팬 벨트 장력 조정

(2) 검은색 배기가스

추정 원인	조치방법
• 밸브 간극 비정상 • 에어클리너 필터 오염	• 밸브 간극 조정 • 에어클리너 필터 청소 또는 교환

> 더 알아보기
>
> **배기가스로 구분할 수 있는 고장**
> - 무색(엷은 청색) : 완전 연소 시
> - 검은색 : 불완전 연소되는 경우 초크 고장, 에어클리너 엘리먼트 막힘, 연료장치 고장 등
> - 백색 : 헤드 개스킷 파손, 밸브의 오일 씰 노후, 피스톤 링 마모 등

(3) 배터리 방전

추정 원인	조치방법
• 배터리액 부족 • 배터리 수명 다함 • 배터리 단자 부식	• 배터리액 보충 • 배터리 교체 • 부식된 부분 제거 및 조임

(4) 저속 회전 시 엔진이 쉽게 꺼짐

추정 원인	조치방법
• 공회전 속도가 낮음 • 연료 필터 막힘 • 밸브 간극 비정상 • 에어클리너 필터 오염	• 공회전 속도 조절 • 연료 필터 교환 • 밸브 간극 조정 • 에어클리너 필터 청소 또는 교환

(5) 시동 문제

구분	추정 원인	조치방법
시동모터가 작동되지 않거나 천천히 회전하는 경우	• 배터리 단자의 부식, 이완, 빠짐 • 배터리 방전 • 엔진오일 점도가 너무 높음 • 접지 케이블 이완	• 부식된 부분을 처리하고 단단히 고정 • 배터리 충전·교환 • 적정 점도의 오일로 교환 • 접지 케이블 단단하게 고정
시동모터가 작동되나 시동이 걸리지 않는 경우	• 연료 필터가 막힘 • 예열작동이 불충분 • 연료가 떨어짐	• 연료 필터 교환 • 예열시스템 점검 • 연료 보충 후 공기빼기

(6) 브레이크 문제

구분	추정 원인	조치방법
브레이크 제동효과 불량	• 공기압 과다 • 타이어 마모 심함 • 라이닝 간극 과다 또는 심한 마모 상태 • 공기 누설	• 적정 공기압 조정 • 타이어 교환 • 라이닝 간극 조정 또는 교환 • 브레이크 계통 점검 후 풀려 있는 부분 다시 조임
브레이크 편제동	• 타이어 편마모 • 좌우 타이어 공기압 다름 • 좌우 라이닝 간극 다름	• 편마모된 타이어 교체 • 적정 공기압 조정 • 라이닝 간극 조정

(7) 연료 소비량 과다

추정 원인	조치방법
• 타이어 공기압 부족 • 브레이크가 제동된 상태에 있음 • 클러치가 미끄러짐 • 연료 누출	• 적정 공기압 조정 • 브레이크 라이닝 간극 조정 • 클러치 간극 조정, 클러치 디스크 교환 • 누출 부위에 풀려 있는 부분 조임

(8) 타이어 펑크 응급조치

핸들을 꽉 잡아 돌아가지 않게 함 → 비상경고등 작동 → 서서히 감속 → 길 가장자리로 이동 → 엔진 브레이크를 이용하여 안전한 장소에 정지 → 고장자동차표지 설치 → 타이어 교환

제4장 자동차 검사

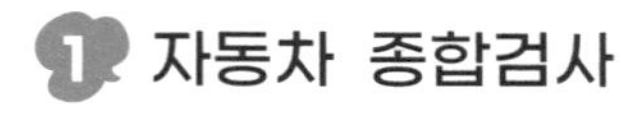

1 자동차 종합검사

(1) 자동차 종합검사

운행차 배출가스 정밀검사 시행지역에 등록한 자동차 소유자 및 특정경유자동차 소유자는 정기검사와 배출가스 정밀검사 또는 특정경유자동차 배출가스 검사를 통합하여 국토교통부장관과 환경부장관이 공동으로 다음에 대하여 실시하는 자동차종합검사를 받아야 한다. **종합검사를 받은 경우에는 정기검사, 정밀검사 및 특정경유자동차검사를 받은 것으로 본다**(자동차관리법 제43조의2).

① 자동차의 동일성 확인 및 배출가스 관련 장치 등의 작동 상태 확인을 관능검사(사람의 감각기관으로 자동차 상태를 확인하는 검사) 및 기능검사로 하는 공통 분야
② 자동차 안전검사 분야
③ 자동차 배출가스 정밀검사 분야

(2) 종합검사의 대상과 유효기간

(자동차 종합검사의 시행 등에 관한 규칙 별표1)

검사 대상		적용 차령	검사 유효기간
승용자동차	비사업용	차령이 4년 초과인 자동차	2년
	사업용	차령이 2년 초과인 자동차	1년
경형·소형의 승합 및 화물자동차	비사업용	차령이 3년 초과인 자동차	1년
	사업용	차령이 2년 초과인 자동차	1년
사업용 대형 화물자동차		차령이 2년 초과인 자동차	6개월
사업용 대형 승합자동차		차령이 2년 초과인 자동차	• 차령 8년까지 1년 • 이후부터 6개월
중형 승합자동차	비사업용	차령이 3년 초과인 자동차	• 차령 8년까지 1년 • 이후부터 6개월
	사업용	차령이 2년 초과인 자동차	• 차령 8년까지 1년 • 이후부터 6개월
그 밖의 자동차	비사업용	차령이 3년 초과인 자동차	• 차령 5년까지 1년 • 이후부터 6개월
	사업용	차령이 2년 초과인 자동차	• 차령 5년까지 1년 • 이후부터 6개월

- 검사 유효기간이 6개월인 자동차의 경우 종합검사 중 자동차 배출가스 정밀검사 분야의 검사는 1년마다 받는다.
- 사업용자동차 : 여객자동차운수사업 또는 화물자동차운수사업에 사용하는 자동차
- 최초로 종합검사를 받아야 하는 날은 위 표의 적용차령 후 처음으로 도래하는 정기검사 유효기간 만료일로 한다. 다만, 자동차가 정기검사를 받지 아니하여 정기검사기간이 경과된 상태에서 적용차령이 도래한 자동차가 최초로 종합검사를 받아야 하는 날은 적용차령 도래일로 한다.

> 💡 더 알아보기
>
> **자동차 종합검사 또는 정기검사를 받지 않은 경우의 과태료**
> (자동차관리법 시행령 별표2)
> - 검사 지연기간이 30일 이내인 경우 : 4만 원
> - 검사 지연기간이 30일 초과 114일 이내인 경우 : 4만 원 + 31일째부터 계산하여 3일 초과 시마다 2만 원을 더한 금액
> - 검사 지연기간이 115일 이상인 경우 : 60만 원

2 자동차 정기검사(안전도 검사)

(1) 자동차 정기검사 시행 및 측정
① 자동차관리법에 따라 종합검사 시행지역 외 지역에 대하여 안전도 분야에 대한 검사를 시행한다.
② 배출가스검사는 공회전 상태에서 배출가스 측정한다.

(2) 검사유효기간(자동차관리법 시행규칙 별표15의2)

구분	검사유효기간
비사업용 승용자동차 및 피견인자동차	2년(최초 4년)
사업용 승용자동차	1년(최초 2년)
경형·소형의 승합 및 화물자동차	1년
차령 2년 이하 사업용 대형화물자동차	
차령 8년 이하 중형 승합자동차 및 사업용 대형 승합자동차	
차령 5년 이하 그 밖의 자동차	
차령 2년 초과 사업용 대형화물자동차	6월
차령 8년 초과 중형 승합자동차 및 사업용 대형 승합자동차	
차령 5년 초과 그 밖의 자동차	

> 💡 더 알아보기
>
> **(1) 임시검사**
> ① 자동차관리법 또는 자동차관리법에 따른 명령이나 자동차 소유자의 신청을 받아 비정기적으로 실시하는 검사
> ② 신청 서류 : 자동차검사신청서, 자동차점검·정비·원상복구명령서
>
> **(2) 신규검사**
> ① 신규등록을 하려는 경우 실시하는 검사
> ② 신청 서류 : 신규검사신청서, 출처증명서류(말소사실증명서 또는 수입신고서, 자기인증면제확인서), 제원표(이미 자기인증된 자동차와 같은 제원의 자동차는 첨부 생략 가능)

3 튜닝검사

(1) 자동차의 튜닝
자동차소유자가 국토교통부령으로 정하는 항목에 대하여 튜닝을 하려는 경우에는 시장·군수·구청장의 승인을 받아야 한다. 자동차의 튜닝승인을 받은 자는 자동차정비업자 또는 자동차제작자 등으로부터 튜닝과 그에 따른 정비를 받고 튜닝 승인을 받은 날부터 45일 이내에 튜닝검사를 받아야 한다(자동차관리법 제34조, 시행규칙 제56조제3항).

(2) 튜닝검사 신청 서류(자동차관리법 시행규칙 제78조)
① 자동차검사신청서
② 말소등록사실증명서
③ 튜닝승인서
④ 튜닝 전·후의 주요 제원 대비표
⑤ 튜닝 전·후의 자동차외관도(외관의 변경이 있는 경우만 해당)
⑥ 튜닝하려는 구조·장치의 설계도

(3) 튜닝 승인 불가 항목(자동차관리법 시행규칙 제55조)
① 총중량이 증가하는 튜닝
② 승차정원 또는 최대적재량의 증가를 가져오는 승차장치 또는 물품적재장치의 튜닝
③ 자동차의 종류가 변경되는 튜닝
㉠ 승용자동차와 동일한 차체 및 차대로 제작된 승합자동차의 좌석장치를 제거하여 승용자동차로 튜닝하는 경우(튜닝하기 전의 상태로 회복하는 경우 포함)
㉡ 화물자동차를 특수자동차로 튜닝하거나 특수자동차를 화물자동차로 튜닝하는 경우
④ 튜닝 전보다 성능 또는 안전도가 저하될 우려가 있는 경우의 튜닝

(4) 튜닝 승인 대상 항목 등(자동차관리법 시행령 제8조)

구분	승인 대상	승인 불필요 대상
구조	• 길이·너비 및 높이(범퍼 등 경미한 외관변경 경우 제외) • 총중량	• 최저지상고 • 중량분포 • 최대안전경사각도 • 최소회전반경 • 접지부분 및 접지압력
장치	• 원동기(동력발생장치) 및 동력전달 장치 • 주행장치(차축에 한함) • 조향장치 • 제동장치 • 연료장치 • 차체 및 차대 • 연결장치 및 견인장치 • 승차장치 및 물품적재장치 • 소음방지장치 • 배기가스발산 방지장치 • 전조등, 번호등, 후미등, 제동등, 차폭등, 후퇴등 기타 등화장치 • 내압용기 및 그 부속장치 • 자동차의 안전운행에 필요한 장치로서 국토교통부령이 정하는 장치	• 조종장치 • 현가장치 • 전기·전자장치 • 창유리 • 경음기 및 경보장치 • 방향지시등 기타 지시장치 • 후사경·창닦이기 기타 시야를 확보하는 장치 • 후방 영상장치 및 후진경고음 발생장치 • 속도계·주행거리계 기타 계기 • 소화기 및 방화장치

제2부 기출예상문제

제1장 안전운전의 기술

01 안전운전을 하는 데 필요한 필수적 과정이 순서대로 나열된 것은?

① 예측 → 확인 → 판단 → 실행
② 확인 → 예측 → 판단 → 실행
③ 판단 → 확인 → 예측 → 실행
④ 실행 → 확인 → 판단 → 예측

02 안전운전을 할 때 주변 확인 시 주의해서 보아야 할 것으로 틀린 것은?

① 보행자 ② 신호등
③ 안전 공간 ④ 다른 차로의 차량

전방 탐색 시 주의해서 보아야 할 것들은 다른 차로의 차량, 보행자, 자전거 교통의 흐름과 신호등이다. 특히 화물차량 등 대형차가 있을 때는 대형차량에 가린 것들에 대한 단서에 주의한다.

03 시야 고정이 많은 운전자의 특성으로 옳지 않은 것은?

① 회전하기 전에 뒤를 확인하지 않는다.
② 위험에 대응하기 위해 경적이나 전조등을 자주 사용한다.
③ 자기 차를 앞지르려는 차량의 접근사실을 미리 확인하지 못한다.
④ 정지선 등에서 정지 후 다시 출발할 때 좌우를 확인하지 않는다.

시야 고정이 많은 운전자는 위험에 대응하기 위해 경적이나 전조등을 좀처럼 사용하지 않는다.

04 안전운행 방법으로 옳지 않은 것은?

① 앞차와 적정거리를 유지하며 운행 시에는 다른 차가 끼어들지 못하게 한다.
② 안전거리 확보로 급제동의 상황을 만들지 않는다.
③ 뒤차가 앞지르려 할 때 도로의 오른쪽으로 진행하거나 감속하여 피해 준다.
④ 상대방 차가 갑자기 진로를 변경하더라도 안전할 만큼 충분한 간격을 두고 진행한다.

진로변경 차량 접근 시 속도를 줄이고 공간을 만들어 준다.

05 동체시력에 대한 설명으로 옳지 않은 것은?

① 연령이 높을수록 더욱 저하된다.
② 물체의 이동속도가 느릴수록 상대적으로 저하된다.
③ 장시간 운전에 의한 피로상태에서 저하된다.
④ 움직이는 물체를 정확히 식별하고 인지하는 능력이다.

② 물체의 이동속도가 빠를수록 상대적으로 저하된다.

중요

06 움직이는 물체 또는 움직이면서 다른 자동차나 사람 등의 물체를 보는 시력은?

① 시야 ② 동체시력
③ 정지시력 ④ 대비능력

① 시야 : 중심시와 주변시를 포함해서 주위의 물체를 확인할 수 있는 범위, 눈의 위치를 바꾸지 않고도 볼 수 있는 좌우의 범위
③ 정지시력 : 움직이지 않고 정지 상태에서 대상물을 보는 시력

중요

07 다음 중 안전거리란 무엇을 의미하는가?

① 브레이크 페달을 밟아 실제 제동이 걸리기 시작할 때까지 차량이 진행한 거리
② 실제로 운전자가 위험을 발견하고 자동차가 완전히 정지하기까지의 전체 거리
③ 앞차가 갑자기 정지하게 되는 경우 그 앞차와의 충돌을 피할 수 있는 필요한 거리
④ 주행 중인 자동차가 브레이크가 작동하기 시작할 때부터 완전히 정지할 때까지 진행한 거리

중요

08 운전자가 자동차를 정지시켜야 할 상황임을 지각하고 브레이크로 발을 옮겨 브레이크가 작동을 시작하기 전까지 이동한 거리를 무엇이라 하는가?

① 이동거리 ② 정지거리
③ 공주거리 ④ 제동거리

• 제동거리 : 운전자가 브레이크에 발을 올려 브레이크가 작동을 시작하는 순간부터 자동차가 완전히 정지할 때까지 이동한 거리
• 정지거리 : 공주거리와 제동거리를 합한 거리

중요

09 자동차의 정지거리에 영향을 주는 자동차 요인은?

① 타이어의 마모정도 ② 노면상태
③ 운행속도 ④ 피로도

정지거리는 운전자 요인(인지반응시간, 운행속도, 피로도, 신체적 특성 등), 자동차 요인(자동차 종류, 타이어의 마모정도, 브레이크 성능 등), 도로 요인(노면의 종류, 노면의 상태 등)에 따라 차이가 발생할 수 있다.

10 앞지르기 운전에 대한 설명으로 옳지 않은 것은?

① 앞지르기를 시도하려는 차가 뒤에 따라 붙으면 속도를 올린다.
② 앞차가 앞지르기를 하고 있을 때는 앞지르기를 시도하지 않는다.
③ 앞지르기에 필요한 충분한 거리와 시야가 확보되었을 때 앞지르기를 시도한다.
④ 앞지르기에 필요한 속도가 그 도로의 최고속도 범위 이내일 때 앞지르기를 시도한다.

자차의 속도를 앞지르기를 시도하는 차의 속도 이하로 적절히 감속하여야 한다.

정답 01. ② 02. ③ 03. ② 04. ① 05. ② 06. ② 07. ③ 08. ③ 09. ① 10. ①

11 **차량의 제동거리에 영향을 주는 요인이 아닌 것은?**

① 타이어의 마모정도 ② 노면상태
③ 운행속도 ④ 공주거리

12 **자차가 다른 차를 앞지르기할 때의 방어운전으로 옳지 않은 것은?**

① 앞차의 오른쪽으로 앞지르기하지 않는다.
② 앞차가 앞지르기하고 있을 때에 앞지르기를 시도한다.
③ 점선의 중앙선을 넘어 앞지르기하는 때에는 대향차의 움직임에 주의한다.
④ 앞지르기에 필요한 속도가 그 도로의 최고속도 범위 이내일 때 앞지르기를 시도한다.

➡ ② 앞차가 앞지르기하고 있을 때에는 앞지르기를 시도하지 않는다.

13 **다음 중 방어운전방법에 대한 설명으로 옳지 않은 것은?**

① 몸이 불편하거나 졸음이 오는 경우에는 무리하여 운행하지 않도록 한다.
② 신호기가 설치되어 있지 않은 교차로에서는 속도를 줄이고 좌우의 안전을 확인한 다음 통과한다.
③ 타인의 운전태도에 감정적으로 반발하여 운전하지 않도록 한다.
④ 대형차의 뒤를 소형차가 뒤따라 진행하게 된 때에는 대형차가 다른 도로로 빠져 나갈 때까지 그대로 따라간다.

➡ ④ 대형 화물차나 버스의 바로 뒤를 따라서 진행할 경우에는 전방의 교통상황을 파악할 수 없으므로 함부로 앞지르기를 하지 않도록 하고 시기를 보아서 대형차의 뒤에서 이탈해 진행한다.

중요

14 **다음 중 방어운전의 기본이 아닌 것은?**

① 세심한 관찰력 ② 능숙한 운전기술
③ 정확한 운전지식 ④ 자기중심적인 사고

➡ 방어운전의 기본 : 능숙한 운전기술, 정확한 운전지식, 세심한 관찰력, 예측능력과 판단력, 양보와 배려의 실천, 교통상황 정보수집, 반성의 자세, 무리한 운행 배제

15 **주행 중 차의 앞바퀴가 터졌을 때 방어운전법으로 적절한 것은?**

① 다른 차량 주변으로 가깝게 다가간다.
② 핸들을 단단하게 잡아 차가 한쪽으로 쏠리는 것을 막고 의도한 방향을 유지한 다음 속도를 줄인다.
③ 수시로 브레이크 페달을 작동해서 제동이 제대로 되는지를 살펴본다.
④ 차가 한쪽으로 미끄러지는 것을 느끼면 핸들 방향을 그 방향으로 틀어 주며 대처한다.

➡ ① 다른 차량 주변으로 가깝게 다가가지 않는다.
③ 미끄러짐 사고 시 방어운전법이다.
④ 뒷바퀴의 바람이 빠졌을 시 방어운전법이다.

16 **추돌사고를 발생시키거나 당하지 않는 안전운행 요령이 아닌 것은?**

① 가능한 한 3~4대 앞의 도로상황도 주의 깊게 살핀다.
② 앞차의 급제동 시에도 추돌하지 않도록 충분한 거리를 유지한다.
③ 적재물이 떨어질 위험이 높은 화물차를 따라갈 때는 평소보다 차간거리를 넉넉히 두고 다른 차선으로 운행한다.
④ 앞차와의 거리는 바짝 좁혀 앞차의 움직임을 파악한다.

17 **운전 상황별 방어운전 요령에 대한 설명으로 옳지 않은 것은?**

① 주행 시 속도조절 : 주행하는 차들과 물 흐르듯이 속도를 맞추어 주행
② 앞지르기할 때 : 반드시 안전을 확인한 후 앞지르기가 허용된 지역에서 지정된 속도로 주행
③ 주행차로 사용 : 자기 차로를 선택하여 가능한 한 변경하지 않고 주행
④ 차간 거리 : 다른 차량이 끼어들 경우를 대비하여 앞 차량에 밀착하여 주행

➡ 앞차에 너무 밀착하여 주행하지 않도록 하고, 다른 차가 끼어들기 하는 경우에는 양보하여 안전하게 진입하도록 한다.

18 **후미 추돌사고의 원인이 아닌 것은?**

① 급제동 ② 전방주시 태만
③ 선행 차의 과속 ④ 안전거리 미확보

➡ ③ 타 차량 등의 끼어들기로 인한 선행 차의 갑작스런 정지 또는 감속

중요

19 **운전 중일 때 운전자의 착각에 대한 설명으로 틀린 것은?**

① 작은 것은 멀리 있는 것처럼 느껴진다.
② 내림경사는 실제보다 크게 보인다.
③ 주시점이 가까운 좁은 시야에서는 빠르게 느껴진다.
④ 주행 중 급정거 시 반대방향으로 움직이는 것처럼 보인다.

➡ 오름경사는 실제보다 크게 보이고, 내림경사는 실제보다 작게 보인다.

20 **시가지 교차로에서의 방어운전으로 옳지 않은 것은?**

① 교차로 통과 시 앞차를 맹목적으로 따라가지 않는다.
② 무단횡단하는 보행자 등 위험요인이 많으므로 돌발 상황에 대비한다.
③ 이미 교차로 안으로 진입하여 있을 때 황색신호로 변경된 경우에는 즉시 정지한다.
④ 신호는 운전자의 눈으로 직접 확인한 후 선신호에 따라 진행하는 차가 없는지 확인하고 출발한다.

➡ 이미 교차로 안으로 진입하였을 때 황색신호로 변경된 경우에는 신속히 교차로 밖으로 빠져나간다.

21 **시가지 이면도로에서의 방어운전으로 옳지 않은 것은?**

① 위험한 대상물에 주의하면서 운전한다.
② 이면도로에서는 항상 보행자의 출현 등 돌발 상황에 대비한다.
③ 자전거나 이륜차가 통행하는 경우 통행공간을 배려하면서 운전한다.
④ 주·정차된 차량이 출발하려는 경우 따라붙거나 속도를 내어 앞지른다.

➡ ④ 주·정차된 차량이 출발하려는 경우 안전거리를 확보한다.

정답 11. ④ 12. ② 13. ④ 14. ④ 15. ② 16. ④ 17. ④ 18. ③ 19. ② 20. ③ 21. ④

22 **주택가 골목길(이면도로)에서의 안전운행 방법으로 적절하지 않은 것은?**

① 공이 날아오면 뒤이어 어린이가 달려 나올 것을 예상하고 대비한다.
② 주차차량 사이에서 갑자기 어린이가 달려 나올 수 있다는 것을 예측 운전한다.
③ 위험이 느껴지는 보행자를 발견하면 안전하다고 판단될 때까지 계속 주시한다.
④ 잠시 정차 후 출발할 때에는 후사경만으로 좌우를 확인한다.

➡ 주택가 골목길 운행 중 위험을 느낀 때에는 잠시 정지 후 안전을 확인하고 출발하는 것이 안전하나, 다만 후사경으로 좌우를 확인할 것이 아니라 실내 후사경으로 뒷면 상황 또는 직접 눈으로 전방의 안전 상황을 확인한 후 운행하여야 한다.

23 **택시운전자에게 이면도로 안전운행이 특히 강조되는 이유로 적절하지 않은 것은?**

① 이면도로는 좁은 도로가 교차하고 있어 사고에 특히 주의해야 한다.
② 길가에서 어린이들이 노는 경우가 많아서 사고의 위험성이 높다.
③ 이면도로에는 주차차량이 많아 좌우측 시야를 확보하기 쉽다.
④ 도로의 폭이 좁고 보도 등의 안전시설이 없다.

➡ 이면도로에는 주차차량이 많아 좌우측 시야를 확보하기가 어렵다.

중요
24 **신호가 없는 교차로에서의 통행방법으로 옳지 않은 것은?**

① 좌회전하려는 차는 우회전하려는 차보다 항상 우선 통행된다.
② 좌회전하려는 차는 직진하려는 차가 있을 때 그 차에 진로를 양보해야 한다.
③ 우회전하려는 차는 이미 좌회전하고 있는 차의 통행을 방해하지 못한다.
④ 직진하려는 차는 이미 좌회전하고 있는 차의 통행을 방해하지 못한다.

➡ 교통정리를 하고 있지 않은 교차로에서 좌회전하려고 하는 차의 운전자는 그 교차로에서 직진하거나 우회전하려는 다른 차가 있을 때에는 그 차에 진로를 양보해야 한다.

중요
25 **교차로 통과 시의 방어운전 요령으로 잘못된 것은?**

① 신호등 없는 교차로의 경우에는 통행의 우선순위에 따라 주의하며 진행한다.
② 교통경찰관의 수신호는 무시하고 운전자의 판단에 따라 교차로를 통과한다.
③ 신호등이 있는 경우에는 신호등이 지시하는 신호에 따라 통행한다.
④ 섣부른 추측운전을 하지 않는다.

➡ 교통경찰관 수신호의 경우 교통경찰관의 지시에 따라 통행한다.

26 **커브길 주행 시 주의사항으로 틀린 것은?**

① 급핸들 조작이나 급제동은 하지 않는다.
② 중앙선을 침범하거나 도로 중앙으로 치우쳐 운전하지 않는다.
③ 겨울철에는 노면이 얼어 있으므로 사전에 조심하여 운전한다.
④ 주간에는 전조등, 야간에는 경음기를 사용하여 차의 존재를 알린다.

➡ ④ 커브길 주행 시 주간에는 경음기, 야간에는 전조등을 사용하여 내 차의 존재를 알린다.

27 **회전교차로의 통행방법에 대한 설명으로 옳은 것은?**

① 회전교차로에 진입할 때에는 속도를 높여 진입한다.
② 회전 중인 자동차는 회전교차로에 진입하는 자동차에게 양보한다.
③ 회전교차로 통과 시 모든 자동차가 중앙교통섬을 중심으로 시계방향으로 회전하며 통과한다.
④ 회전차로 내부에서 주행 중인 자동차를 방해할 우려가 있을 경우 진입하지 않는다.

➡ ① 회전교차로에 진입할 때에는 충분히 속도를 줄인 후 진입한다.
② 회전교차로에 진입하는 자동차는 회전 중인 자동차에게 양보한다.
③ 회전교차로 통과 시 모든 자동차가 중앙교통섬을 중심으로 시계반대방향으로 회전하며 통과한다.

28 **지방도로에서의 방어운전으로 옳지 않은 것은?**

① 내리막길을 내려갈 때에는 엔진브레이크로 속도를 조절한다.
② 자갈길이나 도로노면의 표시가 잘 보이지 않는 도로를 주행할 때는 속도를 높인다.
③ 커브길에 진입하기 전에 경사도나 도로 폭을 확인하고 엔진브레이크를 작동시켜 속도를 줄인다.
④ 오르막길에서 정차할 때는 앞차가 뒤로 밀려 충돌할 가능성이 있으므로 충분한 차간거리를 유지한다.

➡ 자갈길, 지저분하거나 도로노면의 표시가 잘 보이지 않는 도로를 주행할 때는 속도를 줄인다.

29 **커브길에서 사고가 잘 일어나는 이유가 아닌 것은?**

① 자동차가 커브를 돌 때 차체에 원심력이 작용하기 때문에
② 커브길에서는 기상상태나 회전속도 등에 따라 차량이 미끄러지거나 전복될 위험이 증가하기 때문에
③ 커브길에서 감속할 경우 차량의 무게중심이 한쪽으로 쏠려 차량의 균형이 쉽게 무너지기 때문에
④ 커브길에서 가속할 경우 큰 마찰력이 발생하기 때문에

➡ 커브길을 돌 때에 속도가 너무 높거나 가속이 진행되면 원심력을 극복할 수 있는 충분한 마찰력이 발생하기 어렵다. 따라서 회전 중에 발생하는 가속은 원심력을 증가시켜 도로이탈의 위험이 발생한다.

30 **다음 중 오르막길 안전운전방법으로 옳지 않은 것은?**

① 정차할 때는 앞차가 뒤로 밀려 충돌할 가능성이 있으므로 충분한 차간거리를 유지한다.
② 뒤로 미끄러지는 것을 방지하기 위해 정지하였다가 출발할 때에 핸드브레이크를 사용하면 도움이 된다.
③ 오르막길에서 부득이하게 앞지르기할 때에는 고단 기어를 사용하는 것이 안전하다.
④ 정차해 있을 때에는 가급적 풋브레이크와 핸드브레이크를 동시에 사용한다.

➡ 오르막길에서 부득이하게 앞지르기할 때에는 힘과 가속이 좋은 저단 기어를 사용하는 것이 안전하다.

정답 22. ④ 23. ③ 24. ① 25. ② 26. ④ 27. ④ 28. ② 29. ④ 30. ③

31 **내리막길에서의 방어운전으로 옳지 않은 것은?**

① 중간에 불필요하게 속도를 줄이거나 급제동하지 않는다.
② 풋브레이크를 사용하면 페이드 현상을 예방하여 운행 안전도를 더욱 높일 수 있다.
③ 배기브레이크가 장착된 차량의 경우 배기브레이크를 사용하면 운행의 안전도를 더욱 높일 수 있다.
④ 내리막길을 내려가기 전에는 미리 감속하여 천천히 내려가며 엔진브레이크로 속도를 조절하는 것이 바람직하다.

➡ 내리막길에서 엔진브레이크를 사용하면 페이드 현상을 예방하여 운행 안전도를 더욱 높일 수 있다.

32 **내리막길 주행 중 브레이크가 고장 났을 때 취하는 방법 중 옳지 않은 것은?**

① 속도가 30km 이하가 되었을 경우 주차브레이크를 서서히 당긴다.
② 변속장치를 저단으로 변속하여 엔진브레이크를 활용한다.
③ 풋브레이크를 여러 번 나누어 밟아 본다.
④ 최악의 경우는 피해를 최소화하기 위해 수풀이나 산의 사면으로 핸들을 돌린다.

➡ 긴 내리막길에서 풋브레이크만을 계속 사용하게 되면 베이퍼록 현상이 발생하여 제동이 되지 않으므로 대단히 위험하다.

33 **경사로에 주차하는 방법에 대한 설명으로 옳지 않은 것은?**

① 변속기의 레버를 'P'에 위치시킨다.
② 수동변속기의 경우 내리막길에서 아래를 보고 주차하는 경우 후진기어를 넣는다.
③ 받침목까지 뒷바퀴에 대어주는 것이 좋다.
④ 바퀴를 벽 반대방향으로 돌려놓아야 한다.

➡ 경사로에 주차하는 경우 바퀴는 벽 방향으로 돌려놓는 것이 보다 안전한 주차방법이다.

34 **철길건널목에서의 안전운전 요령으로 옳지 않은 것은?**

① 철길건널목 폭이 좁아서 자동차 바퀴가 철길로 빠지기 쉬우므로 조심한다.
② 철길 침목에서는 엔진시동이 꺼지기 쉬우므로 조심한다.
③ 철길건널목 좌우가 건물 등에 가려져 있는 경우나 커브 지점에서는 더욱 조심한다.
④ 철길건널목 직전에서 좌우를 살피면서 서행으로 통과해야 한다.

➡ 철길건널목 통과 시 건널목 직전에서 일시정지하여 안전을 확인 후 통과해야 한다.

35 **고속도로에서의 방어운전으로 옳지 않은 것은?**

① 확인, 예측, 판단 과정을 이용하여 12~15초 전방 안에 있는 위험상황을 확인한다.
② 고속도로를 빠져나갈 때는 가능한 한 빨리 진출 차로로 들어가야 하고, 진출 차로에 실제로 진입할 때까지는 차의 속도를 낮추지 말고 주행하여야 한다.
③ 가급적 대형차량이 전방 또는 측방 시야를 가리지 않는 위치를 잡아 주행하도록 한다.
④ 여러 차로를 가로지를 필요가 있다면 매번 신호를 하면서 한 번에 한 차로씩 옮기지 말고 한 번에 여러 차로를 변경한다.

➡ 만일 여러 차로를 가로지를 필요가 있다면 매번 신호를 하면서 한 번에 한 차로씩 옮겨간다.

36 **고속도로 진출입부에서의 방어운전으로 옳지 않은 것은?**

① 본선 진입 의도를 다른 차량에게 방향지시등으로 알린다.
② 본선 진입 전 충분히 가속하여 교통 흐름을 방해하지 않는다.
③ 진입을 위한 가속차로 끝부분에서는 감속하여 운행한다.
④ 고속도로 본선 진입 시기를 잘못 맞추면 추돌사고가 발생할 수 있다.

➡ ③ 고속도로 진입을 위한 가속차로 끝부분에서 감속하지 않도록 주의한다.

중요

37 **야간에는 인체의 모든 기능이 감소하여 눈의 지각능력이 떨어지고 시력은 주간에 비해 1/2 수준으로 저하된다. 이때 보행자가 입어야 하는 옷 색깔로 가장 적절한 것은?**

① 적색 ② 백색
③ 흑색 ④ 황색

➡ 야간에 사람이라는 것을 확인하기 쉬운 옷 색깔은 적색, 백색 순이며 흑색이 가장 어렵다.

중요

38 **야간 운행 중 차량 상호 간에 라이트가 갑자기 비춰지는 경우 물체를 제대로 식별하지 못하는 현상은?**

① 현혹현상 ② 광막현상
③ 착시현상 ④ 증발현상

➡ 증발현상은 야간에 마주 오는 대향차의 전조등 눈부심으로 인해 순간적으로 보행자를 잘 볼 수 없게 되는 현상을 말한다.

39 **마주 오는 차량의 전조등 불빛을 직접 보았을 때 순간적으로 시력이 상실되는 현상은?**

① 증발현상 ② 착시현상
③ 현혹현상 ④ 광막현상

➡ 현혹현상은 운행 중 갑자기 빛이 눈에 비치면 순간적으로 장애물을 볼 수 없는 현상으로, 현혹된 시력이 회복될 때까지는 주위의 명암, 전조등의 강도, 사람에 따라 지연될 수 있으므로 운전자의 주의가 필요하다.

중요

40 **야간의 안전운전 요령으로 옳지 않은 것은?**

① 해가 저물면 곧바로 전조등을 켠다.
② 전조등이 비추는 것보다 앞쪽까지 살핀다.
③ 주간보다 속도를 높여 주행한다.
④ 불가피한 경우가 아니면 도로 위에 주·정차를 하지 않는다.

➡ ③ 야간에는 주간보다 속도를 줄여 주행한다.

41 **야간운전 시 주의사항으로 옳지 않은 것은?**

① 앞차의 미등만 보고 주행하지 않는다.
② 보행자의 확인에 더욱 세심한 주의를 기울인다.
③ 주간보다 시야가 제한되므로 속도를 줄여 운행한다.
④ 자동차가 서로 마주보고 진행하는 경우에는 전조등 불빛의 방향을 위로 향하게 한다.

➡ 자동차가 서로 마주보고 진행하는 경우에는 전조등 불빛의 방향을 아래로 향하게 한다.

정답 31. ② 32. ③ 33. ④ 34. ④ 35. ④ 36. ③ 37. ① 38. ④ 39. ③ 40. ③ 41. ④

42 야간 및 악천후 시 운전에 대한 설명으로 옳지 않은 것은?

① 승합자동차는 야간에 운행할 때에 실내조명등을 켜고 운행한다.
② 비가 내려 노면이 젖어 있는 경우에는 최고속도의 10%를 줄인 속도로 운행한다.
③ 야간에 가시거리가 100m 이내인 경우에는 최고속도를 50% 정도 감속하여 운행한다.
④ 안개로 인해 가시거리가 100m 이내인 경우에는 최고속도를 50% 정도 감속하여 운행한다.

➡ 비가 내려 노면이 젖어 있는 경우에는 최고속도의 20%를 줄인 속도로 운행한다.

43 다음 중 눈길 통행방법으로 옳지 않은 것은?

① 출발 시 1단으로 세게 출발한다.
② 앞차가 지나간 바퀴자국을 따라 간다.
③ 안전거리를 평상시보다 길게 확보한다.
④ 엔진브레이크를 사용하여 주행한다.

➡ 눈길, 빙판길 또는 언덕길을 오를 때는 오르기 직전 1단이나 2단의 저속기어로 변속한 후 중간에 다시 변속하거나 정지함이 없이 오르도록 한다.

44 눈길, 빙판길 운전방법으로 가장 적절한 것은?

① 주행 중 미끄러워지기 시작할 때에는 핸들을 꼭 잡고 브레이크를 강하게 밟는다.
② 스노우타이어를 장착한 경우 감속할 필요가 없다.
③ 빗길에서보다 안전거리를 길게 유지하며 충분히 감속하여 주행한다.
④ 앞차가 지나간 길은 가능하면 피하는 것이 안전하다.

➡ 눈길 또는 빙판길에서 주행 시 급출발, 급제동, 급핸들 조작은 하지 않아야 하고, 정지하고자 할 때 엔진브레이크로 감속 후 풋브레이크를 여러 번 사용하여 정지한다. 또한 스노우타이어나 체인을 장착해야 하고, 체인은 구동 바퀴에만 장착해야 하며, 시속 50km 이상을 주행하면 심한 진동과 소음이 생기고 체인이 벗겨질 위험도 있으므로 과속하지 않도록 한다.

45 빗길 안전운전에 대한 설명으로 옳지 않은 것은?

① 물이 고인 길을 통과할 때에는 속도를 줄여 저속으로 통과한다.
② 비가 내려 노면이 젖은 경우 최고속도의 40%를 줄인 속도로 운행한다.
③ 폭우로 가시거리가 100m 이내인 경우 최고속도의 50%를 줄인 속도로 운행한다.
④ 보행자 옆을 통과할 때에는 속도를 줄여 흙탕물이 튀지 않도록 주의한다.

➡ ② 비가 내려 노면이 젖어 있는 경우에는 최고속도의 20%를 줄인 속도로 운행한다.

중요
46 안개 낀 날의 안전운전에 관한 설명으로 틀린 것은?

① 안개가 심한 경우 하향등과 비상등을 켜는 것이 좋다.
② 안개 낀 날은 운전자의 시야와 시계의 범위가 넓고 길어진다.
③ 차간거리를 충분히 확보하고 앞차의 제동이나 방향지시등의 신호를 예의 주시한다.
④ 안개 낀 날은 중앙선 또는 차선을 기준점으로 잡고 안전거리를 유지하며 주행한다.

➡ 안개 낀 상태에서는 시야 확보가 어렵다.

47 강풍이나 돌풍 시의 안전운행으로 옳지 않은 것은?

① 빠른 속도로 터널 입구, 다리 위 등을 벗어나야 안전하다.
② 산길이나 높은 고지대, 터널 입구와 출구 다리 위에서는 특히 조심한다.
③ 감속과 함께 핸들을 양손으로 꽉 잡고 신중히 대처하는 운전을 해야 한다.
④ 강풍이 불면 핸들을 안 돌려도 자동차가 차로를 조금씩 벗어나는 경향이 있으므로 감속한다.

➡ 터널 입구, 다리 위 등에서는 갑자기 돌풍이 부는 때가 있으므로 감속과 함께 양손으로 핸들을 꽉 잡고 운행한다.

중요
48 다음 중 경제운전의 방법으로 옳지 않은 것은?

① 고속으로 주행한다.
② 부드럽게 회전한다.
③ 가·감속을 부드럽게 한다.
④ 불필요한 공회전을 하지 않는다.

➡ 고속주행이 아닌 정속주행 및 경제속도를 준수하고, 차량의 속도를 일정하게 유지하는 것이 경제운전의 방법이다.

중요
49 경제운전을 위해 가능한 한 도중에 가감속이 없도록 운전해야 한다. 가감속이 없는 속도를 무엇이라 하는가?

① 일정속도　② 평균속도
③ 최고속도　④ 제한속도

➡ 일정속도란 가감속이 없는 속도를 의미한다.

50 다음 중 진로변경을 할 수 없는 경우는?

① 교통류의 속도가 매시 50km 이상일 때
② 변경하고자 하는 차로의 전방에 대형차량이 진행하고 있을 때
③ 변경하고자 하는 차로의 후방 가까이 다른 차량이 접근하고 있을 때
④ 차로가 편도 2차로일 때

➡ 모든 차의 운전자는 진로변경하고자 하는 방향으로 오고 있는 다른 차량의 정상적인 통행에 장애를 줄 우려가 있는 때에는 진로를 변경해서는 안 된다.

51 구부러진 도로의 안전운전을 위한 설명 중 옳지 않은 것은?

① 구부러진 도로 진입 전 직선도로에서부터 충분히 속도를 낮춘다.
② 구부러진 도로 중간지점을 넘어서면서 기어를 저단으로 변속시킨다.
③ 핸들을 급조작하지 않는다.
④ 브레이크를 급조작하지 않는다.

➡ ② 구부러진 도로에 진입하기 전 저단기어로 변속 후 감속하여 운행한다.

중요
52 다음 중 운전피로로 가장 많이 나타나는 현상은?

① 졸음　② 집중력 저하
③ 동체시력 저하　④ 주의력 감소

➡ 장시간 운전을 하거나 시계 변화가 없는 단조로운 도로를 운행하면 졸게 되고, 심하면 졸음운전을 하게 된다.

정답 42. ② 43. ① 44. ③ 45. ② 46. ② 47. ① 48. ① 49. ① 50. ③ 51. ② 52. ①

53 앞차의 운전자가 제동등을 깜박일 때 운전요령으로 적절한 것은?

① 서행한다는 신호이기 때문에 속도를 감속 운행한다.
② 정지한다는 신호이기 때문에 앞지르기 한다.
③ 후진한다는 신호이기 때문에 진로를 양보한다.
④ 정지한다는 신호이기 때문에 진로를 변경한다.

앞차의 운전자가 제동등을 깜박이는 것은 서행할 것이라는 경고성 신호이므로 뒤차의 운전자는 속도를 낮추어 운행하여야 한다.

중요
54 운전 중 DMB 시청으로 인한 위험성이 아닌 것은?

① 인지반응 시간이 늘어난다.
② 전방 주시율이 떨어진다.
③ 제동거리가 늘어난다.
④ 핸들조작 능력이 떨어진다.

제동거리는 브레이크를 밟기 시작한 후로 완전히 정지할 때까지 필요한 거리로 노면의 상태나 자동차의 속도 등의 영향을 받는 요소이다.

중요
55 도로를 무단횡단하는 보행자 발견 시 올바른 운전방법은?

① 안전거리를 두고 일시정지한다.
② 피해서 그대로 통과한다.
③ 경음기를 울리면서 서서히 통과한다.
④ 경음기를 울려 주의를 주며 신속히 통과한다.

중요
56 내륜차와 외륜차에 대한 설명으로 옳지 않은 것은?

① 소형 승용차일수록 내륜차와 외륜차의 차이가 크다.
② 자동차가 전진 중 회전할 경우 내륜차에 의한 교통사고의 위험이 있다.
③ 자동차가 후진 중 회전할 경우 외륜차에 의한 교통사고의 위험이 있다.
④ 핸들을 조작했을 때 앞바퀴의 안쪽과 뒷바퀴의 안쪽과의 차이를 내륜차라고 한다.

앞바퀴 안쪽과 뒷바퀴 안쪽과의 차이를 내륜차, 바깥 바퀴의 차이를 외륜차라고 한다. 대형차일수록 내륜차와 외륜차의 차이가 크다.

57 다음 용어의 정리 중 잘못된 것은?

① 차로수 : 양방향 차로(오르막차로, 회전차로, 변속차로 및 양보차로를 포함)의 수를 합한 것을 말한다.
② 오르막차로 : 오르막구간에서 저속 자동차를 다른 자동차와 분리하여 통행시키기 위하여 설치하는 차로를 말한다.
③ 회전차로 : 자동차가 우회전, 좌회전 또는 유턴을 할 수 있도록 직진하는 차로와 분리하여 통행시키기 위하여 설치하는 차로를 말한다.
④ 변속차로 : 자동차를 가속시키거나 감속시키기 위하여 설치하는 차로를 말한다.

차로수는 양방향 차로(오르막차로, 회전차로, 변속차로 및 양보차로를 제외)의 수를 합한 것을 말한다.

중요
58 겨울철에 요구되는 자동차 점검사항이 아닌 것은?

① 정온기 상태 점검 ② 와이퍼 작동상태 점검
③ 부동액의 양 및 점도 점검 ④ 월동장비 점검

59 겨울철 자동차 관리사항으로 적절하지 않은 것은?

① 냉각수의 동결을 방지하기 위해 부동액의 양 및 점도를 점검해야 한다.
② 타이어에 맞는 적절한 수의 체인과 여분의 크로스 체인을 구비해 놓는 것이 좋다.
③ 엔진의 온도를 일정하게 유지해 주는 서리제거용 열선의 상태를 점검해야 한다.
④ 눈길이나 빙판길을 주행하기 위해 스노타이어로 교환하거나 구동바퀴에 체인을 장착한다.

엔진의 온도를 일정하게 유지해 주는 써머스타의 상태를 점검하여야 한다.

중요
60 습도와 불쾌지수가 높아져 사고가 많이 발생하는 계절은?

① 봄 ② 여름
③ 가을 ④ 겨울

여름철에는 온도와 습도의 상승으로 불쾌지수가 높아져 적절히 대응하지 못하면 주행 중에 변화하는 교통상황에 대한 인지가 늦어지고 판단이 부정확해질 수 있기 때문에 사고가 많이 발생한다.

중요
61 보행자의 통행 및 교통량의 증가에 따라 특히 어린이 관련 교통사고가 많이 발생하는 계절은?

① 봄 ② 여름
③ 가을 ④ 겨울

봄철에는 보행자의 통행 및 교통량의 증가에 따라 특히 어린이 관련 교통사고가 많이 발생하며, 춘곤증에 의한 졸음운전으로 전방주시 태만과 관련된 사고의 위험이 높다.

중요
62 봄철 자동차 관리사항이 아닌 것은?

① 냉각장치 점검 ② 월동장비 정리
③ 에어컨 작동여부 확인 ④ 배터리 및 오일류 점검

① 냉각장치를 필수적으로 점검해야 하는 계절은 여름이다.

중요
63 유턴을 할 수 있는 곳의 도로 표시는?

① 중앙선이 황색 실선으로 표시된 곳
② 중앙선이 황색 점선으로 표시된 곳
③ 중앙선이 백색 실선으로 표시된 곳
④ 중앙선이 백색 점선으로 표시된 곳

유턴 구간은 중앙선 구간에 흰색 점선으로 표시하고 유턴 가능한 구간임을 알리는 표지판을 설치해야 한다.

중요
64 회전교차로에 대한 설명으로 옳지 않은 것은?

① 고속으로 교차로 진입이 가능하다.
② 사고빈도가 낮아 교통안전 수준을 향상시킨다.
③ 교차로 진입과 대기에 대한 운전자의 의사결정이 간단하다.
④ 지체시간이 감소되어 연료 소모와 배기가스를 줄일 수 있다.

교차로 내는 물론 교차로 부근에 걸쳐 위험요인이 산재하므로 교차로에 무리하게 진입해서는 안 된다.

정답 53. ① 54. ③ 55. ① 56. ① 57. ① 58. ② 59. ③ 60. ② 61. ① 62. ① 63. ④ 64. ①

중요

65 택시운전자에게 이면도로에서 안전운행이 특히 강조되는 이유로 거리가 먼 것은?

① 주차 차량이 많아 좌우 시야를 확보하기 쉽다.
② 도로의 폭이 좁고 보도 등의 안전시설이 부족하다.
③ 길가에서 아이들이 노는 경우가 많아 사고의 위험이 높다.
④ 이면도로는 좁은 도로가 교차하고 있어 사고에 특히 주의해야 한다.

➡ 이면도로에는 주차 차량이 많아 좌・우측 시야를 확보하기 어렵다.

중요

66 보행자가 있는 상황에서의 주행방법으로 옳은 것은?

① 보행자에게 차량의 위치를 알리기 위해 적극적으로 경음기를 활용한다.
② 횡단보도에 보행자가 없다면 빠르게 지나간다.
③ 이면도로에서는 보행자보다 차가 우선한다.
④ 보행자가 횡단보도가 설치되어 있지 않은 도로를 횡단하고 있을 시에는 안전거리를 두고 일시정지한다.

➡ 모든 차 또는 노면전차의 운전자는 보행자가 횡단보도가 설치되어 있지 아니한 도로를 횡단하고 있을 때에는 안전거리를 두고 일시정지하여 보행자가 안전하게 횡단할 수 있도록 하여야 한다.

중요

67 원심력에 의한 곡선로 주행 중 사고예방을 위한 방안으로 거리가 먼 것은?

① 비포장도로는 정상속도로 진행한다.
② 커브길에 진입하기 전에 속도를 줄인다.
③ 커브가 예각을 이룰수록 속도를 더 줄인다.
④ 노면이 젖어 있거나 얼어 있으면 속도를 더 줄인다.

➡ 비포장도로는 도로 한가운데가 높고 가장자리로 갈수록 낮아지는 곳이 많다. 이러한 도로는 커브에서 원심력이 더 커질 수 있으므로 감속한다.

68 예측 회피 운전행동 유형의 특성으로 옳은 것은?

① 사후 적응적이다.
② 고속으로 접근한다.
③ 높은 사고 관여율을 보인다.
④ 낮은 각성상태에 있다.

➡ 예측 회피 운전행동을 하는 사람은 사전에 위험을 예측하고 통제 가능한 속도로 주행하기 때문에 높은 상태의 각성수준을 유지할 필요가 없다.

69 안전운전의 기본 기술로 옳지 않은 것은?

① 운전 중에는 전방 가까운 곳을 보고 주행한다.
② 시야 고정을 하지 않고 눈을 계속해서 움직인다.
③ 주행 시 앞・뒤, 좌・우로 차가 빠져나갈 공간을 확보한다.
④ 회전 및 차로 변경 시 다른 사람이 미리 알 수 있도록 신호를 보낸다.

➡ ① 운전 중에는 전방을 멀리 보아야 한다.

70 친환경 경제운전 중 관성주행 방법으로 틀린 것은?

① 평지에서 속도가 일정하게 유지되도록 계속 가속페달을 밟는 경우
② 신호등 앞에서 정지거리를 예측해 가속페달에서 발을 떼고 엔진브레이크로 멈추는 경우
③ 오르막길을 오르기 전에 가속페달을 밟고 뗀 뒤 그 힘으로 오르는 경우
④ 내리막길에서는 엔진브레이크를 적절히 활용하는 경우

➡ 관성운전은 일정한 속도를 유지할 때 가속 페달을 밟지 않아 연료가 완전 차단되면서 오직 관성으로 주행하는 것을 말한다.

71 운전 시 피로를 푸는 방법으로 옳지 않은 것은?

① 차 안에는 항상 신선한 공기가 유입되도록 한다.
② 졸음이 오더라도 라디오를 틀어서는 절대 안 된다.
③ 차를 멈추고 몇 분 동안 산책을 하거나 가볍게 몸을 푼다.
④ 태양빛이 강해 눈이 부실 때에는 선글라스를 착용해도 된다.

➡ 승객이 없는 시간에 라디오를 틀거나 노래 부르기 등의 방법을 사용하여 피로를 푼다.

72 안개가 낀 날씨에 도로 주행 시 운전자가 지켜야 할 지침이 아닌 것은?

① 안개지시 표지를 주의 깊게 살피며 주행한다.
② 앞차에 바짝 붙어 주행한다.
③ 전조등이나 비상등을 점등시킨다.
④ 속도를 줄여 서행한다.

➡ 앞차와의 차간거리를 확보하고, 앞차의 제동이나 방향지시등의 신호를 주시한다.

73 다음 중 경제운전의 예시로 볼 수 없는 것은?

① 공회전 금지 ② 급속 출발
③ 신호대기 시 중립모드로 변환 ④ 타이어 공기압 체크

➡ 급출발, 급가속, 급정거를 줄이는 운행습관을 통해 연료비의 20% 이상을 절약할 수 있다

제2장 자동차의 구조 및 특성

01 자동차의 동력전달장치에 대한 설명으로 옳지 않은 것은?

① 변속기는 자동차를 후진시키는 역할만 한다.
② 클러치는 동력을 끊거나 연결하는 장치이다.
③ 엔진에서 발생한 동력을 타이어까지 전달하는 장치이다.
④ 클러치, 변속기, 추진축, 차동장치, 차축 등으로 구성되어 있다.

02 타이어에서 휠(wheel)의 기능이 아닌 것은?

① 도로의 충격을 흡수한다.
② 차량의 중량을 지지한다.
③ 구동력을 지면에 전달한다.
④ 제동력을 지면에 전달한다.

➡ 휠은 차량의 중량을 지지하고, 구동력과 제동력을 지면에 전달하는 역할을 한다. 휠은 가볍고 노면의 충격과 측력에 견딜 수 있는 강성이 있어야 한다.

정답 65. ① 66. ④ 67. ① 68. ④ 69. ① 70. ① 71. ② 72. ② 73. ② 01. ① 02. ①

03 **자동변속기 차량의 엔진 시동순서로 옳은 것은?**

① 핸드브레이크 확인 → 브레이크 밟음 → 변속레버의 위치 확인 → 시동키 작동
② 브레이크 밟음 → 핸드브레이크 확인 → 변속레버의 위치 확인 → 시동키 작동
③ 변속레버의 위치 확인 → 브레이크 밟음 → 핸드브레이크 확인 → 시동키 작동
④ 핸드브레이크 확인 → 변속레버의 위치 확인 → 브레이크 밟음 → 시동키 작동

04 **타이어가 마모되었을 때 발생하는 현상이 아닌 것은?**

① 수막현상이 발생한다.
② 브레이크가 부드럽게 잘 든다.
③ 제동거리가 길어진다.
④ 빗길에 잘 미끄러진다.

중요
05 **타이어의 기능으로서 옳지 않은 것은?**

① 자동차의 하중을 지탱하는 기능을 한다.
② 자동차의 방향을 전환하게 해주는 기능을 한다.
③ 주행으로 생기는 노면의 충격을 완화시키는 기능을 한다.
④ 브레이크를 밟을 때 제동력을 전달해 주는 기능을 하지만 엔진의 구동력과는 무관하다.

➡ 타이어는 제동력을 전달해 줄 뿐만 아니라 엔진의 구동력을 전달해 주는 기능도 한다.

06 **튜브리스타이어에 대한 특성으로 옳지 않은 것은?**

① 공기압 유지 성능 좋음
② 못에 찔려도 급격한 공기 누출 없음
③ 유리조각에 손상된 경우 수리 용이함
④ 림 변형 시 밀착 불량으로 공기가 새기 쉬움

➡ ③ 일반 펑크 수리는 간단하나 유리조각 등에 손상된 경우 수리하기 어렵다.

07 **타이어의 회전속도가 빨라지면 접지부에서 받은 타이어의 변형(주름)이 다음 접지 시점까지도 복원되지 않고 접지의 뒤쪽에 진동의 물결이 일어난다. 이러한 현상을 무엇이라고 하는가?**

① 수막(Hydroplaning) 현상
② 베이퍼록(vapour lock) 현상
③ 스탠딩웨이브(Standing Wave) 현상
④ 페이드(fade) 현상

중요
08 **수막현상의 예방법으로 옳지 않은 것은?**

① 고속 주행을 하지 않는다.
② 타이어의 공기압을 조금 낮게 한다.
③ 배수효과가 좋은 타이어를 사용한다.
④ 과다 마모된 타이어는 사용하지 않는다.

➡ ② 타이어의 공기압을 조금 높인다.

09 **수막현상에 대한 설명으로 옳지 않은 것은?**

① 타이어 공기압이 적을 때 수막현상이 잘 일어난다.
② 타이어 마모가 심할 때 수막현상이 잘 일어난다.
③ 수막현상은 속도와 관계없다.
④ 고속주행 시 수막현상이 잘 일어난다.

➡ 수막현상은 차의 속도와 타이어 마모상태, 그리고 타이어 공기압과 관계있다.

10 **비 오는 날 물이 고인 도로상에서 차바퀴가 살짝 뜨게 됨에 따라 차의 통제력을 잃게 되는 현상을 방지하기 위한 방법으로 가장 적절한 것은?**

① 면적이 넓은 타이어를 이용하고 속도를 줄여 운행한다.
② 타이어는 적정 공기압을 유지하고 속도를 줄여 운행한다.
③ 차가 뜨는 것을 느낄 때 급브레이크를 밟는다.
④ 빠르게 핸들을 틀어 피한다.

➡ 비가 내리는 도로를 고속으로 달리면 타이어와 노면 사이에 수막층이 생기는 것을 말한다. 이는 타이어가 마모되거나 공기압이 적을 때, 고속주행 시 잘 일어나며, 핸들 조작 시 또는 제동 시에 미끄러지기 쉽다.

중요
11 **타이어의 공기압이 부족한 상황에서 고속주행 시 발생할 수 있는 문제는?**

① 페이드 현상　② 베이퍼 록
③ 하이드로 플래닝　④ 스탠딩 웨이브

12 **스탠딩 웨이브 현상의 설명이 아닌 것은?**

① 공기압이 많은 상태에서 저속 주행 시 나타나는 현상이다.
② 이 현상이 발생하면 타이어 내부 공기온도가 높아지면서 타이어가 파열한다.
③ 고속 회전 시 타이어가 물결모양으로 나타나는 현상을 말한다.
④ 공기압이 부족한 상태에서 고속으로 주행할 때 생긴다.

➡ 스탠딩 웨이브 현상은 타이어 공기 압력이 부족된 상태에서 시속 100km 이상 고속으로 주행하면 접지면과 떨어지는 타이어의 일부분이 변형되어 물결모양으로 나타나게 되는 현상을 말한다.

13 **현가(완충)장치의 주요 기능이 아닌 것은?**

① 차체의 무게를 지탱한다.
② 자동차의 하중을 지탱한다.
③ 주행 방향을 일부 조정한다.
④ 타이어 접지 상태를 유지한다.

➡ ②는 타이어의 기능이다.

중요
14 **자동차의 진행 방향을 운전자가 의도하는 바에 따라서 임의로 조작할 수 있는 장치는?**

① 현가장치　② 동력전달장치
③ 제동장치　④ 조향장치

정답 03. ① 04. ② 05. ④ 06. ③ 07. ③ 08. ② 09. ③ 10. ② 11. ④ 12. ① 13. ② 14. ④

15 **자동차가 하중을 받았을 때 앞 차축의 휨을 방지하고 조향 핸들의 조작을 가볍게 하는 장치는?**

① 캠버 ② 토인
③ 캐스터 ④ 스태빌라이저

캠버는 정면에서 보았을 때 앞바퀴가 수직선과 이루는 각을 의미한다. 캠버는 수직방향 하중에 의한 앞 차축의 휨을 방지하며, 조향핸들의 조작을 가볍게 하는 역할을 한다.

16 **자동차 앞바퀴를 옆에서 보았을 때 앞차축을 고정하는 조향축이 수직선과 각도를 이루고 설치된 것은?**

① 캠버 ② 캐스터
③ 토인 ④ 조향축 경사각

17 **다음 중 제동장치에 대한 설명으로 옳지 않은 것은?**

① 브레이크 종류는 크게 나누어 풋브레이크, 핸드브레이크, 보조브레이크가 있다.
② 핸드브레이크는 센터와 뒷바퀴 및 앞바퀴 브레이크식이 있다.
③ 보조브레이크는 엔진・배기브레이크가 있다.
④ 제동장치란 주행하는 자동차를 감속 및 정지시키거나 정지상태를 계속 유지하는 것이다.

핸드브레이크는 주로 주차브레이크로 와이어를 통해 뒷바퀴만을 제동한다.

중요
18 **페이드 현상에 대한 설명으로 옳은 것은?**

① 비가 자주 오거나 습도가 높은 날 브레이크 드럼에 미세한 녹이 발생하는 현상이다.
② 브레이크 마찰재가 물에 젖어 마찰계수가 작아져 브레이크의 제동력이 저하되는 현상이다.
③ 브레이크액이 기화하여 페달을 밟아도 유압이 전달되지 않아 브레이크가 작동하지 않는 현상이다.
④ 브레이크를 반복적으로 사용하면 마찰열이 라이닝에 축적되어 브레이크 제동력이 저하되는 현상이다.

①은 모닝 록 현상, ②는 워터 페이드 현상, ③은 베이퍼 록 현상에 대한 설명이다.

제3장 자동차 관리 및 응급조치 요령

01 **운행 전 차량 외관점검 사항으로 옳지 않은 것은?**

① 클러치 작동 ② 유리의 상태
③ 후사경 위치 ④ 번호판 손상

① 클러치 작동 점검은 운행 중 점검할 수 있는 사항이다.

02 **운행 전 차량 외관점검 사항으로 옳지 않은 것은?**

① 차체가 기울지는 않았는가?
② 유리는 깨끗하며 깨진 곳은 없는가?
③ 브레이크 페달 작동은 이상이 없는가?
④ 반사기 및 번호판의 오염, 손상은 없는가?

③은 운행 중 점검사항에서 출발 전 확인사항이다.

03 **차량 출발 시 기본 운행 수칙에 해당되지 않는 것은?**

① 주차브레이크가 채워진 상태에서 출발한다.
② 운전석은 운전자의 체형에 맞게 조절하여 운전자세가 자연스럽도록 한다.
③ 운행을 시작할 때에는 후사경이 제대로 조정되어 있는지 확인한다.
④ 운행을 시작하기 전에 제동등이 점등되는지 확인한다.

주차브레이크가 채워진 상태에서는 출발하지 않는다.

04 **자동차 원동기의 점검사항으로 틀린 것은?**

① 스티어링 휠의 상태 ② 배기관 및 소음기의 상태
③ 배기가스 색 점검 ④ 연료 및 냉각수의 상태

스티어링 휠은 조향장치이다.

05 **엔진 과열 시 조치방법으로 옳지 않은 것은?**

① 냉각팬이 멈추거나 냉각수가 분출되어 나올 경우는 시동을 걸어둔다.
② 냉각팬이 돌고 팬벨트에 이상이 없을 때에는 시동을 걸어 놓고 냉각수 온도계기 바늘의 변화에 따라 시동 여부를 결정한다.
③ 가능한 한 바람이 잘 통하는 그늘진 곳에서 보닛을 열어 엔진 열을 식힌다.
④ 냉각계통의 파손으로 냉각수가 분출되면 엔진시동을 끈다.

중요
06 **엔진 오버히트가 발생할 때의 안전조치로 옳지 않은 것은?**

① 비상경고등을 작동한 후 도로 가장자리로 이동하여 정차한다.
② 여름에는 에어컨, 겨울에는 히터의 작동을 중지한다.
③ 엔진이 멈춘 후 보닛을 열어 엔진을 충분히 냉각시킨다.
④ 특이한 사항이 없다면 냉각수를 보충하여 운행한다.

③ 엔진이 작동하는 상태에서 보닛을 열어 엔진을 충분히 냉각시킨 후 냉각수 양 점검, 라디에이터 호스 연결 부위 등의 누수여부 등을 확인한다.

07 **엔진 과열로 오버히트 될 때의 원인으로 볼 수 없는 것은?**

① 냉각수 부족 ② 팬벨트 장력 과다
③ 냉각팬 작동 불량 ④ 서모스탯 고장

팬벨트가 느슨하면 냉각수 순환이 불량하여 엔진 냉각이 잘 안 될 수 있다.

08 **엔진오일 과다 소모될 때의 점검방법으로 옳지 않은 것은?**

① 타이어의 마모율 점검
② 에어 클리너 청소 및 교환주기 미준수로 인한 엔진과 콤프레셔 피스톤 링 과다마모
③ 에어 클리너 오염도 확인
④ 배기 배출가스 육안 확인

정답
15. ① 16. ② 17. ② 18. ④
01. ① 02. ③ 03. ① 04. ① 05. ① 06. ③ 07. ② 08. ①

09 완전연소될 때 배기가스의 색깔은?

① 적색 ② 무색
③ 검은색 ④ 회색

완전연소 때 배출되는 가스의 색은 정상상태에서 무색 또는 약간 엷은 청색을 띤다.

중요
10 클러치 차단이 잘 되지 않는 원인으로 틀린 것은?

① 유압장치에 공기 혼입
② 릴리즈 베어링의 손상
③ 클러치 구성부품의 심한 마멸
④ 클러치 페달의 자유간극이 적음

④ 클러치 페달의 자유간극이 클 때 클러치 차단이 안 되는 원인이 된다.

중요
11 브레이크 제동효과가 불량할 경우의 추정 원인으로 틀린 것은?

① 공기 누설 ② 공기압 과소
③ 라이닝 간극 과다 ④ 타이어 마모 심함

브레이크 제동효과 불량 원인 : 공기압 과다, 공기 누설, 라이닝 간극 과다 및 마모상태 심각, 심한 타이어 마모

중요
12 자동차의 엔진이 쉽게 꺼지는 원인으로 옳지 않은 것은?

① 연료 필터 막힘 ② 밸브 간극 비정상
③ 공회전 속도가 높음 ④ 에어클리너 필터 오염

③ 공회전 속도가 낮을 때 엔진이 쉽게 꺼질 수 있으며, 공회전 속도를 조절하여 조치한다.

13 자동차가 출발할 때 구동바퀴는 이동하려 하지만 차체는 정지하고 있기 때문에 앞 범퍼 부분이 들리는 현상은?

① 피칭 ② 바운싱
③ 노즈 업 ④ 노즈 다운

① 피칭(앞뒤 진동) : 차체가 Y축을 중심으로 하여 회전운동을 하는 고유 진동
② 바운싱(상하 진동) : 차체가 Z축 방향과 평행 운동을 하는 고유 진동
④ 노즈 다운 : 자동차를 제동할 때 바퀴는 정지하려하고 차체는 관성에 의해 이동하려는 성질 때문에 앞 범퍼 부분이 내려가는 현상

중요
14 타이어 마모에 영향을 주는 요소가 아닌 것은?

① 습도 ② 하중
③ 공기압 ④ 브레이크

타이어 마모에 영향을 주는 요소 : 공기압, 하중, 속도, 커브, 브레이크, 노면

15 세차할 때 주의사항으로 옳지 않은 것은?

① 전용 세척제를 사용하여 세차한다.
② 엔진룸은 에어를 사용하여 세척한다.
③ 왁스가 묻어 있는 걸레로 전면유리를 닦는다.
④ 겨울철에 세차할 경우에는 물기를 완전히 제거한다.

③ 기름 또는 왁스가 묻어 있는 걸레로 전면유리를 닦지 않는다.

16 LPG 차량의 용기 색깔은?

① 청색 ② 회색
③ 검정색 ④ 빨간색

고압가스규정에 의해 LPG 차량의 용기 색깔은 회색이다.

17 LPG 자동차 용기밸브에 장착된 기능에 해당하지 않는 것은?

① 과류방지기능 ② 압력안전장치
③ 액면표시기능 ④ 과충전방지기능

용기밸브에는 압력안전장치(안전밸브), 액체출구밸브(과류방지밸브), 과충전방지장치가 장착되어 있다.

중요
18 LPG 연료의 특징으로 옳지 않은 것은?

① 옥탄가가 높다.
② 연료비가 싸서 경제적이다.
③ 추운 겨울에 시동성이 나쁘다.
④ 공기보다 가벼워 위쪽으로 퍼져 나간다.

공기보다 무거워 아래쪽으로 모여든다.

19 LPG 자동차 운전자의 기본수칙으로 옳지 않은 것은?

① 난로나 모닥불 옆에서 LPG 용기 및 배관을 점검하지 않는다.
② 누출 부위를 확인할 때는 비눗물을 사용하며, 누출이 확인되면 LPG 용기의 연료출구밸브를 잠근다.
③ LPG 용기의 빈번한 교환보다는 자체적으로 점검해서 수리하는 것이 좋다.
④ LPG 자동차의 구조변경 시에는 허가업소에서 새 부품을 사용해야 한다.

③ LPG 용기의 수리는 절대 금하고 교환을 원칙으로 한다.

20 LPG 자동차의 주의사항으로 틀린 것은?

① LPG는 되도록 화기가 없는 밀폐된 공간에서 충전한다.
② 관련법상 LPG 용기의 충전은 85%를 넘지 않도록 한다.
③ 엔진 시동 전 연료출구밸브는 반드시 완전히 열어 둔다.
④ 장기간 주차할 때는 LPG 용기에 있는 연료출구밸브 2개(적색, 황색)를 시계방향으로 돌려 잠근다.

밀폐된 공간은 통풍이 잘되지 않아 인화성 물질에 의한 화재발생의 위험이 있으므로 충전하지 말아야 한다.

21 LPG 자동차의 엔진 시동 중 점검사항이 아닌 것은?

① 연료출구밸브는 완전히 열어둔다.
② 비눗물로 각 연결부에서 LPG 누출이 있는지 확인한다.
③ 연료 누출 시는 LPG 누설방지용 씰테이프를 감아준다.
④ 자동변속기 차량은 'P'의 위치에서 가속페달을 밟고 시동키로 시동을 건다.

④ 'P'의 위치에서 브레이크페달을 밟고 시동키로 시동을 건다.

정답 09. ② 10. ④ 11. ② 12. ③ 13. ③ 14. ① 15. ③ 16. ② 17. ③ 18. ④ 19. ③ 20. ① 21. ④

22 LPG충전 시 연료가 봄베의 85%까지만 충전이 되도록 하는 장치는?

① 압력안전장치　② 과류방지밸브
③ 긴급차단장치　④ 과충전방지장치

가스의 누출이나 용기의 손상을 방지하기 위해 LPG충전은 85% 이하를 충전하도록 규정하고 있으며 이에 따라 과충전 방지장치가 해당 용량에 다다르면 충전을 차단한다.

23 LPG 충전에 대한 설명으로 옳지 않은 것은?

① 사이드브레이크를 올리고 충전한다.
② 출구밸브 핸들과 충전밸브 핸들을 열어준다.
③ LPG 충전뚜껑을 열어 퀵커플러를 통해 충전한다.
④ LPG 충전 시는 반드시 시동을 끄고 충전해야 한다.

출구밸브 핸들(적색)은 잠그고, 충전밸브 핸들(녹색)은 연다.

24 LPG충전소의 안전수칙 준수내용으로 옳은 것은?

① 겨울철은 날씨가 추워 충전 중 시동을 끄지 않았다.
② 운행 중 스트레스를 해소하기 위하여 충전소 내에서 흡연하였다.
③ 장거리 운행을 위하여 용기 내용적의 100% 충전을 요구하였다.
④ 충전 작업이 완료되면 가스주입기와 충전구가 완전히 분리된 것을 확인하고 출발하였다.

25 LPG 자동차의 가스 누출 시 대처 순서는?

① 연료출구밸브 잠금 → 기타 필요한 정비 → 엔진 정지 → LPG 스위치 잠금
② 기타 필요한 정비 → 엔진 정지 → LPG 스위치 잠금 → 연료출구밸브 잠금
③ 엔진 정지 → LPG 스위치 잠금 → 연료출구밸브 잠금 → 기타 필요한 정비
④ LPG 스위치 잠금 → 기타 필요한 정비 → 연료출구밸브 잠금 → 엔진 정지

26 LPG 누출을 점검하는 방법으로 옳지 않은 것은?

① 트렁크나 밀폐된 차량 내에서 가스냄새가 나는지 확인한다.
② 누출을 확인할 때에는 반드시 엔진점화스위치를 on에 위치시켜야 한다.
③ 저녁에는 어두우므로 라이터를 켜서 확인한다.
④ 연식이 오래된 차량이나 주행거리가 많은 차량은 타르에 의한 역화현상이 발생할 가능성이 있다.

LPG 가스는 공기보다 무거워서 누출이 있을 경우 공기 중에 분해가 안 되어 낮은 곳에 머물러 있다가 불꽃 등으로 폭발이 일어날 수 있다.

27 LP가스 누출 시에 대한 내용으로 옳지 않은 것은?

① LPG는 공기보다 무거워 바닥에 체류한다.
② 용기의 안전밸브에서 누출될 때에는 물을 뿌려 냉각시킨다.
③ 배관에서 가스 누출 시 밸브를 잠근 다음 주변의 화기를 멀리하고 환기시킨 후 누출부를 수리한다.
④ 가스 누출 부위가 확인될 경우 주변에 화기가 없는 것을 확인하고 용기 내 가스가 전부 없어질 때까지 기다린다.

중요

28 LPG 누출 시의 조치방법으로 옳지 않은 것은?

① 즉시 차량을 정지시키고 엔진을 끈다.
② 승객을 즉시 하차시킨다.
③ LPG 탱크의 적색밸브만 잠근다.
④ 누설 부위를 확인하고 누설이 중단되지 않을 경우에는 주변의 화기를 없애고 경찰서나 소방서에 긴급연락을 취한다.

LPG 탱크의 황색과 적색밸브를 모두 잠가야 한다.

중요

29 LPG 충전은 최대 몇 %까지 충전할 수 있는가?

① 75%　② 80%
③ 85%　④ 90%

LPG는 폭발 방지를 위해 표기된 최대 용량보다 적은 양을 충전하는데, 보통 표기 용량의 85% 이상은 충전하지 않는다.

30 LPG 자동차 관리 요령으로 옳지 않은 것은?

① LPG 전용차는 타르 제거와 기화기 부분에 대한 노력과 관리가 요구된다.
② 겨울철에도 시동 후 예열이 필요 없다.
③ 엔진 시동 전 LPG 누출을 확인할 때에는 반드시 엔진점화스위치를 on에 위치시킨다.
④ 장기간 주차 시 LPG 용기에 있는 연료출구밸브 2개(적색, 황색)를 시계방향으로 돌려 잠근다.

겨울철에는 시동 후 2~3분 동안의 엔진예열을 해야 한다.

31 LPG 차량 운행 중 교통사고 및 화재 발생의 대응요령으로 적절하지 않은 것은?

① LPG 스위치를 끈 후 엔진을 정지하고 동행승객을 대피시킨다.
② LPG 용기의 적색과 황색의 출구밸브 중 적색만을 잠그도록 한다.
③ 응급조치 불가능 시에는 부근의 화기를 제거하고 경찰서 · 소방서 등에 신고한다.
④ 차량에서 떨어져서 주변차량의 접근을 통제한다.

트렁크 안에 있는 용기의 연료출구밸브(적색, 황색) 2개를 모두 잠가야 한다.

중요

32 브레이크 슈와 드럼의 과열로 인해 마찰력이 급격히 떨어져 브레이크가 잘 듣지 않게 되는 페이드 현상의 원인은?

① 긴 내리막길에서 풋브레이크를 세게 밟았을 때
② 긴 내리막길에서 엔진브레이크를 세게 밟았을 때
③ 긴 내리막길에서 풋브레이크를 남용했을 때
④ 긴 내리막길에서 엔진브레이크를 남용했을 때

페이드 현상이란 베이퍼록과 마찬가지로 브레이크페달을 자주 밟음으로써 발생한 마찰열이 브레이크 라이닝의 재질을 변화시켜 마찰계수가 떨어지면서 브레이크가 밀리거나 듣지 않게 되는 현상을 말한다.

정답 22. ④ 23. ② 24. ④ 25. ③ 26. ③ 27. ④ 28. ③ 29. ③ 30. ② 31. ② 32. ③

33 자동차 페이드 현상에 대한 설명으로 옳지 않은 것은?

① 브레이크 제동력이 감소되는 현상이다.
② 드럼식 브레이크에서 빈번하게 발생한다.
③ 풋브레이크의 지나친 사용으로 일어난다.
④ 주로 겨울철에 대표적으로 많이 나타난다.

④ 주로 무더운 날씨를 보이는 여름에 많이 나타난다.

34 언더스티어와 오버스티어 현상에 대한 설명으로 옳지 않은 것은?

① 언더스티어 현상은 전륜구동 차량에서 주로 발생한다.
② 언더스티어나 오버스티어 현상을 예방하기 위해서는 커브길 진입 전에 충분히 감속하여야 한다.
③ 오버스티어 현상은 코너링 시 운전자가 핸들을 꺾었을 때 그 꺾은 범위보다 차량 앞쪽이 진행방향의 안쪽으로 더 돌아가려고 하는 현상을 말한다.
④ 언더스티어 현상이 발생한 경우 가속페달을 살짝 밟아 뒷바퀴의 구동력을 유지하면서 동시에 감은 핸들을 살짝 풀어 방향을 유지하도록 한다.

④는 오버스티어 현상이 발생한 경우 이를 해결하기 위한 방법이다.

35 자동차 주행 중 급제동할 때 타이어의 고착 현상을 미연에 방지해 노면에 달라붙는 힘을 유지하여 사고의 위험성을 감소시키는 장치는?

① 엔진브레이크 ② 제이크브레이크
③ 배기브레이크 ④ ABS

ABS : 자동차 주행 중 제동할 때 타이어의 고착 현상을 미연에 방지하여 노면에 달라붙는 힘을 유지하므로 하전에 사고의 위험성을 감소시키는 예방 안전장치

중요

36 주행 중 타이어 펑크가 발생하였을 때 운전자의 올바른 조치방법이 아닌 것은?

① 저단기어로 변속하고 엔진브레이크를 사용한다.
② 즉시 급제동하여 차량을 정지시킨다.
③ 조금씩 속도를 떨어뜨려 천천히 도로 가장자리에 멈춰야 한다.
④ 핸들을 꽉 잡고 속도를 줄인다.

타이어에 펑크가 났을 때 무리한 핸들조작이나 급제동을 할 경우 펑크 난 타이어가 튕겨져 나갈 수 있으므로 핸들을 꽉 잡고 속도를 조금씩 줄여 도로 가장자리에 멈추어야 한다.

37 운행 중 시동이 갑자기 꺼졌을 때의 대처방법이 아닌 것은?

① 차를 하위차선으로 뺀 후 가까운 정비업소의 출동서비스를 받는다.
② 비상경고등을 작동시켜 다른 운전자에게 위급상황임을 알린다.
③ 수동기어일 경우 1단에 넣고 엔진키를 돌리면서 차를 하위차선으로 뺀다.
④ 먼저 보험사에 연락하여 현 상황을 보고한다.

시동이 걸리지 않을 때는 당황하지 말고 우선 차를 하위차선으로 빼야 하며, 안전한 곳에 정지한다. 수동기어일 경우 1단 위치에 넣고 클러치페달을 밟지 않은 상태에서 엔진 키를 돌려서 시동 모터의 회전으로 바퀴를 움직여 하위차선으로 차를 빼도록 한다. 이때 비상경고등을 작동시키고 고장자동차 표지를 하여 다른 운전자에게 위급 상황임을 알린다.

38 운전자가 시동을 끈 경우, 각종 사고나 고장에 의해 엔진으로 공급되는 전원이 차단된 경우 안전을 위하여 연료의 흐름을 차단하는 전자식 밸브는?

① 긴급차단장치 ② 압력안전장치
③ 과충전방지장치 ④ 액체출구밸브

운전자가 시동을 끄거나, 자동차의 사고 등에 의해 엔진의 회전이 멈춘 경우 또는 각종 사고나 고장에 의해 엔진으로 공급되는 전원이 차단된 경우 안전을 위하여 연료의 흐름을 차단하는 전자식 밸브는 긴급차단장치이다.

39 브레이크의 이상 현상 중 베이퍼 록 현상에 대한 설명으로 틀린 것은?

① 베이퍼 록 발생 시 브레이크 페달을 밟아도 작용이 매우 둔해진다.
② 긴 내리막길에서 유압 브레이크의 과도한 사용 시 발생한다.
③ 장시간 주차 후 브레이크 드럼 등에 미세한 녹이 발생하는 현상이다.
④ 일정 시간 경과 후 온도가 내려가면 회복된다.

③은 모닝 록 현상에 대한 설명이다.

40 언더 스티어 현상에 대한 설명으로 틀린 것은?

① 과속, 브레이크 잠김 등이 원인이 되어 발생한다.
② 커브를 돌 때 속도가 너무 빠르면 원심력을 극복하기 어렵다.
③ 주로 후륜구동 차량에서 발생한다.
④ 커브길 진입 전에 감속한 후 진입하면 앞바퀴의 마찰력이 증대될 수 있다.

언더 스티어 현상은 주로 전륜구동 차량에서 발생한다.

41 차바퀴가 빠져 헛도는 경우 대처 방법으로 옳은 것은?

① 급가속을 하여 즉시 빠져나올 수 있게 한다.
② 진흙이나 모래 속을 빠져나오기 위해 엔진 회전수를 올린다.
③ 타이어 밑에 바퀴의 미끄럼을 방지할 수 있는 물건을 놓은 다음 급출발한다.
④ 변속 레버를 전진과 후진 위치로 번갈아 두며 가속 페달을 부드럽게 밟는다.

차바퀴가 빠져 헛도는 경우 타이어 밑에 납작한 돌, 나무 등을 놓고 앞뒤로 천천히 반복하여 움직이며 탈출을 시도해야 한다.

42 시동 모터가 작동되지 않거나 천천히 회전하는 경우 추정 원인과 응급조치의 연결이 옳은 것은?

① 밸브 간극이 비정상적이므로 밸브 간극을 조정한다.
② 배터리 단자의 부식, 이완이 의심되므로 단자의 부식 부위를 처리하고 단단하게 고정한다.
③ 냉각수가 부족하거나 누수되고 있으므로 냉각수를 보충하거나 누수 부위를 수리한다.
④ 브레이크가 제동된 상태에 있으므로 브레이크 라이닝 간극을 조정한다.

시동 모터가 작동되지 않거나 천천히 회전하는 경우 배터리 방전, 배터리 단자의 부식 및 이완, 접지 케이블의 이완, 엔진 오일의 점도가 지나치게 높음 등의 이유를 의심해 볼 수 있다.

정답 33. ④ 34. ④ 35. ④ 36. ② 37. ④ 38. ① 39. ③ 40. ③ 41. ④ 42. ②

43 **LPG가스 누출 시의 응급조치사항으로 옳지 않은 것은?**

① 누출 부위에 불이 붙었을 경우에는 소화기로 불을 끈다.
② 동행한 승객을 빠르게 대피시킨다.
③ 엔진을 정지하고 LPG 스위치를 끈다.
④ 연료출구밸브를 연 상태에서 가스를 배출시킨다.

연료출구밸브를 잠근 상태에서 필요한 조치를 취한다.

제4장 자동차 검사

01 **자동차 튜닝검사 신청 서류가 아닌 것은?**

① 보험가입 증명서 ② 자동차등록증
③ 자동차검사신청서 ④ 튜닝승인서

튜닝검사 신청 서류 : 자동차검사신청서, 말소등록사실증명서, 튜닝승인서, 튜닝 전·후의 주요 제원 대비표, 튜닝 전·후의 자동차외관도(외관의 변경이 있는 경우만 해당), 튜닝하려는 구조·장치의 설계도

02 **다음 중 정밀검사 대상 자동차가 아닌 것은?**

① 차령 4년 경과된 비사업용 승용차
② 차령 3년 경과된 비사업용 소형 화물자동차
③ 차령 1년 경과된 사업용 승용자동차
④ 차령 2년 경과된 사업용 화물자동차

③ 사업용 승용자동차의 최초 검사 유효기간은 2년이다.

03 **자동차의 사용본거지를 변경등록하는 자동차 중 정기검사기간이 경과된 자동차의 소유자는 변경등록일부터 며칠 이내에 정밀검사를 받아야 하는가?**

① 30일 ② 20일
③ 10일 ④ 5일

04 **보험회사는 책임보험계약을 체결하고 있는 의무가입자에게 당해 계약 종료일 ( ) 전까지 종료 사실을 통지해야만 한다.**

① 10일 ② 15일
③ 25일 ④ 30일

05 **자동차 운행으로 다른 사람이 사망한 경우 책임보험이나 책임공제에 가입하지 않았을 때 가입하지 않은 기간이 10일 이내인 경우의 과태료는?**

① 3만 원 ② 5만 원
③ 7만 원 ④ 10만 원

자동차 보험 및 공제 미가입에 따른 과태료
- 가입하지 않은 기간이 10일 이내인 경우 : 3만 원
- 가입하지 않은 기간이 10일을 초과한 경우 : 3만 원에 11일째부터 1일마다 8천 원을 가산한 금액
- 최고 한도 금액 : 자동차 1대당 100만 원

06 **국토교통부령이 정하는 자동차번호판 부착에 대한 설명으로 옳지 않은 것은?**

① 등록번호판의 부착 또는 봉인을 하지 않은 자동차는 이를 운행하지 못한다.
② 등록번호판은 시·도지사의 허가를 받은 경우나 특별한 규정이 있는 경우를 제외하고는 이를 뗄 수 없다.
③ 임시운행허가번호판으로는 운행하지 못한다.
④ 누구든지 등록번호판을 가리거나 알아보기 곤란하게 해서는 안 된다.

등록번호판의 부착 또는 봉인을 하지 아니한 자동차는 운행하지 못하지만 임시운행허가번호판을 붙인 경우에는 그러하지 아니하다.

정답
43. ④
01. ① 02. ③ 03. ① 04. ④ 05. ① 06. ③

제3부
운송서비스

제3부 운송서비스

제1장 여객운수종사자의 기본자세

1 서비스의 특징

(1) 올바른 서비스 제공을 위한 5요소

① 단정한 용모 및 복장 ② 밝은 표정
③ 공손한 인사 ④ 친근한 말
⑤ 따뜻한 응대

(2) 서비스의 특징

무형성, 동시성, 인적 의존성, 소멸성, 무소유권, 변동성, 다양성

2 승객을 위한 행동예절

(1) 승객만족을 위한 기본예절

① 용모와 복장은 항상 단정하게 유지한다.
② 상스러운 말을 하지 않는다.
③ 승객의 입장을 이해하고 존중한다.
④ 밝고 얼굴 전체가 웃는 표정을 한다.
⑤ 돌아서면서 표정이 굳어지지 않도록 한다.
⑥ 시선은 가급적 승객의 눈높이와 맞춘다.
⑦ 항상 변함없는 진실한 마음으로 승객을 대한다.
⑧ 승객의 여건, 능력, 개인차를 인정하고 배려한다.
⑨ 승객을 기억하고, 승객에게 관심을 갖고 친절하게 대한다.
⑩ 인사를 할 때에는 눈을 정면으로 바라보고, 밝고 부드러운 미소를 지으며, 승객을 존중하는 마음을 눈빛에 담아 인사한다.

> **잘못된 인사** (더 알아보기)
> - 무표정한 인사
> - 뒷짐을 지고 하는 인사
> - 머리만 까닥거리는 인사
> - 경황없이 급하게 하는 인사
> - 성의 없이 말로만 하는 인사
> - 고개를 옆으로 돌리고 하는 인사
> - 상대방의 눈을 보지 않고 하는 인사
> - 턱을 쳐들거나 눈을 치켜뜨고 하는 인사

(2) 승객응대의 마음가짐

① 사명감을 갖는다.
② 자신감을 갖는다.
③ 승객을 원만하게 대한다.
④ 항상 반성하고 개선한다.
⑤ 항상 긍정적으로 생각한다.
⑥ 투철한 서비스 정신을 갖는다.
⑦ 승객이 호감을 갖도록 행동한다.
⑧ 공사를 구분하고 공평하게 대한다.
⑨ 항상 승객의 입장에서 생각하고 배려한다.
⑩ 예의를 지켜 겸손하고 진실한 마음으로 대한다.

> **승객의 욕구** (더 알아보기)
> - 기억되기를 바란다.
> - 환영받고 싶어 한다.
> - 편안해지고 싶어 한다.
> - 중요한 사람으로 인식되기를 바란다.
> - 관심을 가져주기를 바란다.
> - 기대와 욕구를 수용하여 주기를 바란다.

(3) 승객과 대화할 때 주의사항

① 존댓말을 사용한다.
② '고객'보다는 '승객, 손님'이라고 부른다.
③ 무관심한 태도를 취하지 않는다.
④ 가급적 논쟁은 피한다.
⑤ 불평불만을 말하지 않는다.
⑥ 상대방의 약점을 잡아 말하지 않는다.
⑦ 쉽게 흥분하거나 감정에 치우치지 않는다.
⑧ 승객에게 욕설을 하지 않는다.
⑨ 승객에게 동료나 회사의 험담을 하지 않는다.
⑩ 말참견을 하거나 말을 중간에 끊지 않는다.

> **대화의 원칙** (더 알아보기)
> - 밝고 적극적인 태도
> - 공손한 말씨
> - 명료한 어투
> - 품위 있는 태도

3 직업관

(1) 직업의 의미

경제적 의미	소득 창출, 안정된 삶, 경제생활 영위, 일할 기회 제공
사회적 의미	사회적 역할 수행, 사회 발전에 기여(공헌), 남을 위한 봉사
심리적 의미	삶의 보람, 자아실현, 잠재 능력 개발, 인격 완성

(2) 직업관

바람직한 직업관	• 소명의식을 지닌 직업관 • 미래 지향적 전문능력 중심의 직업관 • 사회구성원으로서의 역할 지향적 직업관
잘못된 직업관	• 생계를 유지하기 위한 수단적 직업관 • 지위 지향적인 직업관 • 학연 및 지연에 의지하는 귀속적 직업관 • 육체노동을 천시하는 차별적 직업관 • 폐쇄적 직업관

(3) 올바른 직업윤리

소명의식, 천직의식, 직분의식, 책임의식, 봉사정신, 전문의식

제2장 운송사업자 및 운수종사자 준수사항 

1 운송사업자의 준수사항

(1) 일반적인 준수사항

① 운송사업자는 노약자·장애인 등에 대하여는 특별한 편의를 제공해야 한다.

② 운송사업자는 여객에 대한 서비스의 향상 등을 위하여 관할관청이 필요하다고 인정하는 경우에는 운수종사자로 하여금 단정한 복장 및 모자를 착용하게 해야 한다.

③ 운송사업자는 자동차를 항상 깨끗하게 유지해야 하며, 관할관청이 단독으로 실시하거나 관할관청과 조합이 합동으로 실시하는 청결상태 등의 검사에 대한 확인을 받아야 한다.

④ 운송사업자는 운수종사자로 하여금 여객을 운송할 때 다음의 사항을 성실하게 지키도록 하고, 이를 항시 지도·감독해야 한다.
- ㉠ 정류소 또는 택시승차대에서 주차 또는 정차하는 때에는 질서를 문란하게 하는 일이 없도록 할 것
- ㉡ 정비가 불량한 사업용자동차를 운행하지 않도록 할 것
- ㉢ 위험방지를 위한 운송사업자·경찰공무원 또는 도로관리청 등의 조치에 응하도록 할 것
- ㉣ 교통사고를 일으켰을 때에는 긴급조치 및 신고의 의무를 충실하게 이행하도록 할 것
- ㉤ 자동차의 차체가 헐었거나 망가진 상태로 운행하지 않도록 할 것

⑤ 운송사업자[대형(승합자동차를 사용하는 경우로 한정) 및 고급형 택시운송사업자는 제외]는 회사명(개인택시운송사업자의 경우는 게시하지 않음)자동차번호, 운전자 성명, 불편사항 연락처 및 차고지 등을 적은 표지판을 승객이 자동차 안에서 쉽게 볼 수 있는 위치에 게시하여야 한다. 이 경우 택시운송사업자는 앞좌석의 승객과 뒷좌석의 승객이 각각 볼 수 있도록 2곳 이상에 게시하여야 한다.

⑥ 운송사업자는 속도제한장치 또는 운행기록계가 장착된 운송사업용 자동차를 해당 장치 또는 기기가 정상적으로 작동되는 상태에서 운행되도록 해야 한다.

⑦ 택시운송사업자[대형(승합자동차를 사용하는 경우로 한정) 및 고급형 택시운송사업자는 제외]는 차량의 입·출고 내역, 영업거리 및 시간 등 택시 미터기에서 생성되는 택시운송사업용 자동차의 운행정보를 1년 이상 보존하여야 한다.

⑧ 일반택시운송사업자는 소속 운수종사자가 아닌 자(형식상의 근로계약에도 불구하고 실질적으로는 소속 운수종사자가 아닌 자를 포함)에게 관계 법령상 허용되는 경우를 제외하고는 운송사업용 자동차를 제공하여서는 아니 된다.

⑨ 운송사업자(개인택시운송사업자 및 특수여객자동차운송사업자는 제외)는 차량 운행 전에 운수종사자의 건강상태, 음주 여부 및 운행경로 숙지 여부 등을 확인해야 하고, 확인 결과 운수종사자가 질병·피로·음주 또는 그 밖의 사유로 안전한 운전을 할 수 없다고 판단되는 경우에는 해당 운수종사자가 차량을 운행하도록 해서는 안 된다.

⑩ 수요응답형 여객자동차운송사업자는 여객의 운행요청이 있는 경우 이를 거부하여서는 안 된다.

⑪ 운송사업자(개인택시운송사업자 및 특수여객자동차운송사업자는 제외)는 운수종사자를 위한 휴게실 또는 대기실에 난방장치, 냉방장치 및 음수대 등 편의시설을 설치해야 한다.

(2) 자동차의 장치 및 설비 등에 관한 준수사항(승용자동차만 해당)

① 택시운송사업용 자동차[대형(승합자동차를 사용하는 경우로 한정) 및 고급형 택시운송사업용 자동차 제외]의 안에는 여객이 쉽게 볼 수 있는 위치에 요금미터기를 설치해야 한다.

② 대형(승합자동차를 사용하는 경우 제외) 및 모범형 택시운송사업용 자동차에는 요금영수증 발급과 신용카드 결제가 가능하도록 관련기기를 설치해야 한다.

③ 택시운송사업용 자동차 및 수요응답형 여객자동차 안에는 난방장치 및 냉방장치를 설치해야 한다.

④ 택시운송사업용 자동차[대형(승합자동차를 사용하는 경우로 한정) 및 고급형 택시운송사업용 자동차 제외] 윗부분에는 택시운송사업용 자동차임을 표시하는 설비를 설치하고, 빈차로 운행 중일 때에는 외부에서 빈차임을 알 수 있도록 하는 조명장치가 자동으로 작동되는 설비를 갖춰야 한다.

⑤ 대형(승합자동차를 사용하는 경우 제외) 및 모범형 택시운송사업용 자동차에는 호출설비를 갖춰야 한다.

⑥ 택시운송사업자[대형(승합자동차를 사용하는 경우로 한정) 및 고급형 택시운송사업자는 제외]는 택시미터기에서 생성되는 택시운송사업용 자동차 운행정보의 수집·저장장치 및 정보의 조작을 막을 수 있는 장치를 갖추어야 한다.

⑦ 그 밖에 국토교통부장관이나 시·도지사가 지시하는 설비를 갖춰야 한다.

2 운수종사자의 준수사항

(1) 운수종사자의 금지행위(여객자동차운수사업법 제26조)

① 일정한 장소에 오랜 시간 정차하여 여객을 유치하는 행위

② 문을 완전히 닫지 아니한 상태에서 자동차를 출발시키거나 운행하는 행위

③ 택시요금미터를 임의로 조작 또는 훼손하는 행위

(2) 운수종사자의 준수사항(여객자동차운수사업법 시행규칙 별표4)

① 여객의 안전과 사고예방을 위하여 **운행 전** 사업용 자동차의 안전설비 및 등화장치 등의 이상 유무를 확인해야 한다.

② 질병·피로·음주나 그 밖의 사유로 안전한 운전을 할 수 없을 때에는 그 사정을 해당 운송사업자에게 알려야 한다.

③ 자동차의 운행 중 중대한 고장을 발견하거나 사고가 발생할 우려가 있다고 인정될 때에는 **즉시** 운행을 중지하고 적절한 조치를 해야 한다.

④ 운전업무 중 해당 도로에 이상이 있었던 경우에는 **운전업무를 마치고 교대할 때**에 다음 운전자에게 알려야 한다.

⑤ **관계 공무원**으로부터 운전면허증·신분증 또는 자격증의 제시 요구를 받으면 **즉시 이에 따라야** 한다.

⑥ 여객자동차운송사업에 사용되는 **자동차 안에서 담배를 피워서는 안 된다.**

⑦ 사고로 인하여 사상자가 발생하거나 사업용자동차의 운행을 중단할 때에는 사고의 상황에 따라 적절한 조치를 취해야 한다.

⑧ 영수증발급기 및 신용카드결제기를 설치해야 하는 택시의 경우 승객이 요구하면 영수증의 발급 또는 신용카드 결제에 응해야 한다.

⑨ **관할관청이 필요하다고 인정하여 복장 및 모자를 지정할 경우**에는 그 지정된 복장과 모자를 착용하고, 용모를 항상 단정하게 해야 한다.

⑩ 택시운송사업의 운수종사자[구간운임제 시행지역 및 시간운임제 시행지역의 운수종사자와 대형(승합자동차를 사용하는 경우로 한정) 및 고급형 택시운송사업의 운수종사자 제외]는 승객이 탑승하고 있는 동안에는 미터기를 사용하여 운행해야 한다.

⑪ 운수종사자는 운송수입금의 전액에 대하여 다음의 사항을 준수하여야 한다.
- ㉠ 1일 근무시간 동안 택시요금미터에 기록된 운송수입금의 전액을 운수종사자의 근무종료 당일 수납할 것
- ㉡ 일정금액의 운송수입금 기준액을 정하여 수납하지 않을 것

⑫ 운수종사자는 차량의 출발 전에 여객이 좌석안전띠를 착용하도록 안내하여야 한다. 안내의 방법, 시기, 그 밖에 필요한 사항은 국토교통부령으로 정한다.
⑬ 여객의 안전한 승차・하차 여부를 확인하고 자동차를 출발시켜야 한다.

제3장 운수종사자의 기본 소양

1 운전예절

(1) 운전자가 지켜야 할 기본자세

① 교통법규를 이해하고 준수한다.
② 방심하지 않고 운전에만 집중한다.
③ 항상 여유를 가지고 양보운전을 한다.
④ 운전기술을 과신하지 않는다.
⑤ 추측운전을 하지 않는다.
⑥ 올바른 운전습관을 기른다.
⑦ 배기가스로 인한 대기오염을 최소화하기 위해 노력한다.

(2) 운전자가 지켜야 할 운전예절

① 교통정리를 하고 있지 않는 횡단보도를 통행하는 보행자가 있으면 일시정지하여 보행자를 보호하고, 횡단보도 내에 자동차가 들어가지 않도록 정지선을 지킨다.
② 야간에는 반대쪽 차로에서 다가오는 차가 있으면 전조등을 아래로 향하게 하여 상대방 운전자의 눈이 부시지 않도록 한다.
③ 방향지시등을 켜고 차로를 변경하고 있는 차가 있으면 속도를 줄인다.
④ 교통정리를 하고 있지 않고 일시정지나 양보를 표시하는 안전표지가 설치되어 있는 교차로에 들어가려고 할 때에는 다른 차의 진행을 방해하지 않도록 일시정지하거나 양보해야 한다.

(3) 운전자가 삼가야 할 운전행동

① 갑자기 끼어들거나 욕설을 하는 행위
② 도로상에서 사고 등으로 차량을 세워 둔 채로 시비, 다툼 등의 행위를 하여 다른 차량의 통행을 방해하는 행위
③ 음악 소리를 크게 하거나 경음기를 연속적으로 울려 다른 운전자를 놀라게 하는 행위
④ 신호등이 바뀌기 전에 출발하라고 전조등이나 경음기로 재촉하는 행위
⑤ 교통경찰관의 단속행위에 불응하는 행위
⑥ 지그재그 운전, 과속 및 급정지, 갓길 통행 등

2 운전자 상식

(1) 대형사고(교통사고조사규칙)

① 3명 이상이 사망(교통사고 발생일부터 30일 이내에 사망한 것)
② 20명 이상의 사상자가 발생한 사고

(2) 중대한 교통사고(여객자동차운수사업법)

① 전복 사고
② 화재가 발생한 사고
③ 사망자 2명 이상 발생한 사고
④ 사망자 1명과 중상자 3명 이상 발생한 사고
⑤ 중상자 6명 이상 발생한 사고

(3) 교통사고의 용어(교통사고조사규칙)

구분	내용
충돌	차가 반대방향 또는 측방에서 진입하여 그 차의 정면으로 다른 차의 정면 또는 측면을 충격한 것
추돌	2대 이상의 차가 동일방향으로 주행 중 뒤차가 앞차의 후면을 충격한 것
접촉	차가 추월, 교행 등을 하려다 차의 좌우 측면을 서로 스친 것
전도	차가 주행 중 도로 또는 도로 이외의 장소에 차체의 측면이 지면에 접하고 있는 상태(좌측면이 지면에 접해 있으면 좌전도, 우측면이 지면에 접해 있으면 우전도)
전복	차가 주행 중 도로 또는 도로 이외의 장소에 뒤집혀 넘어진 것
추락	차가 도로변 절벽 또는 교량 등 높은 곳에서 떨어진 것

(4) 자동차 관련 용어(자동차 및 자동차부품의 성능과 기준에 관한 규칙)

구분	내용
공차상태	자동차에 사람이 승차하지 않고 물품(예비부분품 및 자동차에 사람이 승차하지 않고 물품(예비부분품 및 공구, 그 밖의 휴대물품을 포함)을 적재하지 않은 상태로서 연료・냉각수 및 윤활유를 가득 채우고 예비타이어(예비타이어를 장착한 자동차만 해당)를 설치하여 운행할 수 있는 상태
적차상태	공차상태의 자동차에 승차정원의 인원이 승차하고 최대적재량의 물품이 적재된 상태 ※ 승차정원 1인(13세 미만의 자는 1.5인을 승차정원 1인으로 봄) 중량은 65kg으로 계산하고 좌석정원의 인원은 정위치에, 입석정원의 인원은 입석에 균등하게 승차시키며 물품은 물품적재장치에 균등하게 적재시킨 상태여야 함
차량중량	공차상태의 자동차의 중량
차량총중량	적차상태의 자동차의 중량
승차정원	자동차에 승차할 수 있도록 허용된 최대인원(운전자 포함)

(5) 교통사고 현장에서의 원인조사

① 노면에 나타난 흔적조사
② 사고차량 및 피해자조사
③ 사고당사자 및 목격자조사
④ 사고현장 시설물조사
⑤ 사고현장 측정 및 사진촬영

3 응급처치방법

(1) 부상자 의식 상태 확인

① 말을 걸거나 팔을 꼬집어 눈동자를 확인한 후 의식이 있으면 말로 안심시킨다.
② 의식이 없다면 기도를 확보한다. 머리를 뒤로 충분히 젖힌 뒤 입안에 있는 피나 토한 음식물 등을 긁어내어 막힌 기도를 확보한다.
③ 의식이 없거나 구토할 때는 목이 오물로 막혀 질식하지 않도록 옆으로 눕힌다.

(2) 심폐소생술

① 의식/호흡 확인 및 주변 도움 요청

구분	내용
성인/소아	양 어깨를 가볍게 두드리면서 "괜찮으세요?"라고 물어본 후 반응 확인 → 주변 사람에게 119 신고 및 자동제세동기 요청
영아	한쪽 발바닥을 가볍게 두드리며 반응 확인 → 주변 사람에게 119 신고 및 자동제세동기 요청

② 가슴압박 30회

구분	내용
성인/소아	분당 100~120회, 약 5cm 이상의 깊이
영아	분당 100~120회, 약 4cm 이상의 깊이

③ 기도 개방 및 인공호흡 2회(성인, 소아, 영아) : 가슴이 충분히 올라올 정도로 2회 실시(1회당 1초간)
④ 가슴압박 및 인공호흡 무한 반복 : 30회 가슴압박과 2회 인공호흡 반복(30 : 2)

> **더 알아보기**
>
> **(1) 인공호흡법(성인)**
> 한 손으로 턱을 들어 올리고 다른 손으로 머리를 뒤로 젖혀 기도 개방 → 머리를 젖힌 손의 검지와 엄지로 코 막기 → 가슴 상승이 눈으로 확인될 정도로 1초 동안 인공호흡 2회 실시
>
> **(2) 가슴압박법(성인)**
> 가슴의 중앙인 흉골의 아래쪽 절반 부위에 손바닥을 위치 → 양손을 깍지 낀 상태로 손바닥의 아래 부위만을 환자의 흉골 부위에 접촉 → 시술자의 어깨는 환자의 흉골이 맞닿는 부위와 수직이 되도록 함 → 양쪽 어깨의 힘을 이용하여 분당 100~120회 정도 속도로 5cm 이상 강하고 빠르게 30회 누르기

(3) 출혈 및 골절

지혈	• 출혈이 심한 경우에는 출혈 부위보다 심장에 가까운 부위를 헝겊 또는 손수건 등으로 지혈될 때까지 꽉 잡아맴 • 출혈이 적은 경우에는 거즈나 깨끗한 손수건으로 상처를 압박함
내출혈	• 옷을 헐렁하게 하고 몸을 따뜻하게 하여 쇼크 방지 • 하반신을 높임
골절	• 잘못 다루면 더 위험해질 수 있으므로 구급차 올 때까지 대기 • 지혈 시 골절 부분은 건드리지 않도록 주의 • 팔 골절 시 헝겊으로 띠를 만들어 매달기

(4) 차멀미

① 환자가 흔들림이 적은 앞쪽 자리에 앉도록 배려한다.
② 멀미가 심한 경우에는 안전한 장소에 정차하여 맑은 공기를 마실 수 있도록 한다.
③ 위생봉투를 미리 준비한다.
④ 토한 경우에는 신속히 처리한다.

4 응급상황 대처요령

(1) 교통사고 발생 시 운전자의 조치사항

탈출	엔진을 멈추고 연료가 인화되지 않도록 조치한 후 사고차량에서 신속히 탈출한다.
인명구조	부상자 발생 시 안전장소 이동, 인명구조 및 응급조치를 한다.
후방방호	고장 발생 시와 마찬가지로 통과차량에 알리기 위해 차선으로 뛰어나와 손을 흔드는 등의 위험한 행동을 삼가야 한다.
연락	보험회사나 경찰 등에 사고발생지점 및 상태, 부상 정도 및 부상자 수, 회사명, 운전자 성명, 화물의 상태, 연료 유출여부 등을 연락한다.
대기	대기요령은 고장차량의 경우와 같으나 부상자가 있는 경우 응급처치 등 부상자 구호에 필요한 조치를 한 후 후속차량에 긴급후송을 요청한다.

(2) 차량 고장 발생 시 운전자의 조치사항

① 차의 고장이 심할 경우에는 비상등을 점멸시키면서 갓길에 바짝 대어 정차하고, 옆 차로 차량의 주행 상황을 살펴본 다음에 차에서 내린다.
② 후방에 대한 안전조치를 한다. 고장자동차의 표지를 설치하고, 그 자동차를 고속도로 등이 아닌 다른 곳으로 옮겨 놓는 등의 필요한 조치를 한다.
③ 고장자동차의 표지 설치
㉠ 고속도로 또는 자동차전용도로에서 자동차를 운행할 수 없게 되었을 때에는 다음의 고장자동차 표지를 설치하여야 한다.
• 안전삼각대
• 사방 500m 지점에서 식별할 수 있는 적색의 섬광신호·전기제등 또는 불꽃신호(밤에 고장이나 그 밖의 사유로 고속도로 등에서 자동차를 운행할 수 없게 되었을 때로 한정)
㉡ 고장자동차의 표지를 설치하는 경우 그 자동차의 후방에서 접근하는 차의 운전자가 확인할 수 있는 위치에 설치하여야 한다.

(3) 재난 발생 시 운전자의 조치사항

① 차량을 신속하게 안전한 장소로 이동하고 회사 및 유관기관에 즉시 보고한다.
② 오랜 시간 고립될 경우에는 유류, 비상식량, 구급환자 발생 등을 즉시 신고하고, 한국도로공사 및 주변 유관기관 등에 협조를 요청한다.
③ 차량과 승객을 안전한 장소로 대피시키고 유관기관에 협조를 요청하는 등 승객의 안전을 우선적으로 조치한다.

> **출제포인트**
>
> • **교통사고 발생 시 조치순서** : 즉시 정지 → 사상자 구호 → 신고 → 증거수집
> • **충격 시 응급처치 방법**
> – 부상자가 구토를 하면 옆으로 눕혀준다.
> – 부상자의 체온유지를 위해 담요나 이불을 잘 덮어준다.
> – 부상자가 의식이 있을 경우 따뜻한 음료를 조금씩 주나 의식이 없거나 희미한 경우 원칙상 음료를 주지 않는다.

제3부 기출예상문제

제1장 여객운수종사자의 기본자세

중요
01 일반적인 고객의 욕구에 대한 설명으로 적합하지 않은 것은?

① 기억되기를 바란다.
② 환영받고 싶어 한다.
③ 관심을 가져주기를 바란다.
④ 평범한 사람으로 인식되기를 바란다.

➡ ④ 중요한 사람으로 인식되기를 바란다.

02 운전자가 승객응대를 위해 가져야 할 마음가짐으로 부적절한 것은?

① 사명감 ② 공평한 응대
③ 겸손과 예의 ④ 운전자 입장에서 생각하기

➡ ④ 승객 입장에서 생각하기

03 승객 응대 시의 마음가짐으로 옳지 않은 것은?

① 항상 긍정적으로 생각한다.
② 자신의 입장에서 생각한다.
③ 투철한 서비스 정신을 가진다.
④ 공사를 구분하고 공평하게 대한다.

➡ ② 승객의 입장에서 생각한다.

04 고객 만족을 위한 언어예절이 아닌 것은?

① 일부분을 듣고 전체를 짐작하여 바로 말한다.
② 쉽게 흥분하거나 감정에 치우치지 않는다.
③ 농담은 조심스럽게 하고 도전적 언사는 가급적 자제한다.
④ 남이 이야기하는 도중에 분별없이 차단하지 않는다.

➡ ① 일부분을 보고 전체를 속단하여 말하지 않는다.

05 다음 중 올바른 인사법이 아닌 것은?

① 머리만 까닥거리는 인사
② 밝고 부드러운 미소를 지으며 하는 인사
③ 상대의 눈을 바라보며 예절 바르게 하는 인사
④ 적당한 크기와 속도로 자연스럽게 말하는 인사

06 고객만족 행동예절에서 인사의 중요성에 대한 설명으로 맞지 않은 것은?

① 인사는 고객과 만나는 첫걸음이다.
② 인사는 자신의 교양과 인격의 표현이다.
③ 인사는 고객에 대한 마음가짐의 표현이다.
④ 인사는 고객에 대한 서비스 정신과는 상관없다.

➡ 인사는 고객에 대한 서비스 정신의 표시이다.

07 다음 중 직업이 가지는 4가지 의미가 아닌 것은?

① 문화적 의미 ② 철학적 의미
③ 사회적 의미 ④ 경제적 의미

➡ 직업의 4가지 의미
- 경제적 의미 : 일터, 일자리, 경제적 가치를 창출하는 곳
- 정신적 의미 : 직업의 사명감과 소명의식을 갖고 정성과 정열을 쏟을 수 있는 곳
- 사회적 의미 : 자기가 맡은 역할을 수행하는 능력을 인정받는 곳
- 철학적 의미 : 일한다는 인간의 기본적인 리듬을 갖는 곳

08 경제적 가치를 창출하는 것은 직업의 4가지 의미 중 어디에 해당하는가?

① 경제적 의미 ② 정신적 의미
③ 사회적 의미 ④ 철학적 의미

09 택시운수종사자에 대한 승객의 불만사항으로 적절하지 않은 것은?

① 승차 거부 ② 불친절한 행동
③ 부당한 요금징수 ④ 영수증 발급

➡ 영수증발급기 및 신용카드결제기를 설치해야 하는 택시의 경우 승객이 요구하면 영수증의 발급 또는 신용카드결제에 응해야 한다.

중요
10 승객에게 목적지를 묻는 적절한 시기는?

① 승차 전
② 승차 후 출발한 후에
③ 승차 후 인사한 다음
④ 승객이 차 문을 열고 승차하려고 할 때

➡ ③ 정확한 요금 계산을 위해 승차 후 출발하기 직전에 물어보는 것이 좋다.

중요
11 승택시운수종사자가 미터기를 작동시켜야 되는 시점은?

① 승객이 문을 열 때
② 승객이 탑승한 직후
③ 승객에게 목적지를 확인한 후
④ 목적지로 출발할 때

12 손님을 맞이하기 전 택시운전자의 바른 준비 자세는?

① 무관심하게 기다린다.
② 담배를 피운다.
③ 인상을 쓴다.
④ 용모를 단정하게 한다.

정답
01. ④ 02. ④ 03. ② 04. ① 05. ① 06. ④ 07. ① 08. ① 09. ④
10. ③ 11. ④ 12. ④

13 **예절이란 인간의 기본적인 마음가짐과 ( )이다. 빈칸에 알맞은 말은 무엇인가?**

① 인사성 ② 배려심
③ 행동양식 ④ 측은지심

14 **듣는 사람의 입장에서 "역지사지의 마음"을 가져야 하는 사람은?**

① 말참견하는 사람 ② 화내는 사람
③ 무성의한 사람 ④ 말하는 사람

➡ 대화를 할 때 듣는 사람은 말하는 사람의 입장에서 생각하는 '역지사지의 마음'을 가져야 한다.

15 **승객과 대화할 때 올바르지 않은 자세는?**

① 가급적 논쟁을 피한다.
② 불평불만을 함부로 말하지 않는다.
③ 도전적 언사는 가급적 자제한다.
④ 농담을 자주 하여 승객을 즐겁게 해준다.

➡ 농담은 조심스럽게 적절하게 활용하여야 한다.

16 **승객만족을 위한 기본예절이 아닌 것은?**

① 항상 승객의 입장에서 생각한다.
② 편한 신발을 신되, 샌들이나 슬리퍼는 신지 않도록 한다.
③ 밝고 부드러운 미소를 지으며 가급적 승객의 눈높이와 맞춘다.
④ 승객을 지칭할 때는 '손님'보다는 '고객'을 사용하는 것이 좋다.

➡ ④ '고객'보다는 '차를 타는 손님'이라는 뜻이 담긴 '승객'이나 '손님'을 사용하는 것이 바람직하다.

제2장 운송사업자 및 운수종사자 준수사항

01 **여객자동차운수사업법상 자동차의 장치 및 설비 등에 관한 준수사항의 내용으로 옳지 않은 것은?**

① 택시(고급형 택시 제외)의 안에는 여객이 쉽게 볼 수 있는 위치에 요금미터기를 설치해야 한다.
② 모범택시, 대형택시에는 호출설비를 갖추어야 한다.
③ 택시 안에는 난방장치 및 냉방장치를 설치해야 한다.
④ 모든 택시의 윗부분에는 택시임을 표시하는 설비를 반드시 설치하여야 한다.

➡ 고급형 택시는 택시의 윗부분에 택시임을 표시하는 설비를 부착하지 않고 운행할 수 있다.

02 **다음 중 운송사업자의 준수사항이 아닌 것은?**

① 택시운송사업자는 승객의 편의를 위해 잡지나 신문을 구비해야 한다.
② 운송사업자는 운수종사자로 하여금 단정한 복장 및 모자를 착용하게 해야 한다.
③ 운송사업자는 노약자·장애인 등에 대하여는 특별한 편의를 제공해야 한다.
④ 운송사업자는 관할관청과 조합이 합동으로 실시하는 청결상태 등의 검사에 대한 확인을 받아야 한다.

03 **택시의 장치 및 설비 등에 관한 준수사항으로 옳지 않은 것은?**

① 택시 안에는 여객이 쉽게 볼 수 있는 위치에 요금미터기를 설치해야 한다.
② 대형택시는 요금영수증 발급과 신용카드 결제가 가능하도록 관련기기를 설치해야 한다.
③ 중형택시는 신문이나 잡지를 비치해야 한다.
④ 모범택시는 호출설비를 갖추어야 한다.

중요

04 **운행기록 등 택시운행정보의 보관기간은?**

① 2개월 ② 3개월
③ 6개월 ④ 1년

➡ 택시운송사업자[대형(승합자동차를 사용하는 경우로 한정) 및 고급형 택시운송사업자는 제외]는 차량의 입·출고 내역, 영업거리 및 시간 등 택시 미터기에서 생성되는 택시운송사업용 자동차의 운행정보를 1년 이상 보존하여야 한다.

05 **승객이 택시 내에 반입할 수 없는 것으로 옳지 않은 것은?**

① 혐오동물 ② 술에 취한 동료
③ 인화물질 ④ 시체

중요

06 **승객의 요구에 따라 택시의 윗부분에 택시임을 표시하는 설비를 부착하지 않고 운행할 수 있는 것은?**

① 모범형 ② 고급형
③ 경형 ④ 중형

➡ 고급형 택시는 승객의 요구에 따라 택시의 윗부분에 택시임을 표시하는 설비를 부착하지 않고 운행할 수 있다.

중요

07 **택시운전자가 차량 내부에 반드시 게시해야 하는 것이 아닌 것은?**

① 택시운전자격증명
② 불편사항 연락처
③ 운행계통도
④ 운전자 성명 및 차고지 등을 적은 표지판

➡ 운송사업자[대형(승합자동차를 사용하는 경우로 한정) 및 고급형 택시운송사업자는 제외]는 회사명(개인택시운송사업자의 경우는 게시하지 않음), 자동차번호, 운전자 성명, 불편사항 연락처 및 차고지 등을 적은 표지판, 운행계통도(노선운송사업자만 해당)를 승객이 자동차 안에서 쉽게 볼 수 있는 위치에 게시하여야 한다.

중요

08 **택시운송사업자가 택시 차량의 바깥쪽에 꼭 표시해야 하는 것으로 옳지 않은 것은?**

① 관할관청
② 자동차의 종류
③ 운송사업자의 명칭
④ 여객자동차운송가맹사업자 전화번호

정답
13. ③ 14. ④ 15. ④ 16. ④
01. ④ 02. ① 03. ③ 04. ④ 05. ② 06. ② 07. ③ 08. ④

09 택시에 표시하여야 하는 사항에 대한 설명으로 옳은 것은?

① 일반택시와 대형택시는 운행정보의 수집·저장 장치의 조작을 막을 수 있는 장치를 갖추어야 한다.
② 모든 택시는 택시운송사업용 자동차임을 표시하는 설비를 반드시 설치해야 한다.
③ 고급택시에는 요금 미터기를 갖추어야 한다.
④ 모든 택시는 관할 관청을 외부에 표시해야 한다.

대형, 고급택시는 설비를 일부 부착하지 않을 수 있다.
• 사명, 자동차번호, 운전자성명, 연락처 등을 적은 표지판
• 요금 미터기(따라서 운행정보의 보존이 의무가 아님)
• 관할관청이나 자동차 종류의 외부 표시
• 택시임을 나타내는 설비

중요

10 운수종사자의 준수사항에 해당되지 않는 것은?

① 안전한 운전을 할 수 없을 때에는 그 사정을 회사에 알려야 한다.
② 승객이 타고 있을 경우 택시 안에서 담배를 피워서는 안 된다.
③ 관계공무원으로부터 운전면허증 등의 제시 요구가 있을 경우 즉시 응하여야 한다.
④ 택시의 차실에는 신문이나 잡지 등 읽을거리를 비치해야 한다.

11 여객자동차운수사업법령상 운수종사자 준수사항으로 틀린 것은?

① 승객이 탑승하고 있을 경우 사업용 차량 내부에서 금연한다.
② 승객이 탑승하고 있는 동안에는 미터기를 사용하여 운행한다.
③ 전용 운반상자에 넣은 애완동물을 동반한 승객의 탑승을 제지한다.
④ 운행 전 사업용 자동차의 안전설비 및 등화장치 이상 유무를 확인한다.

장애인 보조견 및 전용 운반상자에 넣은 애완동물은 자동차 안으로 데리고 들어올 수 있다(여객자동차운수사업법 시행규칙 별표4).

12 여객자동차운수사업법상 안전운행과 여객의 편의를 위한 준수사항이 아닌 것은?

① 운행 전 반드시 사업용자동차의 안전설비 및 등화장치 등의 이상 유무를 확인해야 한다.
② 관계 공무원으로부터 운전면허증, 신분증 또는 자격증의 제시 요구를 받으면 위반여부에 따라 제시한다.
③ 질병, 피로, 음주나 그 밖의 사유로 안전한 운전을 할 수 없을 때에는 그 사정을 해당 운송사업자에게 알려야 한다.
④ 자동차의 운행 중 중대한 고장을 발견하거나 사고가 발생할 우려가 있다고 인정될 때에는 즉시 운행을 중지하고 적절한 조치를 취해야 한다.

관계 공무원으로부터 운전면허증·신분증 또는 자격증의 제시 요구를 받으면 즉시 이에 따라야 한다.

중요

13 택시운수종사자의 금지행위에 속하지 않는 것은?

① 부당한 요금을 받는 행위
② 긴급구호자 운송 중 승객의 승차를 거부하는 행위
③ 운행 중 여객을 중도에 내리게 하는 행위
④ 차문을 완전히 닫지 않은 상태에서 차를 출발시키는 행위

14 승객안전을 위한 준수사항의 내용 중 틀린 것은?

① 운행 중 차량의 고장을 발견하면 즉시 운행을 중지한다.
② 관계 공무원의 자격증 제시 요구에 즉시 응한다.
③ 승객의 요구가 있을 경우 영수증의 발급 및 신용카드 결제에 응해야 한다.
④ 승객의 동의를 얻는다면 택시 안에서 금연을 할 필요가 없다.

여객자동차운송사업에 사용되는 자동차 안에서 담배를 피워서는 안 된다.

15 운수종사자가 안전운행과 다른 승객의 편의를 위해 제지하고 필요한 사항을 안내해야 할 경우로 옳지 않은 것은?

① 폭발성 물질, 인화성 물질 등 위험물을 가지고 들어오는 행위
② 전용 운반상자에 넣은 애완동물을 데리고 들어오는 행위
③ 다른 여객에게 불쾌감을 줄 우려가 있는 동물을 데리고 들어오는 행위
④ 자동차의 출입구 또는 통로를 막을 우려가 있는 물품을 가지고 들어오는 행위

다른 여객에게 위해를 끼치거나 불쾌감을 줄 우려가 있는 동물을 자동차 안으로 데리고 들어오는 행위를 제지하고 필요한 사항을 안내해야 한다. 단, 장애인보조견 및 전용 운반상자에 넣은 애완동물은 제외한다.

16 여객자동차 운송사업자는 (　　), (　　) 등에 대해서는 특별한 편의를 제공해야 한다. 빈칸에 들어갈 내용으로 올바른 것은?

① 장애인, 어린이　　② 노약자, 임산부
③ 노약자, 장애인　　④ 노약자, 어린이

여객자동차운수사업법에 따르면 운송사업자는 노약자, 장애인 등에 대해서는 특별한 편의를 제공해야 한다.

17 다음 중 운행을 거절할 수 있는 상황은?

① 지적장애환자가 탑승하는 경우
② 운행 중 담배를 피우려는 경우
③ 시각장애인이 맹인 인도견과의 합승을 요구하는 경우
④ 애견을 운반상자에 넣은 상태로 운송을 요구하는 경우

운행 중 흡연 등 여객의 금지행위를 하는 승객은 탑승을 거부할 수 있다.

제3장 운수종사자의 기본 소양

01 운전자의 운행 전 준비사항으로 거리가 먼 것은?

① 용모 및 복장 확인
② 유도요원의 수신호
③ 배차 및 전달사항 확인
④ 차의 내·외부 청결 유지

②는 운행 중 주의사항으로 운전자는 후진 시 유도요원의 수신호에 따라 안전하게 후진한다.

정답 09. ① 10. ④ 11. ③ 12. ② 13. ② 14. ④ 15. ② 16. ③ 17. ② 01. ②

02 운전자가 지켜야 할 운전예절로 옳지 않은 것은?

① 조그마한 의심이라도 반드시 안전을 확인한 후 행동으로 옮겨야 한다.
② 운전기술의 과신은 금물 해야 한다.
③ 교통법규와 규칙을 단지 알고 있는 것만으로 충분하다.
④ 마음의 여유를 갖고 서로 양보하는 마음의 자세로 운전한다.

교통법규나 규칙은 단지 알고 있는 것만으로는 부족하며, 운전자는 실제로 차를 운전하면서 변화하는 주의상황에 맞추어 적절한 판단으로 교통규칙을 준수하는 것이 중요하다.

03 직업운전자의 기본예절에 대한 설명 중 틀린 것은?

① 항상 변함없는 진실한 마음으로 상대를 대한다.
② 약간의 어려움을 감수하는 것은 좋은 인간관계 유지를 위한 투자이다.
③ 자신의 것만 챙기는 이기주의는 바람직한 인간관계 형성의 저해요소이다.
④ 상대방과의 신뢰관계는 이익 창출로 이어지므로 상대방에게 도움이 되어야 한다.

④ 상대방과의 신뢰관계가 이익을 창출하는 것이 아니라 상대방에게 도움이 되어야 신뢰관계가 형성된다.

중요

04 운전자가 가져야 할 친절한 운전자세가 아닌 것은?

① 손님의 무거운 물건을 들어준다.
② 운행 중에 휴대전화 시계를 계속해서 본다.
③ 손님에게 부드러운 표정을 지으며 말한다.
④ 운행 중에 갑자기 끼어들거나 다른 운전자에게 욕설을 하지 않는다.

운전 중에는 방심하지 않고 운전에만 집중해야 돌발 상황을 빨리 발견하여 적절한 조치를 취할 수 있다. 전방주시 태만, 운전 부주의 등 운전 중 부적절한 행동은 대형사고의 원인이 될 수 있다.

중요

05 운전자가 가져야 할 기본자세가 아닌 것은?

① 심신상태 안정　② 추측 운전 금지
③ 자기중심적 사고　④ 교통법규의 이해와 준수

항상 마음의 여유를 가지고 양보하는 자세로 운전에 임한다.

06 다음 중 운전 금지사항에 속하지 않는 것은?

① 술을 마시고 운전하였다.
② 감기약을 먹고 운전하였다.
③ 충분한 휴식을 취하고 운전하였다.
④ 피로한 상태에서 운전하였다.

07 외국인 승객에게 하지 말아야 할 행동은?

① 보디랭귀지를 적극적으로 활용한다.
② 언어가 전혀 통하지 않으면 가능한 정중하게 다른 택시의 이용을 권한다.
③ 올바른 코스로 주행하도록 한다.
④ 부당한 요금을 수취하지 않도록 한다.

의사소통에 어려움이 있다면 통역서비스 등을 이용하여 승차거부를 하지 않도록 안내해야 한다.

08 다음 중 승차거부에 해당되지 않는 것은?

① 목적지 중간에서 손님에게 하차를 요구한 경우
② 이미 손님이 타고 있어서 다른 손님의 승차를 거부한 경우
③ 빈 택시의 운전자가 우선 손님의 목적지를 듣고 승차를 거부한 경우
④ 여객이 승차 후 목적지를 듣고 방향이 맞지 않는다며 하차시키는 경우

중요

09 차선변경 시 방향지시등을 작동시킬 때 반드시 거쳐야 할 절차로 옳은 것은?

① 예고 – 확인 – 행동　② 확인 – 예고 – 행동
③ 행동 – 확인 – 평가　④ 행동 – 확인 – 평가

방향지시등의 행동절차 : 예고 → 확인 → 행동

중요

10 자동차 운전이 금지되는 혈중알코올농도의 최저기준은?

① 0.03% 이상　② 0.05% 이상
③ 0.08% 이상　④ 0.1% 이상

운전이 금지되는 술에 취한 상태의 기준은 혈중알코올농도 0.03% 이상으로 한다.

11 택시의 영업운행에 관한 설명 중 옳지 않은 것은?

① 정해진 운송약관을 준수하여야 한다.
② 사업구역 외의 지역에서는 영업행위를 할 수 없는 것이 원칙이다.
③ 요금은 미터기에 표시되는 금액을 수수하는 것이 원칙이다.
④ 심야시간대(0시~04시)에는 요금을 10% 할증하여 받는다.

④ 심야시간대(자정~오전 4시)에는 20%의 할증률을 적용한다.

12 택시운전자가 응급환자 수송 등 긴급 상황에서도 면책되지 않는 것은?

① 차선위반　② 속도위반
③ 신호위반　④ 교통사고

긴급자동차의 운전자는 차선·속도·신호를 위반하는 경우 교통안전에 특히 주의하면서 통행하여야 하며, 이때 사고를 야기한 경우 면책되기 어렵다.

중요

13 골절 부상자를 위한 응급조치로 옳지 않은 것은?

① 냉찜질을 한다.
② 잘못 다루면 더 위험해질 수 있으므로 움직이지 않게 한다.
③ 가급적 구급차가 올 때까지 대기한다.
④ 다친 부위를 심장보다 낮게 한다.

골절 부상자는 잘못 다루면 오히려 더 위험해질 수 있으므로 움직이지 않게 하고, 구급차가 올 때까지 가급적 기다리는 것이 바람직하다. 지혈이 필요하다면 골절 부분은 건드리지 않도록 주의하여 지혈한다.

정답
02. ③ 03. ④ 04. ② 05. ③ 06. ③ 07. ② 08. ② 09. ① 10. ① 11. ④ 12. ④ 13. ④

14 척추 골절이 의심될 때 응급처치방법으로 옳지 않은 것은?

① 환자를 움직이지 말고 손으로 머리를 고정하고 환자를 지지한다.
② 가급적 구급차가 올 때까지 대기한다.
③ 모포로 환자를 덮고 의료 지원을 기다린다.
④ 몸을 옆으로 눕힌다.

골절 부상자는 잘못 다루면 오히려 더 위험해질 수 있으므로 움직이지 않게 하고, 구급차가 올 때까지 가급적 기다리는 것이 바람직하다. 지혈이 필요하다면 골절 부분은 건드리지 않도록 주의하여 지혈한다.

중요

15 교통사고로 부상자가 쓰러져 있는 경우, 가장 먼저 해야 할 행동은?

① 목을 들어 기도를 확보한다.
② 의식이 있는지 확인한다.
③ 인공호흡을 실시한다.
④ 가슴압박을 실시한다.

부상자 발견 시 성인인 경우에는 양 어깨를 가볍게 두드리면서 "괜찮으세요?"라고 물어본 후 반응을 확인하고, 영아인 경우에는 한쪽 발바닥을 가볍게 두드리며 반응을 확인한다.

16 승객의 부상이 있을 경우 조치방법으로 옳지 않은 것은?

① 출혈 부위보다 심장에 가까운 쪽을 헝겊으로 지혈될 때까지 꽉 잡아맨다.
② 출혈이 적을 때에는 거즈로 상처를 꽉 누른다.
③ 내출혈 시 쇼크 방지를 위해 허리띠를 졸라 매고 상반신을 높여 준다.
④ 내출혈 시 몸을 따뜻하게 해야 하나 직접 햇볕을 쬐게 하지 않는다.

내출혈 시 쇼크 방지를 위해 옷을 헐렁하게 하고 몸을 따뜻하게 하며, 하반신을 높여 준다.

17 부상당한 승객의 쇼크예방을 위한 방법으로 옳지 않은 것은?

① 부상자의 다리를 20~30cm 정도 올려준다.
② 담요나 옷 등으로 부상자를 덮어주어 체온의 손실을 막는다.
③ 심한 부상이나 뇌졸중인 경우에는 다리를 40~50cm 들어준다.
④ 기도를 확보하고 구토하는 부상자의 경우는 옆으로 눕힌다.

심한 부상이나 뇌졸중인 경우에는 머리 쪽을 들어준다.

18 교통사고 부상자에 대한 자세의 설명으로 옳지 않은 것은?

① 얼굴색이 창백한 경우는 하체를 낮게 한다.
② 토하는 부상자는 머리를 옆으로 돌려준다.
③ 가슴에 부상을 당하여 호흡을 힘들게 하는 부상자는 머리와 어깨를 높여 눕힌다.
④ 의식이 없는 부상자는 기도를 개방하고 수평자세로 눕힌다.

얼굴색이 창백한 경우에는 하체를 높게 한다.

19 심장마비 증상을 보이는 환자에 대한 응급처치로 올바른 것은?

① 환자가 발생했다면 가장 먼저 해야 할 일은 신고이다.
② 심폐소생술은 전문 의료인력이 필요하므로 환자를 지키면서 대기한다.
③ AED를 사용한다면 환자와 접촉한 사람이 없는지 확인하고 작동시켜야 한다.
④ AED를 이용한 제세동기 이후에는 심폐소생술을 시행해서는 안된다.

① 신고보다 의식의 유무를 확인하는 것이 우선이다.
② 심폐소생술은 곧장 실행하는 것이 중요하며 신고 이후에 119안내요원의 지시에 따라서 수행할 수 있다.
④ 제세동 시행 후 즉시 심폐소생술을 시행해야 한다.

중요

20 충격으로 인한 부상자에 대한 응급처리 중 3가지 중요사항에 속하는 것을 고른다면?

가. 자세	나. 음료
다. 지혈	라. 보온

① 가, 나, 다 ② 가, 나, 라
③ 가, 다, 라 ④ 나, 다, 라

부상자에게 해주어야 할 중요한 처치는 자세, 보온, 음료이다.

중요

21 응급상황에서 취해야 할 자세로 거리가 먼 것은?

① 최대한 침착하게 대응한다.
② 위험요소를 파악한다.
③ 신속하게 움직인다.
④ 모든 일을 스스로 처리한다.

④ 긴급한 상황에서는 주변의 도움을 구하는 것이 필요하다.

22 기도가 폐쇄되어 말은 할 수 있으나 호흡이 힘들 때의 응급처치법은?

① 하임리히법 ② 인공호흡법
③ 가슴압박법 ④ 심폐소생술

하임리히법은 기도가 이물질로 인해 폐쇄되어 질식 상태에 빠졌을 때 실시하는 응급처치법이다. 환자가 어른인 경우, 뒤에서 양팔로 환자를 안 듯이 잡고, 한 손을 주먹 쥔 상태에서 엄지를 배꼽과 검상돌기 중간·명치에 위치시킨다. 다른 한 손으로 주먹 쥔 손을 감싸 힘껏 위로 밀쳐 올린다.

23 인공호흡 시 1회당 몇 초간 호흡을 불어넣어 주어야 하는가?

① 1초 ② 2초
③ 3초 ④ 5초

인공호흡은 환자의 이마와 턱 부위에 손을 대고 머리를 뒤로 젖혀 기도를 개방한 후 가슴이 충분히 올라올 정도로 2회(1회당 1초간) 실시한다.

정답 14. ④ 15. ② 16. ③ 17. ③ 18. ① 19. ③ 20. ② 21. ④ 22. ① 23. ①

24 **일반인에 의한 성인 심폐소생술의 일반적인 순서로 옳은 것은?**

① 반응의 확인 – 응급의료체계에 신고 – 기도 확보 – 호흡 확인 – 인공호흡 – 흉부 압박
② 반응의 확인 – 기도 확보 – 응급의료체계에 신고 – 호흡 확인 – 인공호흡 – 흉부 압박
③ 반응의 확인 – 기도 확보 – 호흡 확인 – 인공호흡 – 흉부 압박 – 응급의료체계에 신고
④ 기도 확보 – 호흡 확인 – 인공호흡 – 흉부 압박 – 반응의 확인 – 응급의료체계에 신고

➡ 성인 심폐소생술의 경우 우선 환자의 반응을 확인하여 의식 상태를 확인하고 응급의료체계에 신고하여 도움 요청, 기도 확보, 호흡 확인, 인공호흡, 흉부 압박의 순으로 진행한다.

25 **응급처치방법인 심폐소생술 중 심장마사지법에서 심장을 압박하는 깊이로 맞는 것은?**

① 성인의 경우 약 5cm 이상의 깊이로 압박하고, 소아는 약 5cm 이상의 깊이로 압박한다.
② 성인의 경우 약 7cm 이상의 깊이로 압박하고, 소아는 약 3cm 이상의 깊이로 압박한다.
③ 성인의 경우 약 3cm 이상의 깊이로 압박하고, 소아는 약 5cm 이상의 깊이로 압박한다.
④ 성인의 경우 약 5cm 이상의 깊이로 압박하고, 소아는 약 3cm 이상의 깊이로 압박한다.

중요
26 **심폐소생술 시행 시 가슴압박과 인공호흡의 비율은?**

① 5 : 1 ② 10 : 1
③ 15 : 2 ④ 30 : 2

➡ 가슴압박 30회와 인공호흡 2회를 반복한다.

27 **1분에 40회 이상 호흡을 할 때 응급처치방법으로 옳지 않은 것은?**

① 입으로 숨을 들이쉬게 하였다가 코로 천천히 내쉬게 한다.
② 꽉 조이는 옷을 느슨하게 하는 등 심신의 안정을 취하도록 한다.
③ 과호흡 증상이 발생하면 우선 자리에서 똑바로 눕혀 안정을 취하도록 한다.
④ 증상이 심하면 비닐봉지를 밀착되지 않는 범위에서 코, 입에 대어 그 속에서 재호흡을 하게 한다.

➡ 천천히 심호흡을 하도록 유도하며, 코로 숨을 들이쉬게 하였다가 입을 오므려 천천히 내쉬게 한다.

28 **사고 발생 시 응급의료체계를 가동할 수 있는 사람은?**

① 응급구조사 ② 승객
③ 운전사 ④ 운수회사

29 **지나가는 일반인이 사고로 의식이 불분명한 부상자에게 심폐소생술을 했다면 의료체계상 어디에 해당되는가?**

① 의료진 ② 전화응대자
③ 최초반응자 ④ 응급구조사

➡ 최초반응자 : 일반인, 경찰, 공익요원 중 국가나 응급의료관련단체가 제공하는 일차 응급처치 과정을 이수한 자

30 **무호흡이 몇 분간 지속될 경우 영구 뇌손상을 일으킬 수 있는가?**

① 1분 ② 2분
③ 3분 ④ 5분

중요
31 **의식이 없거나 구토를 하고 있는 승객의 경우 바람직한 응급처치방법은?**

① 옆으로 눕힌다. ② 수평자세로 눕힌다.
③ 엎드려 눕힌다. ④ 반쯤 앉혀 눕힌다.

32 **자동제세동기 사용 순서로 옳은 것은?**

㉠ 전원 켜기
㉡ 패드 부착
㉢ 다른 사람들을 환자에게서 떨어져 있도록 한다.
㉣ 쇼크 버튼누르기

① ㉠ → ㉡ → ㉢ → ㉣ ② ㉠ → ㉡ → ㉣ → ㉢
③ ㉠ → ㉢ → ㉡ → ㉣ ④ ㉡ → ㉠ → ㉢ → ㉣

➡ 자동제세동기 사용 순서 : 전원 켜기 → 패드 부착 → 심장리듬 분석(환자에게서 멀리 떨어진다.) → 전기충격(주변 사람들에게 환자와 떨어지도록 다시 주의를 주고, 쇼크 버튼을 누른다.) → 심폐소생술 실시 반복

33 **화상환자의 응급처치에 대한 설명으로 옳지 않은 것은?**

① 화상환자를 위험지역에서 멀리 이동시킨 후 신속하게 불이 붙어 있거나 탄 옷을 제거해 준다.
② 화상 입은 부위와 붙어 있는 의류는 억지로 떼어내려고 하지 말아야 한다.
③ 환자의 호흡상태를 관찰하여 필요하다면 고농도 산소를 투여한다.
④ 화상환자의 경우 체액 손실이 많으므로 현장에서 음식물 및 수분을 충분히 보충해 주어야 한다.

➡ 화상환자의 경우 체액 손실이 많으므로 정확한 투여량과 배설량을 확인하여 수액투여 등을 결정해야 한다. 현장에서 음식물을 투여하는 것은 바람직하지 않다.

34 **만취한 승객이 급성알코올중독으로 보일 경우 취해야 할 응급처치에 대한 설명으로 옳지 않은 것은?**

① 토사물이 기도에 들어가지 않도록 옆으로 눕힌다.
② 의식이 있다면 구토를 유도하여 위를 비우도록 한다.
③ 몸에서 열이 빨리 빠져나갈 수 있도록 겉옷을 벗긴다.
④ 두드리거나 꼬집는 등의 자극에 반응이 없다면 구급차를 호출하거나 병원으로 이송한다.

➡ ③ 급성알코올의 위험에는 저체온증도 있으므로 체온을 빼앗기지 않도록 옷가지 등으로 덮어주어야 한다.

정답 24. ① 25. ① 26. ④ 27. ① 28. ① 29. ③ 30. ④ 31. ① 32. ① 33. ④ 34. ③

35 술에 취한 승객이 횡설수설한다. 이에 대한 바람직한 처리 태도는?

① 주변 경찰서로 데려가 인계한다.
② 취객과 분위기를 맞춰 가며 대화한다.
③ 바로 하차시킨다.
④ 아무 대꾸도 하지 않는다.

36 지혈방법 중 가장 효과적이나 조이 괴사할 수 있어서 마지막 수단으로 사용하는 지혈방법은?

① 직접압박법 ② 국소거양법
③ 지혈대 사용법 ④ 간접압박법

➡ 지혈대는 출혈을 멈추게 하는 효과는 크지만 사용 시 혈액이 흐르지 않아 산소 부족으로 조직이 괴사할 수 있다. 응급 상황에 모든 방법으로도 지혈되지 않을 경우 최후의 수단으로 사용한다.

37 부상으로 출혈이 있을 때의 조치방법으로 옳지 않은 것은?

① 출혈이 적을 때에는 거즈로 상처를 꽉 눌러준다.
② 내출혈 시 몸을 따뜻하게 해야 하나 햇볕을 쬐게 하지 않는다.
③ 내출혈 시 쇼크 방지를 위해 허리띠를 졸라매고 상반신을 높여준다.
④ 출혈 부위보다 심장에 가까운 쪽을 헝겊으로 지혈될 때까지 꽉 잡아맨다.

➡ ③ 내출혈 시 쇼크방지를 위해 옷을 헐렁하게 하고, 몸을 따뜻하게 하며, 하반신을 높여준다.

38 승객이 갑자기 코피를 흘릴 경우 수행할 수 있는 운전자의 응급처치로 옳은 것은?

① 가능한 한 앉은 상태에서 머리를 앞으로 기울이도록 한다.
② 신속히 코피를 닦아주고 머리를 가볍게 두드린다.
③ 언제부터 흐르기 시작했냐고 물어보고 화장지를 건네준다.
④ 머리를 뒤로 젖히고 움직이지 말라고 한다.

39 응급처치의 중요성과 일반원칙으로 옳지 않은 것은?

① 환자의 생존율을 높이고 불구를 최소화한다.
② 질병 및 손상의 진행을 감소시킨다.
③ 환자의 고통을 줄여준다.
④ 환자의 치료・입원기간을 단축시키고 재활기간을 늘려 회복을 촉진시킨다.

➡ 현장 응급처치의 중요성
- 환자의 생존율을 높이고 불구를 최소화한다.
- 질병 및 손상의 진행을 감소시킨다.
- 환자의 고통을 줄여준다.
- 환자의 치료・입원기간 및 재활기간을 단축시키고 회복을 촉진시킨다.

40 열사병의 응급처치에 대한 설명으로 가장 거리가 먼 것은?

① 환자의 회복은 응급처치의 신속도와 효율성에 달려 있다.
② 환자의 몸 전체를 일시적으로 얼음물에 담그는 것이 가장 효과적인 응급처치이다.
③ 환자를 서늘하고 그늘진 곳으로 옮긴다.
④ 환자의 의복을 제거하고 젖은 타월이나 시트로 환자를 덮어 체온을 내린다.

➡ 열사병이 의심되면 즉시 체온을 낮춰 주도록 해야 한다. 치료의 첫째 목표는 중심 체온을 40도 이하로 빨리 떨어뜨려 주는 것이다. 가장 빨리 쓸 수 있는 방법은 환자의 옷을 모두 벗기고 몸에 물을 적시면서 시원한 바람을 계속 쐬어 주는 방법이다. 이 방법은 가장 간단하며 얼음을 대어 주는 방법보다 위험하지 않고 좋은 효과를 볼 수 있다.

41 몸에 열이 많이 날 때 응급처치방법으로 옳지 않은 것은?

① 옷을 벗긴다. ② 그늘로 옮긴다.
③ 물을 적셔 준다. ④ 의식이 없어도 얼음을 대준다.

➡ 열사병이 의심되면 즉시 체온을 낮추도록 해야 한다. 치료의 첫째 목표는 중심 체온을 40도 이하로 빨리 떨어뜨려 주는 것이다. 가장 빨리 쓸 수 있는 방법은 환자의 옷을 모두 벗기고 몸에 물을 적시면서 시원한 바람을 계속 쐬어 주는 방법이다. 이 방법은 가장 간단하며 얼음을 대주는 방법보다 위험하지 않고 좋은 효과를 볼 수 있다.

42 폭설이나 폭우 등 차량 운행이 불가한 재난 발생 시 운전자의 조치사항으로 옳지 않은 것은?

① 승객을 안심시키고 혼란에 빠지지 않도록 노력한다.
② 신속히 차량을 안전지대로 이동한다.
③ 회사 및 유관기관에 보고하여 구조 차량을 부른다.
④ 승객을 후방에 하차하도록 하여 질서 있게 대기시킨다.

➡ ④ 구조차량 도착 전까지 차내에서 승객을 보호해야 한다.

중요

43 교통사고 시 대처방법으로 적절하지 않은 것은?

① 차도로 뛰어나와 손을 흔들어 통과차량에 알려야 한다.
② 우선 엔진을 멈추게 하고 연료가 인화되지 않도록 한다.
③ 보험회사나 경찰 등에 사고 발생 지점 및 상태 등을 연락한다.
④ 인명 구출 시 부상자, 노인, 어린아이 등 노약자를 우선적으로 구조한다.

➡ 고장 발생 시와 마찬가지로 경황이 없는 중에 통과차량에 알리기 위해 차도로 뛰어나와 손을 흔드는 등의 위험한 행동을 삼가야 한다.

44 교통사고현장의 안전관리 사항 중 옳지 않은 것은?

① 사고현장에 정차할 경우 비상점멸등을 켠다.
② 사고차량의 시동을 끈다.
③ 현장의 양측으로 가능한 한 멀리 사고표지를 세운다.
④ 사고차량의 부상자를 옮겨야 할 필요가 있을 경우 혼자서 어깨와 가슴을 부축하고 옮긴다.

➡ 부상자를 옮겨야 할 경우 3인의 도움을 받아 부상자의 엉덩이와 배, 다리, 머리, 목을 지탱하여 옮긴다.

정답 35. ① 36. ③ 37. ③ 38. ① 39. ④ 40. ② 41. ④ 42. ④ 43. ① 44. ④

중요
45 사고 발생 시의 조치 과정은?

① 연락 → 후방 방호 → 인명 구조 → 대기
② 후방 방호 → 인명 구조 → 연락 → 대기
③ 인명 구조 → 후방 방호 → 연락 → 대기
④ 대기 → 인명 구조 → 연락 → 후방 방호

사고 발생 시 우선 인명 구조를 해야 하며, 2차 사고 방지를 위한 후방 방호를 신속히 취해야 한다.

46 교통사고 발생 시 운전자가 경찰이나 보험회사 등에 연락해야 할 사항이 아닌 것은?

① 사고발생지점 및 상태 ② 부상자 성명
③ 운전자 성명 ④ 회사명

연락 사항 : 사고발생지점 및 상태, 부상정도 및 부상자 수, 회사명, 운전자 성명, 우편물·신문·여객의 휴대 화물의 상태, 연료 유출여부 등

47 다음 중 약물복용에 대한 설명으로 가장 옳은 것은?

① 의사가 처방한 약물은 약물중독과는 상관없다.
② 감기약 정도는 운전능력 저하와는 상관없다.
③ 마약 등 약물중독은 형사처벌 대상이다.
④ 마약 등 약물중독은 처벌할 수 없다.

과로, 질병 또는 약물을 복용 후 그 영향으로 정상적인 운전을 할 수 없을 때 운전을 금지하고 있다. 적발 시 행정처분 또는 형사입건되어 30만 원 이하의 벌금이나 구류에 처한다.

48 운전자의 기본 운전예절로 옳은 것은?

① 도로 정체 시 지그재그 운전으로 빠져 나간다.
② 운행 중에 오디오 볼륨을 크게 작동시킨다.
③ 야간운행 중 반대차로의 차를 위해 전조등을 변환빔으로 조정한다.
④ 신호등이 바뀌기 전 전조등을 깜빡이거나 경음기로 재촉한다.

야간운행 중 반대차로에서 오는 차가 있으면 전조등을 변환빔(하향등)으로 조정하여 상대 운전자의 눈부심 현상을 방지한다.

49 운수종사자가 가져야 할 마음가짐으로 볼 수 없는 것은?

① 교통법규를 준수하기
② 승객에게 친절하게 대하기
③ 운수회사의 수입을 최선으로 생각하기
④ 마음의 여유를 갖고 양보하는 마음으로 운전하기

50 운수종사자가 삼가야 할 운전행동으로 거리가 먼 것은?

① 교통경찰관의 단속행위에 불응하고 항의하는 행위
② 건널목에서 보행자가 횡단하고 있을 때 신호등 색깔에 상관없이 기다리는 행위
③ 신호등이 바뀌기 전에 빨리 출발하라고 경음기로 재촉하는 행위
④ 도로상에서 사고 등으로 차량을 세워둔 채 시비, 다툼 등의 행위로 다른 차량의 통행을 방해하는 행위

보행자가 건널목을 건널 때는 신호등 색깔에 상관없이 보행자를 보호해야 하는 의무가 있다.

51 승객이 차멀미를 하는 경우 운전자가 취해야 할 행동으로 가장 옳지 않은 것은?

① 멀미가 너무 심할 경우 승객에게 하차를 권유한다.
② 상대적으로 차량 흔들림이 적은 앞자리에 앉도록 권유한다.
③ 다른 승객들이 불쾌함을 느끼지 않도록 신속하게 토사물을 치운다.
④ 미리 위생봉투를 준비한다.

승객이 차멀미를 심하게 하는 경우에는 휴게소 또는 안전한 장소에 잠시 정차하여 차에서 내려 시원한 공기를 마실 수 있도록 한다.

52 응급처치 시 행동요령으로 옳지 않은 것은?

① 부상자의 의식이 없을 때는 기도를 확인한다.
② 부상자가 토했을 경우 오물이 입 안에 있는지 확인 후 기도를 확보한다.
③ 출혈이 심할 경우 심장에 가까운 쪽을 압박하여 지혈한다.
④ 골절이 심한 부상자를 들어 올려 푹신한 곳으로 이동시킨다.

골절 부상자는 잘못 건들면 더 큰 사고로 이어질 수 있으므로 구급차가 올 때까지 대기하여야 한다.

53 일반적으로 정상인의 호흡횟수는?

① 분당 21~25회 ② 분당 15~20회
③ 분당 10~15회 ④ 분당 5~10회

일반적으로 성인의 호흡횟수는 분당 15~20회이다.

54 교통사고 발생 시 조치에 대한 설명으로 옳지 않은 것은?

① 차량을 즉시 정지시켜야 한다.
② 경미한 부상자는 신경 쓰지 않아도 된다.
③ 사고현장에서 우선 부상자가 있는지를 확인한다.
④ 골절 등 중상이라고 판단되는 경우에는 119 등 전문구급대원의 도움으로 응급처치를 한 후에 이송하는 것이 좋다.

경미한 부상자 또한 가까운 병원으로 이송해야 한다.

정답
45. ③ 46. ② 47. ③ 48. ③ 49. ③ 50. ② 51. ① 52. ④ 53. ② 54. ②

제4부
시(도) 내 주요 지리

제4부 시(도) 내 주요 지리

제1장 서울특별시

- **행정구역 면적** : 605.25km^2
- **인구** : 9,699,232명
- **행정구분** : 25개 자치구 425개 행정동
- **상징** : 시목(은행나무), 시화(개나리), 시조(까치)
- **위치** : 한반도의 중부지방에 위치하고 인천광역시와 경기도에 둘러싸여 있다.
- **소개** : 대한민국의 수도이다. 정치, 경제, 산업, 사회, 문화, 교통의 중심지이자 1988년 서울올림픽, 2002년 한일 월드컵대회가 개최된 국제적인 대도시이다. 한강이 동서를 가로질러 흐르고 도시의 중심에는 남산이 있고 외곽에는 북한산, 관악산, 도봉산 등이 있다.

1 주요 기관

소재지		기관명
강남구	논현동	서울본부세관
	대치동	강남운전면허시험장, 강남경찰서
	도곡동	강남(영동)세브란스병원
	삼성동	강남구청, 한국도심공항터미널, 강남교육지원청, 강남구보건소, 코엑스
	역삼동	국기원, 전국택시운송사업조합연합회, 강남차병원
	일원동	삼성서울병원
	청담동	우리들병원
강동구	둔촌동	중앙보훈병원
	상일동	강동경희대학교병원
	성내동	강동구청, 강동소방서
강북구	미아동	성북강북교육지원청
	번동	강북경찰서, 강북구보건소
	수유동	강북구청
강서구	방화동	김포국제공항
	등촌동	강서우체국
	외발산동	강서운전면허시험장
	화곡동	강서구청
관악구	봉천동	관악구청, 관악경찰서
	신림동	관악우체국, 서울대학교
광진구	구의동	동서울종합터미널, 광진경찰서
	군자동	세종대학교
	중곡동	국립정신건강센터(구 국립서울병원)
	자양동	광진구청
	화양동	건국대학교병원, 건국대학교
구로구	고척동	구로소방서
	구로동	구로구청, 구로경찰서, 구로구보건소
	항동	성공회대학교
금천구	독산동	금천세무서, 금천우체국
	시흥동	금천구청, 금천구보건소, 금천경찰서
노원구	공릉동	원자력병원, 서울여자대학교, 삼육대학교, 서울과학기술대학교, 육군사관학교
	상계동	도봉운전면허시험장, 노원구청, 노원구보건소
	월계동	광운대학교
도봉구	도봉동	서울북부지방법원
	방학동	도봉구청
	쌍문동	덕성여자대학교
	창동	북부교육지원청, 노원세무서
동대문구	용두동	동대문구청, 동대문구보건소
	이문동	한국외국어대학교
	전농동	청량리역, 동부교육지원청, 성바오로병원, 서울시립대학교
	청량리동	동대문경찰서, 동대문세무서, 한국과학기술원
	회기동	경희의료원, 경희대학교
	휘경동	삼육서울병원
동작구	노량진동	동작경찰서, 동작구청, 동작도서관
	사당동	총신대학교
	상도동	동작관악교육지원청, 동작구보건소, 숭실대학교
	신대방동	기상청
	흑석동	중앙대학교병원, 중앙대학교
마포구	공덕동	서울서부지방법원, 한겨레신문
	상수동	홍익대학교
	상암동	서부운전면허시험장, MBC 신사옥, YTN, TBS 교통방송, SBS 아이앤엠, KBS 미디어센터
	성산동	마포구청, 마포구보건소
	대흥동	서강대학교
	아현동	마포경찰서
서대문구	남가좌동	명지대학교
	대현동	서부교육지원청, 이화여자대학교
	미근동	서대문경찰서
	신촌동	연세대학교
	연희동	서대문구청, 서대문구보건소, 서대문소방서
	충정로2가	경기대학교

소재지		기관명
서초구	반포동	**국립중앙도서관**, 서울고속버스터미널, 센트럴시티터미널, 서울지방조달청, 가톨릭중앙의료원, 가톨릭대학교 성의교정
	방배동	방배경찰서, 대법원
	서초동	서울남부터미널, 서울중앙지방법원, 서초구청, 대검찰청, **국립국악원**, 서울교육대학교
성동구	사근동	한양대학교병원, 한양대학교
	송정동	성동세무서
	행당동	성동광진교육지원청, 성동구청, 성동경찰서
성북구	돈암동	성신여자대학교
	삼선동	성북경찰서, 성북구청, 한성대학교
	하월곡동	동덕여자대학교
	안암동	고려대학교 안암병원, 고려대학교
	정릉동	국민대학교, 서경대학교
송파구	가락동	가락시장, 송파경찰서
	문정동	가든파이브, 서울동부지방법원
	방이동	올림픽체조경기장, 한국체육대학교
	신천동	송파구청, 송파구보건소
	잠실동	강동송파교육지원청
	풍납동	서울아산병원
양천구	목동	이대목동병원, CBS 기독교방송
	신월동	강서양천교육지원청, 서울과학수사연구소
	신정동	양천구청, 서울출입국외국인청, 서울남부지방법원
영등포구	당산동	영등포구청, 영등포구보건소, 영등포경찰서
	문래동	남부교육지원청
	신길동	**서울지방병무청**
	여의도동	대한민국 국회·국회도서관, 여의도우체국, 가톨릭대학교 여의도성모병원, KBS 한국방송공사·별관
	영등포동	영등포역, 한림대학교 한강성심병원
용산구	용산동3가	대한민국 국방부
	원효로1가	용산경찰서
	이태원동	용산구청
	청파동	숙명여자대학교
	한강로3가	용산역
	한남동	스페인대사관, 이탈리아대사관, 태국대사관, 순천향대학교 서울병원
은평구	녹번동	은평구청, 은평구보건소
	진관동	은평소방서
종로구	경운동	종로경찰서
	내자동	**서울지방경찰청**
	동숭동	한국방송통신대학교
	명륜3가	성균관대학교
	세종로	미국대사관, 정부서울청사
	수송동	종로구청, 서울지방국세청
	신문로2가	서울특별시 교육청
	연건동	서울대학교병원
	인의동	혜화경찰서
	중학동	일본대사관
	평동	강북삼성병원, 서울적십자병원
	혜화동	가톨릭대학교 성신교정
	홍지동	상명대학교
	효제동	중부교육지원청

소재지		기관명
중구	남대문로5가	남대문경찰서, 독일대사관, 한국일보
	다동	**한국관광공사**
	동자동	서울역
	봉래동1가	**프랑스문화원**
	을지로6가	국립중앙의료원
	저동	중부경찰서, 남대문세무서, 인제대학교 서울백병원
	예관동	중구청
	예장동	숭의여자대학교
	명동2가	중국대사관
	정동	러시아대사관, 영국대사관, 네덜란드대사관, 뉴질랜드대사관, 캐나다대사관, 경향신문
	태평로1가	**서울특별시청**, 서울특별시의회
	장충동2가	동국대학교
중랑구	상봉동	상봉터미널, 중랑우체국
	신내동	중랑경찰서, 중랑구청, 중랑구보건소

2 문화유적·공원

소재지	명칭
강남구	봉은사, 선릉정릉, 코엑스, 도산공원
강동구	서울 암사동 유적, 광나루 한강공원
강북구	**국립 4·19 민주묘지**
강서구	허준박물관, 강서 한강공원
광진구	어린이대공원, 뚝섬 한강공원
동대문구	서울풍물시장, 경동시장, 청량리청과물시장, **세종대왕기념관**
동작구	노량진수산시장, 사육신공원, 국립서울현충원, 보라매공원
마포구	망원 한강공원, 난지 한강공원, 서울월드컵경기장, 월드컵공원
서대문구	독립문, 서대문형무소 역사관
서초구	세빛섬, 반포 한강공원, **예술의전당**, 시민의 숲, 잠원 한강공원
성동구	서울숲
성북구	북한산국립공원
송파구	올림픽공원, 롯데월드, 롯데월드타워(제2롯데월드), **몽촌토성**, 잠실종합운동장, 송파나루공원(석촌호수), 잠실 한강공원, **풍납토성**
양천구	**파리공원**
영등포구	양화 한강공원, 선유도공원, 63시티(63빌딩), 여의도공원, 여의도 한강공원
용산구	전쟁기념관, N서울타워, **국립중앙박물관**, 용산가족공원, 이촌 한강공원, 백범김구기념관
종로구	보신각(종각), 마로니에공원, 사직공원, 경복궁, 세종문화회관, 국립민속박물관, 서울역사박물관, **경희궁공원**, 창경궁, 창덕궁, 탑골공원, 흥인지문(보물 제1호)
중구	숭례문(국보 제1호), 명동성당, 남산공원, 덕수궁

3 백화점 · 주요 호텔

구분	명칭	소재지
백화점	갤러리아백화점 명품관	WEST점 · EAST점(압구정동)
	롯데백화점	본점(소공동), 강남점(대치동), 관악점(봉천동), 노원점(상계2동), 미아점(미아동), 영등포점(영등포동), 잠실점(잠실동), 청량리점(전농동), 스타시티점(자양동), 김포공항점(방화동)
	신세계백화점	본점(충무로1가), 타임스퀘어점(영등포동4가), 강남점(반포동)
	현대백화점	본점(압구정동), 목동점(목1동), 무역센터점(삼성동), 미아점(길음동), 신촌점(창천동), 천호점(천호동), 디큐브시티점(신도림동)
호텔	그랜드하얏트서울	용산구 한남동
	스위스그랜드힐튼서울	서대문구 홍은동
	더 플라자	중구 태평로2가
	롯데호텔서울	중구 소공동
	롯데호텔월드	송파구 잠실동
	밀레니엄힐튼서울	중구 남대문로5가
	베스트웨스턴 나이아가라호텔	강서구 염창동
	그랜드워커힐서울	광진구 광장동
	신라호텔	중구 장충동2가
	웨스틴조선호텔	중구 소공동
	인터컨티넨탈서울코엑스	강남구 삼성동
	임피리얼팰리스서울	강남구 논현동
	르메르디앙 서울(호텔리츠칼튼서울)	강남구 역삼동
	JW메리어트호텔서울	서초구 반포동
	비스타워커힐서울	광진구 광장동

4 주요 다리 및 도로

(1) 다 리

명칭	구간
팔당대교	남양주시 조안면 ~ 하남시 창우동
강동대교	구리시 토평동 ~ 강동구 강일동
광진교	광진구 광장동 ~ 강동구 천호동(두 번째 인도교)
천호대교	광진구 광장동 ~ 강동구 천호동
올림픽대교	광진구 구의동 ~ 송파구 풍납동
잠실철교	광진구 구의동 ~ 송파구 신천동(지하철 2호선 통과)
잠실대교	광진구 자양동 ~ 송파구 신천동
청담대교	광진구 자양동 ~ 강남구 청담동(지하철 7호선 통과)
영동대교	광진구 자양동 ~ 강남구 청담동
성수대교	성동구 성수동 ~ 강남구 압구정동
동호대교	성동구 옥수동 ~ 강남구 압구정동(지하철 3호선 통과)
한남대교	용산구 한남동 ~ 서초구 잠원동(제3한강교)
반포대교	용산구 서빙고동 ~ 서초구 반포동(잠수교와 복층교)
동작대교	용산구 이촌동 ~ 동작구 동작동(지하철 4호선 통과)
한강대교	용산구 이촌동 ~ 동작구 본동(최초의 인도교)
한강철교	용산구 이촌동 ~ 동작구 노량진동(한강 최초의 다리)
원효대교	용산구 이촌동 ~ 영등포구 여의도동
마포대교	마포구 마포동 ~ 영등포구 여의도동
서강대교	마포구 신정동 ~ 영등포구 여의도동
양화대교	마포구 합정동 ~ 영등포구 당산동
당산철교	마포구 합정동(지하철 2호선 통과) ~ 영등포구 당산동
성산대교	마포구 망원동 ~ 영등포구 양화동
월드컵대교	마포구 상암동 증산로 ~ 영등포구 양평로(제2성산대교)
가양대교	마포구 상암동 ~ 강서구 가양동
방화대교	강서구 방화동 ~ 고양시 강매동
행주대교	강서구 개화동 ~ 고양시 행주외동
김포대교	김포시 고촌읍 신곡리 ~ 고양시 토당동(서울 외곽순환고속도로)
암사대교	강동구 암사동 둔촌로 ~ 구리시 아천동

(2) 도 로

명칭		구간
자동차전용도로	강변북로	행주인터체인지 ~ 아천인터체인지
	국회대로	서강대교 북단 ~ 신월인터체인지
	남부순환로	김포공항입구 ~ 수서인터체인지
	내부순환로	성산대로 ~ 살곶이다리 남단
	노들로	한강대교 남단 ~ 양화교 교차로
	동부간선도로	수락지하차도 ~ 복정교차로
	북부간선도로	하월곡JC교차로 ~ 도농인터체인지 제2육교
	서부간선도로	성산대교 남단 ~ 시흥대교
	양재대로	암사정수센터교차로 ~ 선암인터체인지
	언주로	성수대교 북단 ~ 내곡터널
	올림픽대로	강일인터체인지 ~ 신곡인터체인지 교차로
강남대로		한남역 ~ 염곡사거리
고산자로		성수대교 북단 ~ 고려대역
도산대로		신사역사거리 ~ 영동대교 남단교차로
독서당로		한남역 ~ 응봉삼거리
돈화문로		창덕궁 ~ 청계3가사거리
삼청로		삼청터널 ~ 경복궁사거리
새문안로		세종로사거리 ~ 서대문로터리
성산로		성산대교 남단 ~ 사직터널
세검정로		홍은동사거리 ~ 신영동삼거리
세종대로		광화문삼거리 ~ 서울역사거리
양천로		양화교(양천길) ~ 개화사거리
용마산로		아차산역삼거리 ~ 신내인터체인지 교차로
율곡로		청계6가사거리 ~ 경복궁사거리
을지로		시청삼거리 ~ 한양공고 앞 사거리
태평로		세종로사거리 ~ 남대문
테헤란로		강남역사거리 ~ 삼성교

서울특별시 기출예상문제

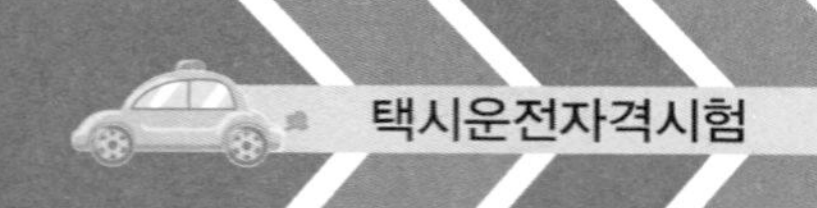

중요

01 3개 이상의 전철 노선이 지나는 역이 아닌 곳은?

① 왕십리역 ② 고속터미널역
③ 대림역 ④ 종로3가역

중요

02 다음 중 광화문 주변에 위치하지 않은 곳은?

① 미국대사관 ② 강북삼성병원
③ 연합뉴스 본사 ④ 그랜드 하얏트 서울

중요

03 프랑스문화원은 어느 구에 위치하는가?

① 중구 ② 금천구
③ 마포구 ④ 종로구

중요

04 다음 중 용산구에 위치한 건물은?

① 홍익대학교 ② 이탈리아 대사관
③ 경희의료원 ④ 한국외국어대학교

중요

05 서울특별시청은 어디에 위치하는가?

① 종로구 신문로 ② 중구 회현동
③ 중구 태평로 ④ 종로구 사직동

06 다음 중 중구에 위치한 고궁은?

① 경복궁 ② 덕수궁
③ 창덕궁 ④ 경희궁

중요

07 화계사길이 있는 구는?

① 성북구 ② 강북구
③ 도봉구 ④ 노원구

08 서울시청과 가장 가까운 곳에 위치한 곳은?

① 창경궁 ② 광화문
③ 덕수궁 ④ 숭례문

09 강서운전면허시험장이 있는 곳은?

① 강서구 화곡동 ② 강서구 등촌동
③ 강서구 외발산동 ④ 강서구 내발산동

중요

10 서울월드컵경기장이 위치하는 곳은?

① 용산구 한남동 ② 마포구 상암동
③ 송파구 잠실동 ④ 마포구 성산동

11 행정구역상 영등포구에 위치하는 동은?

① 신길동 ② 대방동
③ 신림동 ④ 신대방동

12 성북구에 있는 대학이 아닌 것은?

① 광운대학교 ② 국민대학교
③ 동덕여자대학교 ④ 한성대학교

중요

13 영동대로와 교차하지 않는 도로는?

① 학동로 ② 송파대로
③ 양재대로 ④ 테헤란로

14 종각역 근처에 위치하지 않는 것은?

① SC(제일은행)은행 본점 ② 종로 귀금속 타운
③ 종로타워빌딩 ④ 영풍빌딩

중요

15 종로구와 은평구를 관통하는 터널은?

① 우면산터널 ② 구기터널
③ 남산1호터널 ④ 삼청터널

16 다음 중 도산공원이 위치하는 곳은?

① 종로구 동숭동 ② 강남구 신사동
③ 동작구 노량진동 ④ 강남구 논현동

중요

17 서부운전면허시험장은 어느 구에 위치하는가?

① 영등포구 ② 마포구
③ 양천구 ④ 은평구

중요

18 서울남부구치소가 위치한 곳은?

① 구로구 금오로(천왕동) ② 구로구 경인로(고척동)
③ 금천구 시흥대로(독산동) ④ 금천구 시흥대로(시흥동)

19 한강대교 남단에서 양화교까지 이어지는 도로는?

① 언주로 ② 노들로
③ 이태원로 ④ 서빙고로

20 서빙고동과 반포동을 연결하고 잠수교와 복층교인 다리는?

① 동작대교 ② 양화대교
③ 반포대교 ④ 성수대교

정답
01. ③ 02. ④ 03. ① 04. ② 05. ③ 06. ② 07. ② 08. ③ 09. ③
10. ④ 11. ① 12. ① 13. ② 14. ② 15. ② 16. ② 17. ② 18. ①
19. ② 20. ③

21 다음 지하철역 중 2호선과 5호선의 환승역이 아닌 것은?
① 동대문역사문화공원역 ② 왕십리역
③ 건대입구역 ④ 충정로역

22 근처에 위치하지 않는 것은?
① 세종문화회관 – 세종대왕동상
② 국립경찰병원 – 가락시장
③ 성동구치소 – 성동구청
④ 세종대학교 – 어린이대공원

중요
23 강남구 삼성동에 위치하지 않는 것은?
① 신세계백화점 ② 현대백화점
③ 인터컨티넨탈호텔 ④ 한국도심공항

중요
24 한남동에서 옥수동 그리고 응봉동으로 연결된 도로는?
① 언주로 ② 국회대로
③ 노들로 ④ 독서당로

25 남부순환로를 진행하면서 접하는 3호선 역은?
① 양재역, 매봉역, 도곡역, 학여울역
② 경복궁역, 독립문역, 무악재역, 홍제역
③ 고속터미널역, 잠원역, 신사역, 압구정역
④ 약수역, 동대입구역, 충무로역, 을지로3가역

26 5호선 지하철역 중 강동구에 없는 역은?
① 천호역 ② 길동역
③ 상일동역 ④ 올림픽공원역

27 홍제천에 위치하지 않는 다리는?
① 사천교 ② 성산1교
③ 성산2교 ④ 월계1교

28 흥화문, 숭정전 등의 문화재가 있는 경희궁공원이 위치하는 곳은?
① 소공동 ② 무교동
③ 종로1가 ④ 신문로2가

29 남부순환로와 만나지 않는 도로는?
① 신정로 ② 천호대로
③ 강남대로 ④ 남태령로

중요
30 삼성동은 강남구이다. 삼선동은 어느 구인가?
① 성북구 ② 성동구
③ 영등포구 ④ 마포구

31 동아일보가 위치하는 곳은?
① 종로구 서린동 ② 종로구 견지동
③ 종로구 훈정동 ④ 종로구 와룡동

32 인사동 주변에 위치하지 않는 것은?
① 중부경찰서 ② 탑골공원
③ YMCA ④ 낙원상가

중요
33 다음 중 강남구에 위치하지 않는 호텔은?
① 신라호텔 ② 르메르디앙서울
③ 임피리얼팰리스호텔 ④ 인터컨티넨탈호텔

34 통일로상에 위치하지 않는 지하철역은?
① 홍제역 ② 응암역
③ 독립문역 ④ 불광역

중요
35 이태원에서 가톨릭대학교 서울성모병원으로 가려면 이용하는 다리는?
① 가양대교 ② 잠실대교
③ 한강대교 ④ 반포대교

중요
36 무역회관의 위치는?
① 강남구 삼성동 ② 강동구 암사동
③ 강서구 가양동 ④ 송파구 신천동

37 다음 중 용산가족공원으로 통하는 도로는?
① 한남대로 ② 원효로
③ 퇴계로 ④ 동작대로

중요
38 동작대로에 있는 지하철역은?
① 이수역 ② 내방역
③ 이촌역 ④ 낙성대역

39 다음 중 선정릉이 있는 곳은?
① 학동공원 ② 도산공원
③ 삼릉공원 ④ 청담공원

40 구로구 신도림동 오금교 남단에서 양천구 목동 홍익병원사거리까지 이르는 목동로에 위치하는 것은?
① 진명여고 ② 목동야구장
③ 이대목동병원 ④ 강서교육지원청

정답
21. ③ 22. ③ 23. ① 24. ④ 25. ① 26. ④ 27. ④ 28. ④ 29. ② 30. ① 31. ① 32. ① 33. ① 34. ② 35. ④ 36. ① 37. ④ 38. ① 39. ③ 40. ①

41 다음 중 퇴계로 주변에서 볼 수 없는 곳은?
① 서울극장 ② 신세계백화점 본점
③ 충무아트센터 ④ 남산골 한옥마을

중요
42 국립중앙박물관은 어느 구에 위치하는가?
① 양천구 ② 광진구
③ 용산구 ④ 서초구

43 서대문구에 위치하지 않는 대학교는?
① 연세대학교 ② 서강대학교
③ 경기대학교 ④ 이화여자대학교

중요
44 금화터널과 연세대를 지나는 도로명은?
① 을지로 ② 성산로
③ 테헤란로 ④ 태평로

중요
45 한국의 집, 세종호텔, 매일경제신문사가 있는 곳은?
① 중구 ② 종로구
③ 강남구 ④ 용산구

중요
46 호남선 KTX를 타려는 손님은 어느 역으로 모셔야 하는가?
① 신길역 ② 남영역
③ 수서역 ④ 용산역

중요
47 국립국악원이 위치한 곳은?
① 서초구 내곡동 ② 강남구 개포동
③ 강남구 도곡동 ④ 서초구 서초동

48 서울무역전시컨벤션센터(SETEC)와 한국가스안전공사 서울지역본부는 어느 역 부근에 위치하는가?
① 도곡역 ② 양재역
③ 학여울역 ④ 일원역

중요
49 다음 중 가장 서쪽에 있는 다리는?
① 올림픽대교 ② 잠실대교
③ 청담대교 ④ 영동대교

중요
50 서울삼육병원의 위치는?
① 마포구 공덕동 ② 종로구 수송동
③ 종로구 동숭동 ④ 동대문구 휘경동

51 강남구 삼성동에 위치하고 있는 사찰은?
① 관음사 ② 조계사
③ 봉은사 ④ 경국사

52 한남동에서 옥수동, 금호동, 응봉동에 이르는 도로명은?
① 천호대로 ② 동이로
③ 독서당로 ④ 도산대로

53 성수대교 북단에서 구룡터널사거리까지의 도로명은?
① 논현로 ② 언주로
③ 율곡로 ④ 강남대로

중요
54 다음 중 도봉구에 위치한 것은?
① 노원세무서 ② 세종대학교
③ 프랑스문화원 ④ 국방부

중요
55 영등포경찰서와 가장 가까운 역은?
① 영등포역 ② 당산역
③ 신길역 ④ 영등포구청역

56 다음 중 용산구에 위치하지 않는 것은?
① 스페인대사관 ② 중국대사관
③ 태국대사관 ④ 이탈리아대사관

57 영국대사관과 러시아대사관이 위치하는 곳은?
① 중구 ② 용산구
③ 종로구 ④ 서대문구

58 다음 중 서울아산병원이 위치하는 곳은?
① 송파구 풍납동 ② 강서구 가양동
③ 광진구 화양동 ④ 강동구 성내동

중요
59 양화대교 남단을 연결하는 도로는?
① 목동교 ② 국회대로
③ 선유로 ④ 삼청로

60 다음 중 연결이 잘못된 것은?
① 서울대학교 – 신림로 ② 고려대학교 – 제기로
③ 이화여자대학교 – 백범로 ④ 홍익대학교 – 와우산로

61 다음 중 고산자로는 어느 구간의 길인가?
① 마장동우체국 – 무학여고 – 금호사거리
② 성수대교 – 응봉사거리 – 경동시장
③ 홍인사거리 – 마장역 – 전농초교
④ 고려대역 – 홍파초교 – 떡전교사거리

정답
41. ① 42. ③ 43. ② 44. ② 45. ① 46. ④ 47. ④ 48. ③ 49. ④
50. ④ 51. ③ 52. ③ 53. ② 54. ① 55. ④ 56. ② 57. ① 58. ①
59. ③ 60. ③ 61. ②

62 인터컨티넨탈호텔은 어느 구에 위치하는가?

① 용산구 ② 동작구
③ 강남구 ④ 서대문구

중요
63 영동대교를 지나 영동대로와 테헤란로가 교차되는 지점에 위치한 역은?

① 선릉역 ② 역삼역
③ 삼성역 ④ 학여울역

64 은평구청은 은평구 어느 동에 위치하는가?

① 역촌동 ② 녹번동
③ 수색동 ④ 구산동

65 우면동과 화물터미널연합이 있는 행정구역은?

① 강서구 ② 서초구
③ 강남구 ④ 양천구

66 충무로역 근처에 위치하지 않는 것은?

① 매경신문사 ② 대한극장
③ 남산한옥마을 ④ 대연각빌딩

67 옥수동과 압구정동을 연결하는 다리는?

① 동호대교 ② 성산대교
③ 한남대교 ④ 올림픽대교

68 일본대사관과 미국대사관이 있는 행정구역은?

① 중구 ② 종로구
③ 서대문구 ④ 용산구

중요
69 화랑로(하월곡~공릉동)에 위치하지 않는 역은?

① 하계역 ② 석계역
③ 돌곶이역 ④ 태릉입구역

70 국립묘지(국립서울현충원)가 위치하고 있는 행정구역은?

① 양천구 ② 동작구
③ 강서구 ④ 영등포구

71 마포구청과 마포경찰서의 소재지가 바르게 연결된 것은?

① 성산동 – 아현동 ② 아현동 – 신수동
③ 신수동 – 마포동 ④ 공덕동 – 마포동

72 양재IC 주변에 위치하지 않는 것은?

① 서울시 교육연수원 ② 서울만남의광장휴게소
③ 양재꽃시장 ④ 양재시민의숲

73 지하철 4호선과 7호선이 만나는 역은?

① 상계역 ② 노원역
③ 창동역 ④ 충무로역

중요
74 서초구에 위치하지 않는 것은?

① 대법원 ② 서울교육대학교
③ 서울성모병원 ④ 국립과학수사연구소

중요
75 다음 중 가든파이브가 위치하는 곳은?

① 송파구 가락동 ② 송파구 문정동
③ 송파구 거여동 ④ 송파구 장지동

76 다음 중 한강 이남에 있는 터널은?

① 북악터널 ② 남산터널
③ 자하문터널 ④ 화곡터널

77 다음 중 사육신공원이 위치하는 곳은?

① 서초구 방배동 ② 강서구 화곡동
③ 금천구 독산동 ④ 동작구 노량진동

78 몽촌토성은 어느 다리 남쪽에 위치하는가?

① 양화대교 ② 올림픽대교
③ 팔당대교 ④ 광진교

79 서울고용노동청 주변에 위치하지 않은 것은?

① 한화빌딩(장교동) ② 한국은행 본점
③ 기업은행 본점 ④ 중구문화원

중요
80 남부시외버스터미널이 위치한 곳은?

① 서초구 서초동 ② 서초구 우면동
③ 서초구 개포동 ④ 서초구 도곡동

중요
81 다음 중 광진구에 위치하지 않는 것은?

① 비스타워커힐서울 ② 건국대학교
③ 어린이대공원 ④ 국립중앙의료원

중요
82 다음 중 국립경찰병원이 위치하는 곳은?

① 중구 필동 ② 강남구 역삼동
③ 용산구 남영동 ④ 송파구 가락본동

정답 62. ③ 63. ③ 64. ② 65. ② 66. ④ 67. ① 68. ② 69. ① 70. ② 71. ① 72. ① 73. ② 74. ④ 75. ② 76. ④ 77. ④ 78. ② 79. ② 80. ① 81. ④ 82. ④

83 **청와대 앞길이 개방됨으로써 연결되는 도로는?**

① 양천길 ② 삼청동길
③ 용마산로 ④ 고산자로

84 **서초구 반포동에 위치하는 호텔은?**

① 롯데월드호텔 ② 그랜드하얏트호텔
③ JW메리어트호텔 ④ 웨스틴조선호텔

85 **다음 중 연결이 옳지 않은 것은?**

① 강남구청 – 성내동 ② 도봉구청 – 방학동
③ 성동구청 – 행당동 ④ 종로구청 – 수송동

86 **다음 중 인접하지 않은 동은?**

① 갈현동 ② 불광동
③ 구산동 ④ 현저동

87 **경부고속도로 만남의 광장이 있는 곳은?**

① 서초구 ② 강남구
③ 송파구 ④ 강동구

88 **양화로와 접하지 않는 도로는?**

① 서교로 ② 합정로
③ 신촌로 ④ 강남대로

89 **중앙대학교병원에서 용산역을 가려면 어느 다리를 건너야 가장 빠른가?**

① 성수대교 ② 청담대교
③ 동호대교 ④ 한강대교

중요
90 **서울지방병무청이 위치하는 구는?**

① 영등포구 ② 중구
③ 서초구 ④ 송파구

중요
91 **남부순환도로에 없는 IC는?**

① 구로IC ② 금천IC
③ 시흥IC ④ 오류IC

92 **4대문 안에 있는 시설물이 아닌 것은?**

① 미국 대사관 ② 신라호텔
③ 탑골공원 ④ 경희궁

중요
93 **성북구청 앞 도로명은?**

① 태평로 ② 보문로
③ 세검정길 ④ 돈화문로

94 **동작구에 위치하지 않는 대학은?**

① 숭실대학교 ② 중앙대학교
③ 총신대학교 ④ 홍익대학교

95 **다음 중 지하철 1호선역이 아닌 것은?**

① 서울역 ② 청량리역
③ 신용산역 ④ 종로3가역

96 **청계천로와 만나지 않는 도로는?**

① 삼일대로 ② 돈화문로
③ 동호로 ④ 왕산로

중요
97 **다음 공공기관 중 노원구청에서 가장 먼 곳은?**

① 노원경찰서 ② 노원자동차검사소
③ 원자력병원 ④ 서울북부지방법원

98 **한강대교 남단을 지나면서 만나는 터널은?**

① 구기터널 ② 상도터널
③ 북악터널 ④ 남산3호터널

99 **북서울 꿈의 숲에서 노원구에 위치한 을지병원을 가려고 한다. 어느 도로를 이용하는 것이 가장 좋은가?**

① 탄천로 ② 월계로
③ 노원길 ④ 동부간선도로

100 **다음 중 동대문구와 중랑구를 연결하는 다리는?**

① 월릉교 ② 군자교
③ 중랑교 ④ 파천교

101 **7호선 지하철역 중 중랑구에 없는 역은?**

① 중화역 ② 먹골역
③ 상봉역 ④ 태릉입구역

102 **육군사관학교가 위치하고 있는 곳은?**

① 도봉구 ② 노원구
③ 강북구 ④ 중랑구

중요
103 **돌곶이로는 어느 구에 속하는가?**

① 성북구 ② 중구
③ 강남구 ④ 용산구

83. ② 84. ③ 85. ① 86. ④ 87. ① 88. ④ 89. ④ 90. ① 91. ② 92. ② 93. ② 94. ④ 95. ③ 96. ④ 97. ③ 98. ② 99. ② 100. ③ 101. ④ 102. ② 103. ①

104 환승하지 않고 여의도로 바로 갈 수 있는 역이 아닌 것은?
① 신논현역 ② 동작역
③ 서울역 ④ 동대문역사문화공원역

105 광진구와 강남구를 연결하는 다리는?
① 청담대교 ② 잠실대교
③ 성수대교 ④ 올림픽대교

106 전국택시운송사업조합연합회가 위치하는 곳은?
① 서초구 반포동 ② 마포구 상암동
③ 강서구 외발산동 ④ 강남구 역삼동

107 전농동은 동대문구에 있다. 정릉동이 위치하는 행정구역은?
① 송파구 ② 성북구
③ 강서구 ④ 서대문구

중요
108 사대문(四大門)을 동서로 가로지르는 도로는?
① 보문로 ② 율곡로
③ 을지로 ④ 종로

109 다음 중 강북에 위치하지 않는 병원은?
① 경희의료원 ② 삼성서울병원
③ 서울위생병원 ④ 고려대학교의료원

110 다음 중 위치가 가장 떨어져 있는 호텔은?
① 스위스그랜드힐튼호텔 ② 캐피탈호텔
③ 해밀톤호텔 ④ 그랜드하얏트 서울호텔

111 다음 중 동대문구에 위치하지 않는 것은?
① 경동시장 ② 휘경여중
③ 경희대학교 ④ 고려대학교

중요
112 다음 중 국립극장이 있는 곳은?
① 서초구 ② 중구
③ 강남구 ④ 용산구

113 강북경찰서와 성북강북교육지원청의 소재지가 바르게 연결된 것은?
① 번1동 – 미아동 ② 번2동 – 번1동
③ 수유동 – 미아동 ④ 미아동 – 수유동

중요
114 봉은사로와 교차하는 도로는?
① 언주로 ② 새문안길
③ 세종로 ④ 율곡로

115 예술의전당과 가장 가까운 지하철역은?
① 신사역 ② 삼성역
③ 도곡역 ④ 남부터미널역

116 다음 호텔 중 나머지 셋과 가장 멀리 떨어진 것은?
① 웨스틴조선 호텔 ② 밀레니엄 힐튼 서울
③ 임피리얼 팰리스 서울 ④ 더 플라자

117 국회의사당과 가장 근접한 방송국은?
① 서울방송 ② 불교방송
③ 교통방송 ④ 한국방송공사

118 다음 중 연결이 잘못된 것은?
① 성동구 – 화양동 ② 광진구 – 구의동
③ 강남구 – 일원동 ④ 은평구 – 응암동

중요
119 도봉역에서 가장 멀리 떨어져 있는 것은?
① 도봉구청 ② 서울북부지방법원
③ 도봉경찰서 ④ 성균관대학교 도봉선수촌

120 행정구역상 용산구에 속하지 않는 동은?
① 보광동 ② 한남동
③ 금호동 ④ 서빙고동

121 성북구에서 종로구를 지나는 터널은?
① 북악터널 ② 금화터널
③ 까치산터널 ④ 남산터널

중요
122 장충체육관을 갈 때 가장 가까운 지하철역은?
① 충무로역 ② 동대입구역
③ 왕십리역 ④ 동대문역사문화공원역

123 서울지방경찰청이 위치한 곳은?
① 종로구 내자동 ② 종로구 계동
③ 용산구 한남동 ④ 종로구 공평동

124 서대문역 주변에 위치하지 않는 것은?
① 농협중앙회 ② 서대문경찰서
③ 서울적십자병원 ④ 서울서부지방검찰청

정답
104. ③ 105. ① 106. ④ 107. ② 108. ④ 109. ② 110. ① 111. ④
112. ② 113. ① 114. ① 115. ④ 116. ③ 117. ④ 118. ① 119. ③
120. ③ 121. ① 122. ② 123. ① 124. ④

125 운전면허시험장과 소재지가 잘못 연결된 것은?

① 서부운전면허시험장 – 상수동
② 강서운전면허시험장 – 외발산동
③ 도봉운전면허시험장 – 상계동
④ 강남운전면허시험장 – 대치동

중요
126 올림픽대로와 연결되지 않는 도로는?

① 선유로 ② 여의대로
③ 동작대로 ④ 마포대로

127 특허청 서울사무소가 위치하고 있는 곳은?

① 중구 ② 강남구
③ 종로구 ④ 서초구

128 다음 중 정부서울청사가 위치하는 곳은?

① 종로구 내자동 ② 종로구 세종로
③ 중구 남대문로 ④ 성북구 삼선동

129 강남운전면허시험장이 위치하는 곳은?

① 송파구 신천동 ② 강남구 역삼동
③ 서초구 반포4동 ④ 강남구 대치동

중요
130 옥수역에서 금호역, 약수역에 이르는 도로명은?

① 언주로 ② 논현로
③ 동호로 ④ 왕산로

131 성북구와 접하고 있는 구가 아닌 것은?

① 종로구 ② 동대문구
③ 강북구 ④ 용산구

132 도봉구청의 관할 동이 아닌 것은?

① 창동 ② 수유동
③ 쌍문동 ④ 방학동

133 서울지방국세청이 있는 곳은?

① 종로구 삼청동 ② 종로구 안국동
③ 종로구 수송동 ④ 종로구 사직동

134 동일로와 만나는 도로는?

① 율곡로 ② 겸재로
③ 용마산로 ④ 독서당로

135 다음 중 위치가 가장 떨어져 있는 곳은?

① 경향신문사 본사 ② 강북삼성병원
③ 서울지방국세청 ④ 서울역사박물관

136 상암동 월드컵경기장 주변에 있는 공원이 아닌 것은?

① 평화의공원 ② 하늘공원
③ 난지천공원 ④ 마로니에공원

137 서울본부세관이 위치하는 곳은?

① 강남구 테헤란로 ② 강남구 선릉로
③ 강남구 언주로 ④ 강남구 학동로

138 다음 중 위치가 가장 떨어져 있는 호텔은?

① 노보텔앰배서더강남 ② 리츠칼튼호텔
③ 삼정호텔 ④ 임피리얼팰리스서울

139 서울시 교통회관이 있는 곳은?

① 송파구 송파대로 ② 송파구 올림픽로
③ 강동구 천호대로 ④ 강남구 테헤란로

중요
140 한남오거리에서 응봉삼거리로 연결된 도로는?

① 삼청로 ② 고산자로
③ 독서당로 ④ 도산대로

중요
141 동일로와 연결되는 다리는?

① 성수대교 ② 영동대교
③ 청담대교 ④ 잠실대교

142 성수역에서 코엑스로 가는 손님이 있을 때, 어느 다리를 이용해야 하는가?

① 영동대교 ② 성수대교
③ 한남대교 ④ 동호대교

143 영등포 로터리와 여의도를 연결하는 다리는?

① 오목교 ② 여의교
③ 여의2교 ④ 서울교

144 나이아가라호텔에서 가양역으로 연결된 도로는?

① 안양천로 ② 노들로
③ 양천로 ④ 양평로

145 송파구 견인차량보관소의 위치는?

① 가락시장 옆 탄천부지 ② 가든파이브 옆 고가도로 아래
③ 잠실종합운동장 주차장 ④ 올림픽공원 주차장

정답
125. ① 126. ④ 127. ② 128. ② 129. ④ 130. ③ 131. ④ 132. ②
133. ③ 134. ② 135. ③ 136. ④ 137. ③ 138. ④ 139. ② 140. ③
141. ② 142. ① 143. ④ 144. ③ 145. ②

제2장 경기도

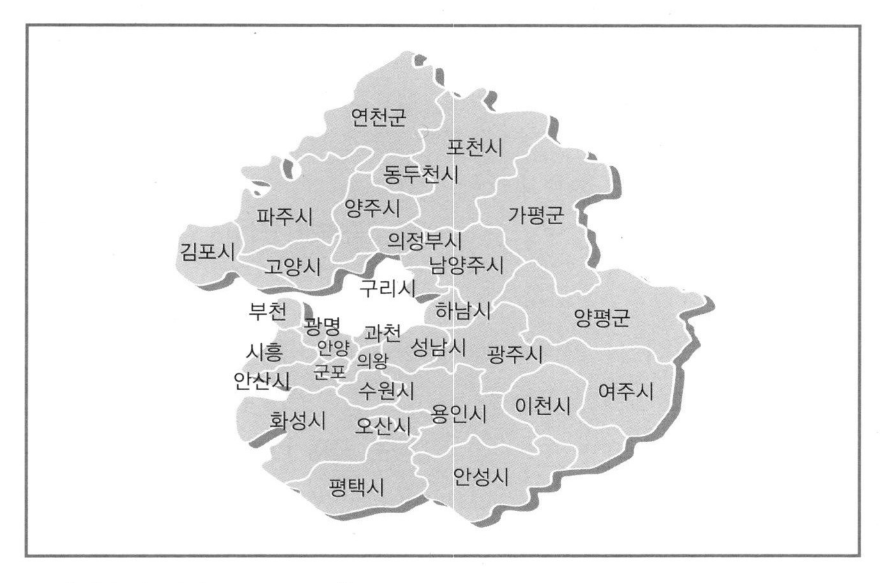

* **행정구역 면적** : 10,185km²
* **인구** : 13,400,615명
* **행정구분** : 28시 3군
* **상징** : 도목(은행나무), 도화(개나리), 도조(비둘기)
* **위치** : 한반도 중서부에 위치하는 도이다. 서울특별시와 인천광역시를 둘러싸고 있고 남쪽으로는 충청남도, 북쪽으로는 황해도, 동쪽으로는 강원도, 서쪽으로는 황해와 접한다.
* **소개** : 경기도는 한강을 끼고 평야가 발달해 선사시대부터 사람들이 정착했던 곳으로 연천군과 하남시 등에 선사시대 유적지가 있다. 도청소재지는 수원시이고 의정부시에 제2청사를 두고 있다. 수도권 지역의 경제 중심지로서 편리한 교통과 소비시장이 가까이 위치하여 공업지대가 발달하였고, 서울과 경기도 내를 연결하는 도시전철이 통과하고 철도, 고속도로, 국도, 지방도로가 전국 각지로 연결되어 있다.

1 가평군

(1) 주요 기관

소재지	기관명
가평읍 대곡리	가평경찰서, 가평소방서, 가평터미널
가평읍 읍내리	가평군청, 가평교육지원청, 가평우체국

(2) 주변명소

구분	명칭
산	명지산, 연인산, 호명산, 유명산
사찰	현등사(조종면 운악리)
관광지	대성리 국민관광지, 산장국민관광지, 아침고요수목원, 청평호, 호명호수
휴양림	국립유명산자연휴양림(설악면 가일리), 청평자연휴양림(청평면 삼회리), 칼봉산자연휴양림(가평읍 경반리)
문화유적	현등사 삼층석탑, 이방실장군묘, 조종암, 캐나다·뉴질랜드·호주전투기념비

2 고양시

(1) 주요 기관

소재지		기관명
덕양구	주교동	고양시청
	화전동	한국항공대학교
	화정동	덕양구청, 고양경찰서, 화정터미널
일산동구	마두동	일산동구청
	백석동	국민건강보험 일산병원, 고양종합터미널
	식사동	동국대학교 일산병원
	장항동	의정부지방검찰청 고양지청, 일산 MBC 드림센터
	정발산동	일산동부경찰서
	중산동	일산복음병원
일산서구	대화동	일산서구청, 일산서부경찰서, 일산백병원, 킨텍스
	덕이동	탄현역
	일산동	일산역
	탄현동	SBS 일산제작센터

(2) 주변명소

구분	명칭
산	북한산, 고봉산, 개명산, 덕양산, 망월산
사찰	흥국사, 태고사, 상운사, 무량사(대한불교법화종 제1호), 노적사(대한불교조계종 제201호)
문화유적	고려 공양왕릉, 북한산성, 서오릉, 최영장군묘, 행주산성
공원	고양꽃전시관, 일산호수공원

3 과천시

(1) 주요 기관

소재지	기관명
갈현동	과천시 정보과학도서관
막계동	국립현대미술관
문원동	과천문화원
별양동	과천예일의원
중앙동	과천시청, 과천경찰서, 과천시설관리공단, 국사편찬위원회, 정부과천청사, 과천외국어고등학교

(2) 주변명소

구분	명칭
공원	에어드리공원, 관문체육공원, 서울랜드, 서울대공원, 서울경마공원(렛츠런파크서울)
산	관악산, 청계산
사찰	보광사, 연주대
문화유적	과천향교, 온온사

4 광명시

(1) 주요 기관

소재지	기관명
광명동	광명교육지원청, 광명중앙도서관
일직동	광명역(KTX)
철산동	광명시청, 광명시민회관, 광명경찰서, 광명성애병원
하안동	광명시민체육관

(2) 주변명소

구분	명칭
산	구름산
사찰	금강정사, 청룡사
문화유적	영회원, 철산동 지석묘, 충현서원지, 광명동굴

5 광주시

(1) 주요 기관

소재지	기관명
경안동	광주시립도서관, 서울장신대학교
송정동	광주하남교육지원청, 광주시청
탄벌동	광주경찰서
초월읍 대쌍령리	광주소방서

(2) 주변명소

구분	명칭
관광지	곤지암, 남한산성, 남한산성도립공원, 무갑산, 만해기념관, 팔당호
문화유적	남한산성, 남한산성 행궁지, 광주 조선백자도요지, 수어장대, 청량당, 연무관

6 구리시

(1) 주요 기관

소재지	기관명
교문동	구리시청, 남양주세무서, 구리경찰서, 서울삼육고등학교, 한양대학교구리병원
인창동	구리농수산물도매시장
토평동	구리여자고등학교

(2) 주변명소

구분	명칭
산	아차산(서울과 구리시에 걸쳐 있는 산)
공원	장자호수공원, 구리한강시민공원(코스모스공원)
문화유적	광개토대왕비, 동구릉, 명빈묘

7 군포시

(1) 주요 기관

소재지	기관명
금정동	군포시청, 군포의왕교육지원청, 군포경찰서, 군포고등학교
당정동	한세대학교
산본동	수리고등학교

(2) 주변명소

구분	명칭
산·사찰	수리산, 수리사
저수지	반월저수지(둔대동), 갈치저수지(속달동)
골프장	안양컨트리클럽(부곡동)

8 김포시

(1) 주요 기관

소재지	기관명
사우동	김포시청
월곶면 갈산리	김포외국어고등학교
장기동	김포경찰서
운양동	김포교육지원청

(2) 주변명소

구분	명칭
산	문수산, 가현산, 수안산
사찰	문수사, 금정사, 광은사, 용화사
공원	김포국제조각공원(월곶면), 태산패밀리파크, 걸포중앙공원
문화유적	고정리 지석묘, 김포향교, 덕포진, 문수산성, 애기봉, 장릉, 통진향교
대명항	김포시 대곶면 대명리, 경기 서북부 유일의 어항

9 남양주시

(1) 주요 기관

소재지	기관명
금곡동	남양주시청 제1청사
다산동	남양주도농도서관, 남양주시청 제2청사, 남양주경찰서
조안면 삼봉리	남양주종합촬영소

(2) 주변명소

구분	명칭
산	수락산, 천마산, 축령산, 예봉산, 운길산, 불암산
관광지	북한강 야외공연장, 밤섬유원지, 스타힐리조트스키장(구 천마산스키장), 양주컨트리클럽, 아쿠아조이
문화유적	휘경원, 광해군묘, 정약용선생묘, 흥선대원군묘, 순강원

10 동두천시

(1) 주요 기관

소재지	기관명
생연동	동두천시청
지행동	동두천양주교육지원청, 동두천외국어고등학교, 동두천소방서

(2) 주변명소

구분	명칭
산	소요산, 마차산, 왕방산, 칠봉산
사찰	자재암(소요산, 원효대사가 창건)
전적비·기념물	벨기에·룩셈부르크 참전기념탑, 노르웨이 참전기념비, 반공희생자 위령탑, 산불진화순직자 추모탑
문화유적	사패지경계석, 탑동석불, 삼층단

11 부천시

(1) 주요 기관

소재지		기관명
소사구	소사본동	소사구청
	송내동	부천소사경찰서
오정구	오정동	OBS 경인TV, 오정구청
원미구	상동	부천문화재단
	소사동	가톨릭대학교 부천성모병원
	역곡동	가톨릭대학교 성심교정
	원미동	원미구청
	중동	부천시청, 순천향대학교 부천병원, 부천원미경찰서, 부천교육지원청, 경기예술고등학교

(2) 주변명소

구분	명칭
박물관	한국만화박물관, 부천교육박물관, 유럽자기박물관, 부천로보파크, 아인스월드, 부천수석박물관
공원	시민의 강, 도당공원, 원미공원, 상동 호수공원, 부천중앙공원
관광지	웅진플레이도시
문화유적	공장공 변종인 신도비, 청평군 한언 신도비, 청천군 한준 신도비

12 성남시

(1) 주요 기관

소재지		기관명
분당구	구미동	분당서울대학교병원
	서현동	성남교육지원청
	수내동	분당구청
	야탑동	성남시 중앙도서관, 성남시립예술단, 분당차병원, 성남종합터미널
수정구	단대동	성남세무서
	복정동	가천대학교 글로벌캠퍼스(경원대학교)
	신흥동	수정구청
	심곡동	성남서울공항
	태평동	성남수정경찰서
중원구	금광동	성남중앙병원
	상대원동	성남중원경찰서
	성남동	중원구청
	여수동	성남시청

(2) 주변명소

구분	명칭
공원	양지공원, 단대공원, 희망대공원, 황송공원, 율동공원, 탄천물놀이장(금곡동・야탑동・맴돌공원・정자동・태평동 물놀이장)
문화유적	성남 태평동 지석묘터, 망경암 마애여래좌상, 봉국사 대광명전

13 수원시

(1) 주요 기관

소재지		기관명
권선구	구운동	서수원버스터미널
	권선동	경기도시공사
	서둔동	수원시 시설관리공단
	탑동	권선구청, 수원서부경찰서
영통구	매탄동	영통구청, 수원남부경찰서
	영통동	경기방송, 동수원세무서
	원천동	수원지방법원, 아주대학교, 아주대학교의료원
	이의동	경기대학교, 수원외국어고등학교
장안구	송죽동	경기과학고등학교
	연무동	경기남부지방경찰청
	영화동	수원교육지원청
	정자동	경기도의료원, 수원중부경찰서
	조원동	경기도교육청 남부청사, 장안구청
	천천동	경기고용노동지청, 성균관대학교
팔달구	매산로3가	수원세무서, 경기도청, 수원문화원, 수원시민회관
	매향동	팔달구청
	우만동	수원월드컵경기장
	인계동	수원야외음악당, 경기도 문화의전당, 경인일보, 수원시청, 경인지방통계청 수원사무소
	지동	가톨릭대학교 성빈센트병원
	화서동	경인지방병무청

(2) 주변명소

구분	명칭
산	팔달산, 칠보산, 광교산
공원	수원어린이교통공원, 영통중앙공원, 탑동공원, 수원올림픽공원, 매탄공원, 팔달공원, 권선중앙공원, 반달공원, 광교공원
문화유적	수원화성, 여기산 선사유적지, 창성사 진각국사 대각원조탑비, 축만제, 팔달문, 팔달산 지석묘군, 화령전, 장안문, 화성행궁지

14 시흥시

(1) 주요 기관

소재지	기관명
과림동	한국조리과학고등학교
장곡동	시흥경찰서
장현동	시흥시청
정왕동	시흥교육지원청, 시흥시 중앙도서관, 시흥세무서

(2) 주변명소

구분	명칭
산	소래산, 학미산, 군자봉
공원	갯골생태공원, 옥구도 자연공원, 연꽃테마파크
관광지	월곶포구, 물왕저수지, 오이도
문화유적	소래산 마애상, 강희맹선생묘 및 신도비, 조남리 지석묘, 영응대군묘 및 신도비

15 안산시

(1) 주요 기관

소재지		기관명
단원구	고잔동	안산시청, 안산도시공사, 안산교육지원청, 안산문화예술의전당, 안산단원경찰서, 수원지방검찰청 안산지청
	와동	안산운전면허시험장
	초지동	단원구청
상록구	사동	상록구청, 안산상록경찰서, 안산문화원, 한양대학교 ERICA 캠퍼스

(2) 주변명소

구분	명칭
산	수암봉, 광덕산
공원・관광지	갈대습지공원, 안산호수공원, 화랑유원지, 안산식물원, 노적봉인공폭포공원, 성포예술광장, 제일컨트리클럽, 성호기념관, 안산어촌민속박물관, 안산시민공원, 안산화정영어마을
문화유적	쌍계사, 잿머리성황당, 청문당, 오정각, 고송정지, 이익선생묘, 사세충열문
섬	대부도, 구봉도, 육도, 풍도

16. 안성시

(1) 주요 기관

소재지	기관명
구포동	안성교육지원청, 천주교 안성성당
도기동	안성경찰서
봉산동	안성시청
대덕면 내리	중앙대학교

(2) 주변명소

구분	명칭
산	비봉산, 서운산, 고성산, 칠현산, 서운산성
사찰・성지	청원사, 석남사, 청룡사, 칠장사, 죽주산성, 미리내성지
공원	낙원역사공원, 안성맞춤가족공원
호수	용설호수, 금광호수, 고삼호수
문화유적	안성 봉업사지 오층석탑, 석남사 영산전, 덕봉서원, 김중만장군 영정, 안성 청룡사 동종

17. 안양시

(1) 주요 기관

소재지		기관명
동안구	관양동	안양시청, 안양과천교육지원청, 동안양세무서, 안양시립평촌도서관
	비산동	동안구청, 안양동안경찰서
만안구	석수동	경인교육대학교 경기캠퍼스
	안양동	안양시외버스터미널, 안양대학교, 만안구청, 안양세무서, 안양만안경찰서

(2) 주변명소

구분	명칭
산	수리산, 삼성산, 관악산
사찰	삼막사
공원	평촌중앙공원, 안양예술공원, 석수체육공원, 안양워터랜드
문화유적	중초사지 당간지주, 만안교, 삼막사 마애삼존불상

18. 양주시

(1) 주요 기관

소재지	기관명
남방동	양주시청
덕정동	양주시 덕정도서관
백석읍 오산리	양주시립꿈나무도서관
옥정동	한국토지주택공사 양주사업본부
회정동	양주경찰서

(2) 주변명소

구분	명칭
산	불곡산, 천보산, 오봉산
공원	그린아일랜드, 장흥자생수목원, 송암스페이스센터, 장흥관광지, 송추유원지, 일영유원지
문화유적	양주 관아지, 회암사지, 권율장군묘

19. 양평군

(1) 주요 기관

소재지	기관명
양평읍 양근리	양평군청, 양평교육지원청, 양평경찰서, 양평군립도서관
옥천면 아신리	아세아연합신학대학교
용문면 다문리	용문도서관

(2) 주변명소

구분	명칭
산	용문산, 소리산, 백운봉
사찰	상원사, 용문사
계곡	벽계구곡, 사나사계곡, 석산계곡, 중원계곡
휴양림	용문산자연휴양림, 중미산자연휴양림, 산음자연휴양림, 설매재자연휴양림
문화유적	함왕성지(고려시대 성터), 김병호 고가, 용문사의 은행나무(천연기념물 제30호), 상원사 철조여래좌상

20. 여주시

(1) 주요 기관

소재지	기관명
매룡동	여주시 상하수도사업소
상거동	여주시 농업기술센터
상동	여주교육지원청
창동	여주경찰서
하동	세종도서관
홍문동	여주시청

(2) 주변명소

구분	명칭
사찰	신륵사, 대법사, 흥왕사
관광지	여주온천, 강변유원지, 금은모래유원지, 이포나루
문화유적	세종대왕릉, 효종대왕릉, 명성황후 생가
골프장	남여주골프클럽, 아리지컨트리클럽

21. 연천군

(1) 주요 기관

소재지		기관명
연천읍	차탄리	연천군청, 연천경찰서
	현가리	연천교육지원청, 연천고등학교
전곡읍 은대리		연천소방서, 연천군보건의료원

(2) 주변명소

구분	명칭
관광지	동막골유원지, 한탄강관광지, 백학저수지, 태풍전망대(수리봉에 위치), 임진강(우리나라에서 일곱 번째로 큰 강)
문화유적	삼곶리 돌무지무덤, 학곡리 고인돌, 통현리・양원리 지석묘, 정발장군・박진장군 묘, 숭의전, 경순왕릉, 임장서원

22 오산시

(1) 주요 기관

소재지	기관명
내삼미동	화성오산교육지원청
양산동	한신대학교
오산동	오산시청
부산동	화성동부경찰서
청학동	오산시 청학도서관, 오산대학교

(2) 주변명소

구분	명칭
관광지	물향기수목원, UN군 초전기념관
문화유적	독산성과 세마대지, 궐리사, 궐리사 성적도, 보적사

23 용인시

(1) 주요 기관

소재지		기관명
기흥구	구갈동	기흥구청, 강남대학교
	마북동	칼빈대학교
	상갈동	루터대학교
	서천동	경희대학교 국제캠퍼스
	신갈동	용인운전면허시험장
	영덕동	도로교통공단 경기지부
수지구	죽전동	단국대학교 죽전캠퍼스, 신세계백화점 경기점
	풍덕천동	수지구청
처인구	김량장동	처인구청
	남동	명지대학교 자연캠퍼스
	모현면 왕산리	한국외국어대학교 글로벌캠퍼스
	삼가동	용인시청, 용인동부경찰서, 용인교육지원청, 용인세무서
	역북동	용인중앙도서관

(2) 주변명소

구분		명칭
산・사찰		광교산, 구봉산, 백운산, 와우정사
관광지		한국민속촌, 용인농촌테마파크, 에버랜드, 한택식물원, 황새울관광농원, 캐리비안베이
문화유적		용인 서리 고려백자요지, 용인 목신리 석조여래입상
골프장	처인구	글렌로스GC, 레이크힐스 용인CC, 아시아나CC, 코리아CC, 양지파인CC, 레이크사이드CC
	기흥구	88CC, 골드CC, 남부CC, 태광CC
스키・눈썰매장		골드훼미리 눈썰매장, 양지파인리조트 스키장, 에버랜드 눈썰매장, 한국민속촌 가족공원 눈썰매장

※ CC : 컨트리클럽, GC : 골프클럽

24 의왕시

(1) 주요 기관

소재지	기관명
고천동	의왕시청, 경기외국어고등학교, 의왕시 중앙도서관
월암동	한국교통대학교 의왕캠퍼스

(2) 주변명소

구분	명칭
산	백운산, 모락산, 청계산, 오봉산
사찰	청계사
호수	백운호수, 왕송호수
문화유적	청계사 동종 및 목판, 임영대군 이구 묘역 및 사당, 안자묘, 이희승 박사 생가

25 의정부시

(1) 주요 기관

소재지	기관명
가능동	의정부지방법원, 의정부지방검찰청
금오동	가톨릭대학교 의정부성모병원, 의정부버스터미널, 경기북부지방경찰청, 경기도교육청 북부청사
녹양동	경기북과학고등학교
신곡동	경기도청 북부청사
의정부동	의정부교육지원청, 의정부시청, 의정부예술의전당, 의정부역, 의정부경찰서

(2) 주변명소

구분	명칭
산	수락산, 사패산, 부용산, 도봉산
사찰	망월사, 회룡사, 미륵암, 원효사, 석림사
문화유적	의정부 회룡사 오층석탑, 의정부 원효사 묘법연화경, 노강서원, 신숙주선생묘, 망월사 혜거국사부도
하천	부용천, 중랑천

26 이천시

(1) 주요 기관

소재지	기관명
관고동	이천시립박물관
중리동	이천시청, 이천경찰서
증포동	이천교육지원청, 이천시보건소
창전동	이천시립도서관

(2) 주변명소

구분	명칭
산	설봉산, 백족산, 도드람산, 효양산
사찰	신흥사, 연화정사, 영원사, 영월암
문화유적	이천 설봉산성, 이천 어석리 석불입상, 이천향교, 이천 지석리 고인돌, 애련정, 이천시 현충탑
골프장	더반GC, SG덕평CC, 뉴스프링빌CC, 지산CC, 비에이비스타CC

※ CC : 컨트리클럽, GC : 골프클럽

27 파주시

(1) 주요 기관

소재지	기관명
금촌동	파주시립중앙도서관, 파주교육지원청
금릉동	파주경찰서
아동동	파주시청
탄현면 금승리	웅지세무대학

(2) 주변명소

구분	명칭
산	감악산, 심학산, 박달산
사찰	보광사, 용암사, 용상사
공원·관광지	임진각 평화누리, 하니랜드, 평화랜드, 통일공원, 오두산 통일전망대, 판문점, 도라산역, 파주출판도시, 헤이리 예술마을, 프로방스마을
문화유적	용미리 석불입상, 파주 장릉, 윤관장군묘, 오두산성

28 평택시

(1) 주요 기관

소재지	기관명
비전동	평택시청, 평택시 시립도서관
용이동	평택대학교
지산동	송탄시외버스터미널
죽백동	평택세무서
평택동	평택고속버스터미널
포승읍 만호리	경기평택항만공사

(2) 주변명소

구분	명칭
사찰	법상종, 명법사, 만봉정사, 약도암
공원·유원지	평택중앙공원, 진위천 시민유원지, 송탄관광특구, 평택호 관광단지
문화유적	심복사 석조비로자나불좌상, 원균장군묘, 민세 안재홍선생 생가

29 포천시

(1) 주요 기관

소재지	기관명
군내면 구읍리	포천교육지원청, 포천경찰서, 포천신문
동교동	차의과학대학교 포천캠퍼스
선단동	대진대학교
소흘읍 직동리	국립수목원(광릉)
신읍동	포천시청, 경기도의료원 포천병원, 포천상공회의소

(2) 주변명소

구분	명칭
산	왕방산, 운악산, 명성산, 백운산, 청계산, 수원산
관광지	국망봉자연휴양림, 백로주유원지휴양림
강·호수	한탄강, 산정호수
문화유적	반월성지, 포천 영송리 선사유적, 포천 고모리 산성, 포천향교, 인평대군묘 및 신도비
골프장	몽베르CC, 베어크리크GC, 아도니스CC, 일동레이크GC, 필로스GC, 베어스타운

※ CC : 컨트리클럽, GC : 골프클럽

30 하남시

(1) 주요 기관

소재지	기관명
망월동	하남종합운동장
미사동	미사리 조정경기장
신장동	하남시청, 하남시립도서관

(2) 주변명소

구분	명칭
산	검단산
문화유적	광주 춘궁리 삼층석탑, 이성산성, 하남 동사지, 미사리유적

31 화성시

(1) 주요 기관

소재지		기관명
남양읍		신경대학교, 화성시청, 화성서부경찰서
봉담읍	상리	협성대학교
	와우리	수원대학교
	왕림리	수원가톨릭대학교
향남읍 제암리		제암리 3·1 운동 순국기념관

(2) 주변명소

구분	명칭
산	서봉산, 초록산, 쌍봉산
사찰	봉림사, 용주사
문화유적	건릉, 융릉, 남이장군묘, 금산사, 남양향교, 안곡서원
섬·해수욕장	제부도, 국화도, 어섬, 입파도, 궁평리해수욕장
골프장	리베라CC, 발안 발리오스CC, 라비돌CC, 화성GC

※ CC : 컨트리클럽, GC : 골프클럽

경기도 기출예상문제

01 경기도 유형문화재 제10호 우저서원이 있는 곳은?

① 김포시 ② 수원시
③ 안양시 ④ 화성시

02 문수산성이 위치하는 곳은?

① 포천시 신읍동 ② 김포시 월곶면
③ 하남시 신장동 ④ 구리시 교문동

03 경기 5악에 해당되지 않는 산은?

① 화악산 ② 관악산
③ 운악산 ④ 소요산

04 수원과 오산을 연결하는 국도는?

① 1번 국도 ② 3번 국도
③ 5번 국도 ④ 7번 국도

05 남양주시에 위치하지 않는 것은?

① 예봉산 ② 천마산
③ 정약용선생묘 ④ 남한산성

06 유네스코 세계문화유산인 조선 후기의 화성(華城)이 있는 곳은?

① 안양시 ② 과천시
③ 시흥시 ④ 수원시

중요
07 경기도 내 안보관광지로 유명한 지역은?

① 파주시 ② 김포시
③ 포천시 ④ 연천시

08 우리나라 최초의 신부인 김대건 신부의 유해를 안치한 미리내 성지가 있는 곳은?

① 이천시 ② 안성시
③ 양주시 ④ 과천시

중요
09 안양시청이 위치하는 곳은?

① 박달동 ② 관양동
③ 호계동 ④ 안양1동

10 용인시에 위치하지 않는 것은?

① 에버랜드 ② 한국민속촌
③ 강남대학교 ④ 국립현대미술관

11 서해안에서 제일 큰 섬 대부도가 위치하는 곳은?

① 평택시 ② 안산시
③ 화성시 ④ 김포시

12 성남시에 위치하지 않는 것은?

① 가천대학교 ② 서현고등학교
③ 분당차병원 ④ 경기도교육청

13 안산시 상록구 사동에 위치한 대학은?

① 안산1대학 ② 경찰대학
③ 한양대학교 ④ 칼빈대학교

중요
14 경기도 내 미군부대가 위치한 곳이 아닌 곳은?

① 동두천 ② 평택
③ 의정부 ④ 안산

15 수원지방검찰청 안산지청이 위치하는 곳은?

① 사동 ② 성포동
③ 고잔동 ④ 원곡동

16 안산시에서 제일컨트리클럽이 위치하는 곳은?

① 와동 ② 부곡동
③ 성포동 ④ 선부동

17 지하철 수도권 4호선역이 아닌 것은?

① 안산역 ② 서현역
③ 산본역 ④ 수리산역

18 행정구역상 제부도가 속하는 곳은?

① 안성시 ② 안산시
③ 화성시 ④ 양평군

19 다음 중 융릉이 있는 곳은?

① 오산시 ② 평택시
③ 화성시 ④ 안산시

정답
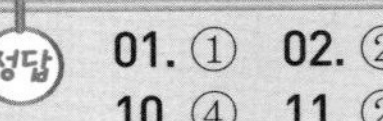
01. ① 02. ② 03. ④ 04. ① 05. ④ 06. ④ 07. ① 08. ② 09. ② 10. ④ 11. ② 12. ④ 13. ③ 14. ④ 15. ③ 16. ② 17. ② 18. ③ 19. ③

20 크낙새 서식지인 광릉이 있는 곳은?
① 양주시 ② 포천시
③ 남양주시 ④ 가평군

21 경기도 고양시에 없는 골프장은?
① 123골프클럽 ② 지산컨트리클럽
③ 뉴코리아컨트리클럽 ④ 한양컨트리클럽

22 송추유원지가 위치하는 곳은?
① 용인시 ② 양주시
③ 파주시 ④ 남양주시

23 포천시와 접해 있지 않은 지역은?
① 동두천시 ② 파주시
③ 가평군 ④ 연천군

중요
24 서울대공원의 주소는?
① 과천시 막계동(대공원광장로 102)
② 과천시 주암동(과천대로 204)
③ 과천시 중앙동(관문로 69)
④ 과천시 별양동(대공원로 54)

중요
25 구리-남양주-가평을 잇는 도로명은?
① 43번 ② 44번
③ 45번 ④ 46번

중요
26 행정구역상 남한산성의 소재지는?
① 성남시 ② 수원시
③ 광주시 ④ 남양주시

27 양주시청이 위치하고 있는 곳은?
① 백석읍 ② 덕정동
③ 회정동 ④ 남방동

28 용인시와 접해 있는 지역은?
① 파주시 ② 하남시
③ 이천시 ④ 부천시

29 청평호반과 잣으로 유명한 지역은?
① 양평군 ② 여주시
③ 청평군 ④ 가평군

중요
30 경기도 용문사가 위치하는 곳은?
① 평택시 ② 양평군
③ 가평군 ④ 의왕시

31 고양시 행정구역상 구가 다른 하나는?
① 장항동 ② 마두동
③ 백석동 ④ 화정동

32 경기도 고양시 일산구에 없는 역은?
① 마두역 ② 주엽역
③ 대곡역 ④ 백석역

중요
33 서울에서 자유의 다리까지 1972년에 완공한 도로는?
① 자유로 ② 통일로
③ 강변로 ④ 평화로

34 세종대왕릉이 위치하는 곳은?
① 고양시 ② 연천군
③ 성남시 ④ 여주시

35 경기도 내에 소재한 산성이 아닌 것은?
① 북한산성 ② 행주산성
③ 온달산성 ④ 남한산성

36 한국항공대학교가 위치하는 곳은?
① 안산시 ② 수원시
③ 고양시 ④ 남양주시

37 중부내륙고속도로가 통과하는 지역은?
① 수원시 ② 평택시
③ 여주시 ④ 의정부시

38 경기도에 위치하지 않는 산은?
① 치악산 ② 용문산
③ 유명산 ④ 수리산

39 연결이 잘못된 것은?
① 동구릉 – 양주시 ② 애기봉전망대 – 김포시
③ 제1땅굴 – 연천군 ④ 에버랜드 – 용인시

40 안양베네스트골프클럽이 위치하는 곳은?
① 군포시 ② 양평군
③ 양주시 ④ 남양주시

41 영동고속도로가 지나가지 않는 지역은?
① 이천시 ② 여주시
③ 안산시 ④ 안성시

정답 20. ③ 21. ② 22. ② 23. ② 24. ① 25. ④ 26. ③ 27. ④ 28. ③ 29. ④ 30. ② 31. ④ 32. ③ 33. ② 34. ④ 35. ③ 36. ③ 37. ③ 38. ① 39. ① 40. ① 41. ④

42 다음 중 경부고속도로가 통과하지 않는 지역은?
① 군포시 ② 오산시
③ 용인시 ④ 성남시

43 전곡리 선사유적지가 위치하는 곳은?
① 가평군 ② 오산시
③ 연천군 ④ 동두천시

44 대진대학교가 위치하고 있는 지역은?
① 포천시 ② 가평군
③ 수원시 ④ 구리시

중요
45 가평군의 관광지가 아닌 곳은?
① 대성리 ② 자라섬
③ 국립수목원 ④ 청평호

46 벨기에 · 룩셈부르크 참전기념비가 있는 곳은?
① 양주시 ② 파주시
③ 동두천시 ④ 의정부시

중요
47 경기도 내 시 · 군에서 골프장이 가장 많은 곳은?
① 용인시 ② 안성시
③ 이천시 ④ 광주시

48 용인시에 위치하지 않은 대학은?
① 단국대학교 ② 경희대학교
③ 경기대학교 ④ 한국외국어대학교

중요
49 억새로 유명한 명성산과 산정호수 등이 있는 곳은?
① 양평군 ② 가평군
③ 포천시 ④ 남양주시

50 다음 중 서오릉이 위치하는 곳은?
① 고양시 강매동 ② 고양시 원신동
③ 고양시 행주동 ④ 고양시 용두동

51 유명산자연휴양림과 청평자연휴양림이 위치하는 곳은?
① 가평군 ② 연천군
③ 광주시 ④ 의정부시

52 오산시에 위치하지 않는 것은?
① 한신대학교 ② 화성교육청
③ 광릉수목원 ④ UN군 초전기념관

53 다음 중 연결이 옳지 않은 것은?
① 시흥시청 – 장현동 ② 양주시청 – 남방동
③ 안산시청 – 고잔동 ④ 연천군청 – 전곡읍 전곡리

54 수원과 안산을 지나가는 국도는?
① 42번 국도 ② 44번 국도
③ 46번 국도 ④ 48번 국도

중요
55 동두천에 있는 소금강이라고 불리는 산은?
① 유명산 ② 소요산
③ 명지산 ④ 금주산

56 서해안고속도로가 통과하는 지역은?
① 평택시 ② 하남시
③ 이천시 ④ 여주시

57 동구릉과 장자호수공원이 위치하는 곳은?
① 구리시 ② 시흥시
③ 양주시 ④ 안성시

58 안양시 안양동안경찰서와 가장 가까운 4호선 지하철역은?
① 명학역 ② 평촌역
③ 인덕원역 ④ 범계역

59 서해안고속도로와 영동고속도로가 만나는 분기점은?
① 호법 분기점 ② 안산 분기점
③ 팔곡 분기점 ④ 서평택 분기점

60 이천–여주–양평–가평–포천–연천–파주를 잇는 도로는?
① 36번 국도 ② 37번 국도
③ 42번 국도 ④ 44번 국도

중요
61 수원시에 위치하지 않은 곳은?
① 원천유원지 ② 민속촌
③ 아주대학교 ④ 경기도청

중요
62 파주시에 있는 안보관광지가 아닌 것은?
① 임진각 ② 자유의 다리
③ 애기봉전망대 ④ 판문점

정답
42. ① 43. ③ 44. ① 45. ③ 46. ③ 47. ① 48. ③ 49. ③ 50. ④
51. ① 52. ③ 53. ④ 54. ① 55. ② 56. ① 57. ① 58. ④ 59. ②
60. ② 61. ② 62. ③

63 **임진왜란 때 권율장군이 왜군을 물리친 독산성이 있는 곳은?**
① 오산시 ② 화성시
③ 행주산성 ④ 고양시

중요
64 **국립현대미술관이 있는 곳은?**
① 포천시 ② 부천시
③ 과천시 ④ 여주시

65 **남양주시와 관련 없는 것은?**
① 문수산 ② 축령산자연휴량림
③ 밤섬유원지 ④ 흥선대원군묘

66 **성남－구리－의정부－양주－고양－인천－시흥－안양－성남으로 순환하는 고속도로는?**
① 제2경인고속도로 ② 중부내륙고속도로
③ 서울외곽순환도로 ④ 인천국제공항고속도로

중요
67 **다음 설명 중 맞지 않는 것은?**
① 세계문화유산으로 등록된 화성은 수원시에 소재한다.
② 여주시에는 세종대왕릉이 있다.
③ 남한산성의 정확한 위치는 광주시가 맞다.
④ 3·1 운동 순국기념관은 안성시에 건립된 역사문화공간이다.

중요
68 **군포시 도장초등학교가 있는 곳에서 가장 가까운 지하철역은?**
① 산본역 ② 대야미역
③ 군포역 ④ 수리산역

69 **의왕시와 가장 근접한 시는?**
① 화성시 ② 군포시
③ 오산시 ④ 광주시

70 **고양시와 가장 근접한 시는?**
① 김포시 ② 포천시
③ 동두천시 ④ 남양주시

71 **다음 중 화성시에 속하지 않은 곳은?**
① 제부도 ② 공룡알화석지
③ 대부도 ④ 용주사

중요
72 **에버랜드의 위치는?**
① 안성시 ② 용인시
③ 이천시 ④ 광주시

73 **인천국제공항고속도로가 통과하는 지역은?**
① 고양시 ② 수원시
③ 과천시 ④ 안양시

중요
74 **다음 중 팔당호 인근에 위치하지 않은 곳은?**
① 정약용유적지 ② 대하섬
③ 신양수대교 ④ 두물머리

75 **관악산계곡에 위치한 유원지는?**
① 안양유원지 ② 원천유원지
③ 수락산유원지 ④ 청계유원지

76 **안양시와 가장 근접한 곳은?**
① 금천구 ② 용산구
③ 송파구 ④ 서초구

중요
77 **한탄강관광지와 태풍전망대가 위치하는 곳은?**
① 여주시 ② 연천군
③ 가평군 ④ 포천시

78 **광명시청이 위치하는 곳은?**
① 하안동 ② 철산3동
③ 광명2동 ④ 광명7동

79 **부천시청이 위치하는 곳은?**
① 중동 ② 상동
③ 도당동 ④ 오정동

80 **경부고속도로와 영동고속도로가 만나는 분기점은?**
① 안성분기점 ② 여주분기점
③ 판교분기점 ④ 신갈분기점

81 **하남시 신장동에 위치하는 것은?**
① 이성산성 ② 하남시청
③ 하남종합운동장 ④ 미사리조정경기장

중요
82 **다음 중 잘못 짝지어진 것은?**
① 한국민속촌 － 용인시 ② 행주산성 － 고양시
③ 서운산성 － 김포시 ④ 천진암 － 광주시

83 **다음 중 안보관련 관광지가 아닌 것은?**
① 파주의 통일공원 ② 연천의 열쇠전망대
③ 파주의 DMZ 안보관광 ④ 광주의 남한산성

63. ① 64. ③ 65. ① 66. ③ 67. ④ 68. ④ 69. ② 70. ① 71. ③ 72. ② 73. ① 74. ② 75. ① 76. ① 77. ② 78. ② 79. ① 80. ④ 81. ② 82. ③ 83. ④

84 **제1호 땅굴이 발견된 지역은?**

① 포천시 ② 김포시
③ 연천군 ④ 동두천시

중요
85 **천마산스키장(스타힐리조트)이 있는 곳은?**

① 수원시 ② 용인시
③ 고양시 ④ 남양주시

86 **경기도에 있는 리조트가 아닌 것은?**

① 지산리조트 ② 베어스타운
③ 용평리조트 ④ 양지파인리조트

87 **화성시청이 위치하는 곳은?**

① 진안동 ② 송산동
③ 남양읍 ④ 신남동

88 **화성시에 위치하지 않는 학교는?**

① 수원대학교 ② 한신대학교
③ 협성대학교 ④ 신경대학교

89 **대부도가 위치하는 곳은?**

① 안산시 ② 화성시
③ 평택시 ④ 김포시

90 **경기북과학고등학교가 있는 도시는?**

① 용인시 ② 포천시
③ 의정부시 ④ 동두천시

중요
91 **수원성의 4대문이 아닌 것은?**

① 팔달문 ② 장안문
③ 창룡문 ④ 화홍문

92 **고양시 덕양구에 위치하는 것은?**

① 일산백병원 ② 고양경찰서
③ 일산동부경찰서 ④ 동국대학교 일산병원

93 **수원월드컵경기장이 위치하는 곳은?**

① 팔달구 우만동 ② 장안구 정자동
③ 영통구 매탄동 ④ 팔달구 인계동

중요
94 **다음 중 용인과 관계없는 것은?**

① 문수산성 ② 민속촌
③ 에버랜드 ④ 명지대학교

95 **반월저수지와 갈치저수지가 위치하는 곳은?**

① 군포시 ② 가평군
③ 하남시 ④ 동두천시

96 **다음 중 관광지와 지역의 연결로 옳지 않은 것은?**

① 화성시 – 제암리 3·1운동 순국기념관
② 평택시 – 심복사 석조비로자나불좌상
③ 의왕시 – 천마산
④ 시흥시 – 갯골생태공원

중요
97 **남한강과 북한강이 만나는 지명은?**

① 함수머리 ② 서포리
③ 양수리 ④ 양평리

98 **경기남부지방경찰청과 경기도립의료원이 위치한 곳은?**

① 안산시 ② 과천시
③ 수원시 ④ 동두천시

99 **경기 서북부 유일의 어항인 대명항이 있는 곳은?**

① 김포시 ② 평택시
③ 안산시 ④ 화성시

100 **다음 중 광주시와 관계없는 것은?**

① 곤지암 ② 북한산성
③ 남한산성 ④ 만해기념관

101 **중부고속도로와 영동고속도로가 만나는 곳은?**

① 신갈JC ② 판교JC
③ 호법JC ④ 여주JC

102 **수원시에 있는 대학이 아닌 것은?**

① 아주대학교 ② 성균관대학교
③ 동남보건대학 ④ 한국철도대학

103 **수도권 전철 4호선 안산선에 없는 전철역은?**

① 온수역 ② 초지역
③ 한대앞역 ④ 상록수역

104 **경기도 신륵사가 위치하는 곳은?**

① 화성시 ② 여주시
③ 용인시 ④ 고양시

105 **수원시 권선구에 속하지 않는 동은?**

① 영화동 ② 서둔동
③ 세류동 ④ 금호동

정답
84. ③ 85. ④ 86. ③ 87. ③ 88. ② 89. ① 90. ③ 91. ④ 92. ②
93. ① 94. ① 95. ① 96. ③ 97. ③ 98. ③ 99. ① 100. ②
101. ③ 102. ④ 103. ① 104. ② 105. ①

106 다음 중 파주시와 관계없는 것은?
① 판문점　② 도라전망대
③ 평택호유원지　④ 오두산 통일전망대

중요
107 다음 중 미사리조정경기장이 있는 곳은?
① 이천시　② 하남시
③ 김포시　④ 안양시

108 오두산 통일전망대가 위치하는 곳은?
① 파주시　② 김포시
③ 의정부시　④ 동두천시

109 장흥관광지와 일영유원지가 위치하는 곳은?
① 구리시　② 성남시
③ 양주시　④ 하남시

110 용인운전면허시험장이 위치하는 곳은?
① 기흥구 신갈동　② 처인구 김량장동
③ 수지구 죽전동　④ 기흥구 마북동

111 안양시 만안구에 위치하는 것은?
① 안양시청　② 안양교육지원청
③ 동안구청　④ 안양대학교

중요
112 여주시와 관계없는 것은?
① 신륵사　② 명성황후생가
③ 아리지컨트리클럽　④ 동막골유원지

113 과천시에 위치하지 않는 것은?
① 경마공원　② 서울랜드
③ 서울대공원　④ 어린이대공원

114 다음 중 국립수목원이 있는 지역은?
① 가평군　② 포천시
③ 파주시　④ 남양주시

115 한국등잔박물관과 경기도박물관이 있는 곳은?
① 용인시　② 수원시
③ 화성시　④ 안양시

116 성남에 소재지를 둔 병원은?
① 원광대 산본병원　② 성빈센트병원
③ 국군수도병원　④ 한림대학교 성심병원

117 김포시에 있는 유적지가 아닌 것은?
① 전등사　② 문수산성
③ 덕포진　④ 장릉

118 병자호란의 슬픈 역사가 남아 있는 남한산성이 있는 곳은?
① 성남시　② 광주시
③ 용인시　④ 이천시

119 양지 파인리조트가 위치하는 곳은?
① 수원시　② 광주시
③ 성남시　④ 용인시

120 한탄강 유원지가 위치하는 곳은?
① 연천군　② 포천시
③ 동두천시　④ 파주시

121 칠현산과 죽주산성이 위치하는 곳은?
① 이천시　② 여주시
③ 오산시　④ 안성시

122 경수대로가 지나가지 않는 도시는?
① 과천시　② 의왕시
③ 안양시　④ 수원시

123 옛날부터 유기(놋그릇)로 유명한 도시는?
① 안산시　② 화성시
③ 수원시　④ 안성시

124 유명산 자연휴양림이 있는 곳은?
① 양평군　② 가평군
③ 남양주시　④ 파주시

125 용문산이 있는 곳은?
① 남양주시　② 연천군
③ 양주시　④ 양평군

126 수원과 인천을 연결하는 도로는?
① 경인고속도로　② 수인산업도로
③ 경부고속도로　④ 제2경인고속도로

127 평택과 아산을 연결하는 방조제는?
① 천수만방조제　② 아산만방조제
③ 새만금방조제　④ 시화호방조제

정답
106. ③ 107. ② 108. ① 109. ③ 110. ① 111. ④ 112. ④ 113. ④
114. ② 115. ① 116. ③ 117. ① 118. ② 119. ④ 120. ① 121. ④
122. ① 123. ④ 124. ② 125. ④ 126. ② 127. ②

128 의왕시에 없는 것은?

① 백운산 ② 원효사
③ 청계사 ④ 왕송호수

129 다음 중 연결이 잘못된 것은?

① 서오릉 – 고양시 ② 세종대왕릉 – 여주시
③ 홍유릉 – 구리시 ④ 융건릉 – 화성시

130 대성리가 위치하는 곳은?

① 양주시 ② 남양주시
③ 가평군 ④ 양평군

131 경기도에 위치하지 않는 것은?

① 유명산 자연휴양림 ② 축령산 자연휴양림
③ 남이섬 유원지 ④ 동막골 유원지

132 경기도를 지나가지 않는 고속도로는?

① 경부고속도로 ② 서해안고속도로
③ 중부고속도로 ④ 중앙고속도로

133 누워 있는 불상으로 유명한 와우정사가 있는 곳은?

① 용인시 ② 안성시
③ 화성시 ④ 여주시

134 강화도를 지키기 위해 김포에 쌓은 성은?

① 문수산성 ② 북한산성
③ 행주산성 ④ 아차산성

중요

135 경기도 북부청사(구 제2청사)가 위치한 곳은?

① 수원시 ② 광명시
③ 성남시 ④ 의정부시

136 고양시 일산서구 남부도로 중 한강북쪽의 강변도로는?

① 김포–파주 고속도로 ② 자유로
③ 평택–파주 고속도로 ④ 중앙로

137 다음 중 성남시의 구가 아닌 것은?

① 수정구 ② 중원구
③ 분당구 ④ 덕양구

138 고종과 명성황후를 합장한 홍릉이 있는 도시는?

① 여주시 ② 파주시
③ 고양시 ④ 남양주시

139 경기도에 위치한 대학교가 아닌 것은?

① 한국항공대학교 ② 서울장신대학교
③ 한세대학교 ④ 경인교육대학교

140 다음 중 경기도에 있는 댐이 아닌 것은?

① 평화의 댐 ② 팔당댐
③ 한탄강홍수조절댐 ④ 군남댐

141 일산동부경찰서 사이에 있는 역 두 곳은?

① 대화역 – 주엽역 ② 주엽역 – 정발산역
③ 정발산역 – 마두역 ④ 백석역 – 마두역

142 프랑스의 전통주택 풍경을 작게 재현한 쁘띠프랑스가 있는 곳은?

① 연천군 ② 양평군
③ 가평군 ④ 여주시

143 팔달산의 소재지는?

① 수원시 ② 김포시
③ 이천시 ④ 광주시

144 수원시의 행정구역이 아닌 것은?

① 매탄동 ② 매향동
③ 연무동 ④ 탄현동

145 양주시의 명소가 아닌 것은?

① 송추 유원지 ② 장흥자생수목원
③ 효종대왕릉 ④ 그린아일랜드

정답 128. ② 129. ③ 130. ③ 131. ③ 132. ④ 133. ① 134. ① 135. ④ 136. ② 137. ④ 138. ④ 139. ④ 140. ① 141. ② 142. ③ 143. ① 144. ④ 145. ③

제3장 인천광역시

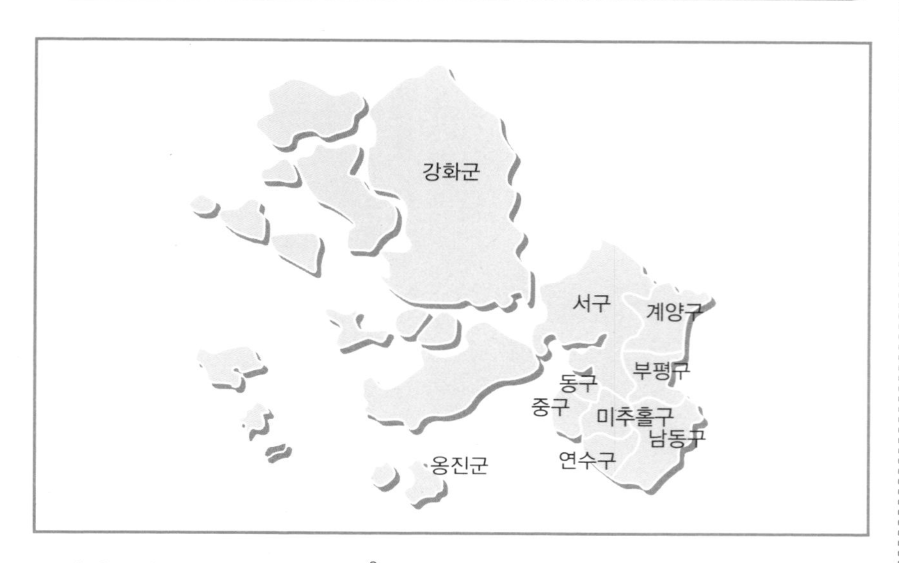

* **행정구역 면적** : 1,063.26km^2
* **인구** : 2,942,553명
* **행정구분** : 8구 2군 1읍 19면 134개동
* **상징** : 시목(목백합), 시화(장미), 시조(두루미)
* **위치** : 경기도 중서부에 위치한 광역시이다. 남쪽으로는 충청남도 서산시, 북쪽으로는 황해도 연백군과 개풍군, 서쪽으로는 서해, 동쪽으로는 서울특별시, 부천시, 김포시, 시흥시, 안산시와 접한다.
* **소개** : 1875년 인천항의 개항과 더불어 서울의 관문역할을 하면서 항만산업 및 교역의 중심지로 성장한 대한민국 제2의 항구도시이다. 중구 영종도에 대한민국 최대의 인천국제공항이 있고, 수출항 인천항을 통해 각종 수출품을 수송하고 중국으로 여객선이 운행된다. 2009년에는 인천세계도시축전이 성황리에 진행되었으며, 2014년에는 아시안게임이 개최되었다.

1 주요 기관

소재지		기관명
강화군	강화읍 관청리	강화경찰서, 강화군청
	길상면 선두리	가천대학교 강화캠퍼스
	불은면 삼성리	안양대학교 강화캠퍼스, 강화교육지원청
	양도면 도장리	인천가톨릭대학교 강화캠퍼스
계양구	계산동	계양경찰서, 계양구청, 계양구보건소, 경인교육대학교
미추홀구	관교동	인천종합터미널
	도화동	인천대학교 제물포캠퍼스
	숭의동	인천광역시 미추홀구청
	용현동	옹진군청, 인하대학교
	학익동	인천미추홀경찰서, 인천지방검찰청, 인천지방법원, 경인방송, TBN 경인교통방송
남동구	간석동	인천교통공사 본사
	고잔동	인천운전면허시험장
	구월동	인천광역시교육청, 인천광역시청, 인천지방경찰청, 인천남동경찰서, 인천광역시택시운송사업조합, 남인천세무서, 가천대 길병원
	논현동	인천상공회의소
	만수동	남동구청, 인천광역시동부교육지원청, 인천도시공사
동구	송림동	인천광역시 동구청, 인천광역시의료원, 인천백병원
	창영동	인천세무서
부평구	구산동	안전보건공단 인천본부, 근로복지공단 인천병원
	부평동	인천광역시북부교육지원청, 부평구청
	삼산동	인천삼산경찰서
	청천동	인천부평경찰서
서구	공촌동	인천광역시서부교육지원청
	검암동	코레일공항철도
	심곡동	인천광역시 서구청, 인천서부경찰서, 인천서부소방서
	연희동	서인천세무서
연수구	동춘동	연수구청
	송도동	인천대학교
	연수동	인천연수경찰서, 인천적십자병원, 가천대학교 메디컬캠퍼스
중구	관동1가	인천광역시 중구청
	송학동1가	인천광역시 남부교육지원청
	신흥동	인천항만공사, 인하대학교의과대학부속병원, 인천중구문화원
	운서동	인천국제공항경찰대, 인천국제공항공사
	율목동	인천기독병원
	인현동	인천학생교육문화회관
	전동	인천기상대
	항동	인천중부경찰서, 인천지방해양수산청, 국립인천검역소, 인천출입국관리사무소, 인천일보

2 문화유적 · 공원

소재지	명칭
강화군	강화고인돌유적(세계문화유산), 고려궁지, 강화 참성단, 강화산성, 초지진, 강화동종, 혈구산, 해명산, 마니산, 고려산, 봉천산, 정족산, 전등사, 보문사, 선원사, 백련사, 석모도, 강화도
계양구	부평도호부청사, 부평향교, 욕은지, 계양산성, 계산국민체육공원, 작전체육공원, 서운체육공원, 된밭공원
미추홀구	문학산성, 인천향교, 정우량 영정, 인천도호부청사, 인천문학경기장(SK 와이번스), 문학박태환수영장, 문학산, 수봉공원
남동구	논현포대, 장도포대지, 장수동 은행나무, 인천문화예술회관, 소래포구, 약사공원, 인천대공원
부평구	신트리공원, 청운공원, 백운공원
동구	창영초교(구)교사, 화도진지, 인천해관문서, 작약도
서구	검단 대곡동 지석묘군, 인천 신현동 회화나무, 심즙신도비, 한백륜 묘역, 인천아시아드 주경기장, 석남체육공원, 서곶근린공원, 공촌공원
연수구	관음좌상, 목조여래좌상, 학익지석묘, 인천광역시립박물관, 청량산, 아암도, 아암도해안공원, 인천상륙작전기념관
옹진군	옹진 백령도 두무진, 사곶해변·콩돌해안, 구봉산, 삼각산, 용기원산, 국사봉, 대청도, 선재도, 승봉도, 연평도, 자월도, 장봉도, 백령도, 장골해수욕장, 등대공원, 통일기원탑
중구	인천 내동 성공회성당, 용궁사, 인천 답동성당, 홍예문, 차이나타운, 월미도, 실미도, 무의도, 월미도, 영종도, 을왕리해수욕장, 자유공원

3 주요 터널 · 다리 · 도로

(1) 터 널

명칭	구간
만월산터널	부평구 부평6동 ~ 남동구 간석3동
문학터널	연수구 청학동 ~ 미추홀구 학익동
원적산터널	서구 석남동 ~ 부평구 산곡동

(2) 다 리

명칭	구간
강화대교	강화군 강화읍 ~ 김포시 월곶면
교동대교	강화군 교동도 ~ 강화군 강화도
무의대교	중구 무의도 ~ 중구 잠진도
영종대교	중구 운북동 ~ 서구 경서동
영흥대교	옹진군 영흥도 ~ 옹진군 선재도
인천대교	중구 운서동 ~ 연수구 송도동
초지대교	강화군 길상면 ~ 김포시 대곶면

(3) 도 로

명칭	구간
경명대로	경서동 ~ 부천시 오정동 박촌교삼거리
경원대로	외암도사거리 ~ 부평동 굴다리오거리
경인로	서울교 북단 ~ 숭의로터리
구월로	주안동 ~ 만수주공사거리
계양대로	계산삼거리 ~ 부평나들목
길주로	서구 석남동 ~ 부천시 작동터널
남동대로	외암사거리 ~ 간석오거리역
동산로	박문삼거리 ~ 송림오거리
미추홀대로	컨벤시아교 북단 ~ 주안역삼거리
부평대로	부평역사거리 ~ 부평인터체인지
서곶로	한신그랜드힐빌리지 ~ 서인천교차로 ~ 연희사거리 ~ 검암역 ~ 불로동
서해대로	유동삼거리 ~ 수인사거리 ~ 신흥동3가
인중로	숭의로터리 ~ 신광사거리 ~ 부두입구 ~ 송림삼거리
인천대로	용현동 인천 나들목 ~ 가정동 서인천 나들목
장제로	동수지하차도 ~ 김포시 풍무동 유현사거리
중봉대로	송현사거리 ~ 경서삼거리, 검단1교차로 ~ 왕길역

Slow to resolute, but in performance quick.
결심은 천천히, 실행은 빨리.

인천광역시 기출예상문제

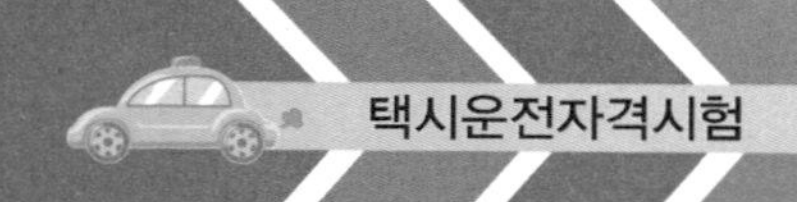

01 인천세무서가 위치하는 곳은?

① 서구 ② 남동구
③ 동구 ④ 부평구

중요
02 인천상륙작전을 지휘한 맥아더장군 동상이 있는 공원은?

① 자유공원 ② 백운공원
③ 인천대공원 ④ 서곶공원

중요
03 인천공항 제2여객터미널은 전 지역이 ( )으로 되어 있어 이를 어길 시 4만 원의 과태료가 부과된다.

① 금연구역 ② 주정차금지구역
③ 일방통행 ④ 유턴금지

인천공항 제2여객터미널은 전 지역이 주정차금지구역으로 되어 있다.

중요
04 고용노동부 인천북부지청이 있는 곳은?

① 중구 ② 계양구
③ 동구 ④ 연수구

05 부평구와 인접하지 않는 행정구역은?

① 서구 ② 연수구
③ 계양구 ④ 남동구

중요
06 북인천인터체인지가 위치하는 행정구역은?

① 북구 ② 서구
③ 미추홀구 ④ 계양구

중요
07 인천여자공업고등학교가 위치하는 곳은?

① 계양구 ② 부평구
③ 연수구 ④ 남동구

08 인천광역시청이 위치하는 곳은?

① 서구 ② 동구
③ 계양구 ④ 남동구

중요
09 인천광역시 유형문화재 제17호로 지정된 일명 제물포구락부회관이라고 하는 인천문화원이 위치하는 곳은?

① 서구 ② 계양구
③ 중구 ④ 부평구

10 강화군에 있는 사찰이 아닌 것은?

① 보문사 ② 전등사
③ 적석사 ④ 백담사

중요
11 남동구에 위치하지 않는 것은?

① 인천상공회의소 ② 인하대학교
③ 남인천세무서 ④ 가천대 길병원

12 다음 중 연결이 옳지 않은 것은?

① 작전동 – 계양구 ② 만석동 – 동구
③ 청학동 – 남동구 ④ 구월동 – 남동구

중요
13 서구 가좌사거리에서 인천국제공항으로 가기 위해 진입해야 하는 영종대교 인근의 인터체인지는?

① 부평인터체인지 ② 문학인터체인지
③ 서인천인터체인지 ④ 북인천인터체인지

중요
14 부평경찰서가 위치하는 곳은?

① 청천동 ② 부개동
③ 갈산동 ④ 삼산동

15 인천광역시에 위치한 섬이 아닌 것은?

① 석모도 ② 제부도
③ 영종도 ④ 백령도

중요
16 유형문화재 제15호이며 흥선대원군의 친필이 있는 사찰 이름과 소재지가 바르게 짝지어진 것은?

① 송도 – 호불사 ② 강화도 길상면 – 전등사
③ 석모도 – 보문사 ④ 영종도 – 용궁사

중요
17 다음 중 연결이 옳지 않은 것은?

① 자유공원 – 동구 ② 인천대공원 – 남동구
③ 수봉공원 – 미추홀구 ④ 계산국민체육공원 – 계양구

중요
18 인천광역시 서구 경서동과 영종도를 잇는 다리는?

① 초지대교 ② 강화대교
③ 영흥대교 ④ 영종대교

정답
01. ③ 02. ① 03. ② 04. ② 05. ② 06. ② 07. ③ 08. ④ 09. ③
10. ④ 11. ② 12. ③ 13. ④ 14. ① 15. ② 16. ④ 17. ① 18. ④

19 인천상륙작전기념관이 위치한 곳은?
① 연수구 옥련동 ② 연수구 연수동
③ 남동구 만수동 ④ 남동구 구월동

20 부평구에 위치하지 않는 것은?
① 인천성모병원 ② 청운공원
③ 인천삼산경찰서 ④ 인천지방해양항만청

21 인천광역시 지하철 노선의 연결이 옳지 않은 것은?
① 부평시장 – 부평구청 – 갈산 – 작전
② 계산 – 임학 – 박촌 – 귤현
③ 부평구청 – 부평시장 – 부평삼거리 – 동수
④ 인천시청 – 예술회관 – 인천터미널 – 문학경기장

중요
22 동구 송림동에 위치하는 것은?
① 인천교통공사 ② 롯데백화점
③ 인천백병원 ④ 인천지방법원

23 부평역–부평시장역–부평구청–갈산동사거리–북부소방서 앞 삼거리–부평인터체인지로 이어지는 도로는?
① 부평로 ② 남동대로
③ 계양로 ④ 경인로

24 다음 중 연결이 바르지 않은 것은?
① 인천대학교 – 송도동 ② 남인천세무서 – 수산동
③ 인천시립박물관 – 옥련동 ④ 인천도시공사 – 만수동

중요
25 강화군에 위치하지 않는 대학은?
① 인천대학교 ② 안양대학교
③ 가천대학교 ④ 인천가톨릭대학교

26 연수구에 위치하지 않는 것은?
① 인천적십자병원 ② 인천상륙작전기념관
③ 근로복지공단 인천병원 ④ 아암도해안공원

중요
27 택시 승객이 택시기사에게 동암역에서 가장 가까운 호텔을 물었다. 다음 중 맞는 것은?
① 인천로얄호텔 ② 라마다송도호텔
③ 파라다이스호텔 ④ 부평관광호텔

28 인천광역시 옹진군 영흥면 외리에 있는 화력발전소는?
① 당진화력발전소 ② 영동화력발전소
③ 영흥화력발전소 ④ 삼척화력발전소

29 인천광역시에 위치하지 않는 대학교는?
① 안양대학교 ② 인하공업전문대학
③ 경기공업대학 ④ 경인교육대학교

30 인천광역시교육청이 위치하는 곳은?
① 남동구 구월동 ② 미추홀구 주안동
③ 남동구 만수동 ④ 미추홀구 문학동

중요
31 인천시립박물관이 위치하는 곳은?
① 중구 ② 부평구
③ 서구 ④ 연수구

중요
32 KT인천지사가 위치하는 곳은?
① 중구 ② 동구
③ 남동구 ④ 부평구

중요
33 다음 중 미추홀구에 있는 관공서가 아닌 것은?
① 인천지방검찰청 ② 인천구치소
③ 인천지방해양수산청 ④ 인천지방법원

중요
34 강화군 선원면 언덕에 있는 사찰은?
① 길상사 ② 보문사
③ 선원사 ④ 백련사

35 인천학생교육문화회관이 위치하는 곳은?
① 남동구 ② 연수구
③ 동구 ④ 중구

중요
36 중구 송학동에 위치한 인천유형문화재 제17호는?
① 초지진 ② 답동성당
③ 제물포구락부 ④ 고려궁지

37 인천중구문화원이 위치하는 곳은?
① 중구 인현동 ② 중구 율목동
③ 중구 항동 ④ 중구 신흥동3가

중요
38 행정구역상 강화군에 속하지 않는 것은?
① 삼산면 ② 교동면
③ 화도면 ④ 북도면

정답
19. ① 20. ④ 21. ③ 22. ③ 23. ① 24. ② 25. ① 26. ③ 27. ① 28. ③ 29. ③ 30. ① 31. ④ 32. ③ 33. ③ 34. ③ 35. ④ 36. ③ 37. ④ 38. ④

39 인천국제공항이 위치한 곳은?
① 중구 운서동 ② 미추홀구 숭의동
③ 동구 송림4동 ④ 계양구 계산4동

40 다음 중 연결이 옳지 않은 것은?
① 서부소방서 – 서구 ② 남동소방서 – 미추홀구
③ 부평소방서 – 부평구 ④ 중부소방서 – 중구

41 행정구역상 옹진군에 속하지 않는 것은?
① 연평면 ② 화도면
③ 백령면 ④ 영흥면

42 교통방송에서 주요 도로 차량 통행량에 대한 정보를 청취자들에게 알려주는데, 다음 중 도로의 연결이 잘못된 것은?
① 가정로 : 가정삼거리 – 주안역 – 서구청
② 동수로 : 동수역사거리 – 부개사거리 – 길주로교차점
③ 검단로 : 오류 – 검단사거리 – 김포시계
④ 부평로 : 부평역 – 부평구청사거리 – 경인고속도로(부평IC)

43 역곡고가사거리 – 소사삼거리 – 송내사거리 – 부평사거리 – 주안사거리 – 숭의삼거리 – 숭의로터리를 잇는 도로는?
① 경명로 ② 계양로
③ 경인로 ④ 부평대로

44 인천인터체인지에서 신월인터체인지에 이르는 고속도로는?
① 경인고속도로 ② 서해안고속도로
③ 인천국제공항고속도로 ④ 제2경인고속도로

중요
45 인천광역시 차이나타운이 있는 곳은?
① 계양구 계산동 ② 서구 검암동
③ 남동구 논현동 ④ 중구 선린동

중요
46 인천 남동구에서 강원도 강릉시를 잇는 도로는?
① 호남고속도로 ② 영동고속도로
③ 경부고속도로 ④ 서해안고속도로

중요
47 다음 중 소래포구가 있는 곳은?
① 연수구 연수동 ② 강화군 강화읍
③ 옹진군 영흥면 ④ 남동구 논현동

중요
48 인천도시철도의 건설 · 운영을 위하여 설립된 인천교통공사가 있는 곳은?
① 남동구 간석동 ② 중구 운서동
③ 미추홀구 학익동 ④ 동구 만석동

49 인천여성문화회관이 있는 곳은?
① 중구 ② 미추홀구
③ 남동구 ④ 부평구

50 바다를 메워 조성한 송도국제도시가 있는 곳은?
① 동구 ② 중구
③ 강화군 ④ 연수구

51 다음 중 연결이 옳지 않은 것은?
① 인천고등학교 – 미추홀구 ② 세일고등학교 – 부평구
③ 제물포고등학교 – 미추홀구 ④ 인천여자고등학교 – 연수구

52 통일기원탑과 망향비가 있는 곳은?
① 계양구 ② 연수구
③ 강화군 ④ 옹진군

중요
53 인천시 강화군 양도면 고려왕릉로에 위치한 대학교는?
① 인하대학교 ② 가천의과학대학교 강화캠퍼스
③ 인천가톨릭대학교 ④ 경인교육대학교

54 인천광역시의료원이 위치하는 곳은?
① 서구 ② 계양구
③ 동구 ④ 연수구

중요
55 제2경인고속도로 주행 중 선학 국제빙상경기장으로 가려면 어느 IC로 가야 하는가?
① 학익분기점 ② 문학IC
③ 남동IC ④ 서창분기점

중요
56 인천지방경찰청에서 안양역을 잇는 도로는?
① 인천대교고속도로 ② 제2경인고속도로
③ 인천국제공항고속도로 ④ 경인고속도로

57 행정구역상 옹진군에 속하지 않는 섬은?
① 아암도 ② 대청도
③ 백령도 ④ 연평도

중요
58 인천광역시에 위치하지 않은 경찰서는?
① 남부경찰서 ② 부천경찰서
③ 공항경찰대 ④ 강화경찰서

59 강화군에 위치한 산이 아닌 것은?
① 고려산 ② 봉천산
③ 정족산 ④ 청량산

정답
39. ① 40. ② 41. ② 42. ① 43. ③ 44. ① 45. ④ 46. ② 47. ④
48. ① 49. ④ 50. ④ 51. ③ 52. ④ 53. ③ 54. ③ 55. ③ 56. ②
57. ① 58. ② 59. ④

60 인천문화예술회관이 위치하는 곳은?
① 동구 송림동 ② 중구 관동
③ 계양구 작전동 ④ 남동구 구월동

중요
61 남동구에 있지 않은 관공서는?
① 국립인천검역소 ② 인천시교육청
③ 인천지방경찰청 ④ 인천시청

62 다음 중 강화군청이 위치하는 곳은?
① 교동면 ② 삼산면
③ 화도면 ④ 강화읍

63 송림사거리－송현사거리－만석부두입구－시동삼거리－숭의로터리로 이어지는 도로는?
① 경원로 ② 계양로
③ 남동대로 ④ 인중로

64 다음 중 영종도로 연결되는 고속도로는?
① 서울외곽순환고속도로 ② 경인고속도로
③ 경부고속도로 ④ 인천국제공항고속도로

중요
65 택시운송사업의 발전과 공동이익을 도모하기 위해 설립된 인천택시운송사업조합이 위치하고 있는 곳은?
① 미추홀구 ② 남동구
③ 중구 ④ 연수구

66 인천에서 강원도 고성까지 이어지는 국도는?
① 39번 ② 40번
③ 42번 ④ 46번

중요
67 인천대학교가 위치하는 곳은?
① 계양구 계산동 ② 미추홀구 주안동
③ 연수구 송도동 ④ 연수구 연수동

68 남동구 만수동에 위치하는 것은?
① 인천교통공사 ② 경인지방노동청
③ 남동구청 ④ 인천광역시청

중요
69 다음 중 중구에 소재한 관공서가 아닌 것은?
① 국립인천검역소 ② 인천지방조달청
③ 인천지방환경관리청 ④ 인천본부세관

중요
70 부평구에 있는 병원은?
① 인천백병원 ② 가천대 길병원
③ 가톨릭대학교 인천성모병원 ④ 인하대병원

중요
71 인천 지역의 도서관을 나타낸 것이다. 다음 중 연결이 틀린 것은?
① 중앙도서관 － 연수구 ② 주안도서관 － 미추홀구
③ 화도진도서관 － 동구 ④ 부평도서관 － 부평구

중요
72 만월산 능선에 위치한 사찰은?
① 약사사 ② 무상사
③ 정양사 ④ 석경사

73 역곡고가사거리에서 숭의로터리에 이르는 도로의 명칭으로 옳은 것은?
① 경인로 ② 경원로
③ 남동대로 ④ 길주로

중요
74 수도권 지하철 노선을 순서대로 나열한 것으로 옳은 것은?
① 도화역 － 간석역 － 주안역 － 동암역
② 간석역 － 동암역 － 백운역 － 부평역
③ 제물포역 － 주안역 － 도화역 － 간석역
④ 인천역 － 동인천역 － 제물포역 － 도원역

75 계양구에 위치하지 않는 곳은?
① 인천산재병원 ② 계양산성
③ 부평향교 ④ 경인교육대학교

중요
76 인천광역시에 소재한 대학교의 위치가 옳은 것은?
① 재능대학교 － 미추홀구
② 인천가톨릭대학교 － 계양구
③ 인하대학교 － 남동구
④ 가천대학교 메디컬캠퍼스 － 연수구

중요
77 인천광역시 부평구 소재 관공서가 맞는 것은?
① 인천도시공사 ② 안전보건공단
③ 인천세무서 ④ 인천기상대

78 중구 항동7가에 위치하는 것은?
① 한국산업안전공단 ② 인천국제공항공사
③ 인천지하철공사 ④ 인천출입국관리사무소

중요
79 남동구 간석동에서 부평구 부평동을 잇는 터널은?
① 백양터널 ② 문학터널
③ 월적산터널 ④ 만월산터널

80 인천 영종도에 있으며 신라 원효대사가 창건한 사찰은?
① 전등사 ② 보문사
③ 용궁사 ④ 청량사

정답 60. ④ 61. ① 62. ④ 63. ④ 64. ④ 65. ② 66. ④ 67. ③ 68. ③ 69. ③ 70. ③ 71. ① 72. ① 73. ① 74. ② 75. ① 76. ④ 77. ② 78. ④ 79. ④ 80. ③

택시운전자격시험
기출예상문제

2023년 2월 10일 개정증보12판 발행
2009년 2월 10일 초판 발행

편 저 자 JH교통문화연구회
발 행 인 전 순 석
발 행 처 정훈사
주 소 서울특별시 중구 마른내로8길 3-20
등 록 2-3884
전 화 (02) 737-1212
팩 스 (02) 737-4326

ISBN 978-89-6129-821-6